# 3Ds Max

## 室内设计与应用

潘筑华　杨 逍◎主编

3Ds Max

INTERIOR DESIGN AND APPLICATION

经济管理出版社
ECONOMY & MANAGEMENT PUBLISHING HOUSE

**图书在版编目（CIP）数据**

3Ds Max 室内设计与应用/潘筑华，杨道主编. —北京：经济管理出版社，2014.3
ISBN 978-7-5096-3288-8

Ⅰ. ①3… Ⅱ. ①潘… ②杨… Ⅲ. ①室内装饰设计—计算机辅助设计—三维动画软件—中等专业学校—教材
Ⅳ. ①TU238-39

中国版本图书馆 CIP 数据核字（2014）第 174702 号

组稿编辑：魏晨红
责任编辑：魏晨红
责任印制：黄章平
责任校对：超　凡

出版发行：经济管理出版社
（北京市海淀区北蜂窝 8 号中雅大厦 A 座 11 层　100038）
网　　址：www. E-mp. com. cn
电　　话：(010) 51915602
印　　刷：三河市延风印装厂
经　　销：新华书店
开　　本：889mm × 1194mm/16
印　　张：15.25
字　　数：401 千字
版　　次：2014 年 3 月第 1 版　2014 年 8 月第 2 次印刷
书　　号：ISBN 978-7-5096-3288-8
定　　价：42.00 元

# 国家级中等职业改革示范校系列教材
# 编 委 会

# 序

为深入推进国家中等职业教育改革发展示范学校建设，努力适应经济社会快速发展和中等职业学校课程教学改革的需要，贵州省商业学校作为“国家中等职业教育改革发展示范学校建设计划”第二批立项建设学校，按照“市场需求，能力为本，工学结合，服务三产”的要求，针对当前中职教材建设和教学改革需要，在广泛调研、吸纳各地中职教育教研成果的基础上，经过认真讨论，多次修改，我们编写了这套系列教材。

这套系列教材内容涵盖“电子商务”、“酒店服务与管理”、“会计电算化”、“室内艺术设计与制作”4个中央财政重点支持专业及德育实验基地特色项目建设有关内容，包括《基础会计》、《财务会计》、《成本会计》、《会计电算化》、《电子商务实务》、《网络营销实务》、《电子商务网站建设》、《商品管理实务》、《餐厅服务实务》、《客房服务实务》、《前厅服务实务》、《AutoCAD 室内设计应用》、《3Ds Max 室内设计与应用》、《室内装饰施工工艺与结构》、《室内装饰设计》、《贵州革命故事人物选》、《多彩贵州民族文化》、《青少年犯罪案例汇编》、《学生安全常识与教育》共19本教材。这套教材针对性强，学科特色突出，集中反映了我校国家改革示范学校的建设成果，融实用性与创新性、综合性与灵活性、严谨性与趣味性为一体。便于学生理解、掌握和实践。

编写这套系列教材，是建设国家示范学校的需要，是促进我校办学规范化、现代化和信息化发展的需要，是全面提高教学质量、教育水平、综合管理能力的需要，是学校建设职业教育改革创新示范、提高质量示范和办出特色示范的需要。这套教材紧密结合贵州省经济社会发展状况，弥补了国家教材在展现综合性、实践性与特色教学方面的不足，在中职学校中起到了示范、引领和辐射作用。

# 前　言

《3Ds Max 室内设计与应用》是贵州商业学校室内艺术设计与制作专业“职场化实训工场”教育教学理念指导下的核心课程教材。本书的主要任务是使学生熟悉 3Ds Max 软件的基本操作，并最终能运用该软件绘制室内、室外的装饰效果图。用 3Ds Max 特别是集成了 Vray 的 3Ds Max 制作的效果图更加逼真，可以对建筑的室内外从不同角度选取视点，能快捷直观地表现建筑的造型特色和室内空间环境、材质色彩等。本书结合专业领域特点、学生综合水平与其他同类教材的优点，通过室内装饰设计资深教师的经验总结编写而成，是一本符合广大中等职业学生学习特点的教材。

为了更好地满足教学需求，达到项目化教学的目的，本书在编写时，通过项目任务书总领整个学习过程。学生在完成具体的项目时，按照项目的要求分成独立的项目组，项目组组长带领组员对每一个仿真或真实的项目进行任务分解，在教师的指导下写出实施计划书，并严格按照计划书进行项目实施，最后通过项目组自评、项目组之间互评及教师总评完成项目任务的考核。

本书由潘筑华、杨逍任主编，谢代欣、陶晓晨任副主编，编写人员分工为：杨逍（项目二）、陶晓晨（项目三）、李静瑶（项目一、项目二）。

由于编者水平有限，书中难免有错漏之处，敬请读者批评指正。

**编　者**

2014 年 3 月

# 目 录

## 第一篇 3Ds Max 基础



## 第二篇 模型创建

## 第三篇　材质创建



## 第四篇　灯光创建



## 第五篇　渲染

# 第一篇　3Ds Max 基础

# 项目一

# 3Ds Max 界面、面板及设置

## 一、项目任务书

| 项目任务名称 | 3Ds Max 界面、面板及设置 | 项目任务编号 | |
|---|---|---|---|
| 任务完成时间 | | | |
| 任务学习目标 | 1. 认知目标：<br>①了解 3Ds Max 软件的操作界面组成<br>②了解 3Ds Max 软件相关面板的概念<br>③理解 3Ds Max 软件的基本设置方法<br>2. 技能目标：<br>掌握 3Ds Max 软件的基本设置方法 | | |
| 任务内容 | 1. 熟悉 3Ds Max 软件的操作界面及相关命令面板<br>2. 掌握 3Ds Max 软件的基本设置方法 | | |
| 项目完成验收点 | 能熟悉 3Ds Max 软件的界面组成和概念，并能完成软件的基本设置 | | |
| 完成项目任务情况分析与反思： | | | |

## 二、项目教学实施流程与步骤

### （一）项目教学实施流程

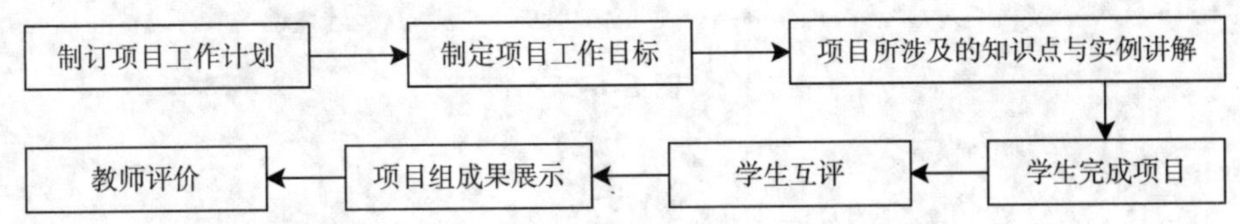


### （二）项目实施步骤及进度

（1）教师讲解项目所涉及的基本知识，并通过实例讲解该任务的实施方法。

（2）学生上机独立完成任务。

（3）学生进行成果展示与汇报。

（4）教师对学生轮流点评并与学生共同给出成绩。

## 三、3Ds Max 软件界面、面板

### （一）3Ds Max 软件界面

3Ds Max 软件启动之后，即可进入该软件的工作主界面，如图 1-1-1 所示。3Ds Max 2009 软件的界面是由标题栏、菜单栏、工具栏、命令面板区、工作视图区、命令行、状态栏、时间滑块、视图控制区、动画控制区等部分组成。

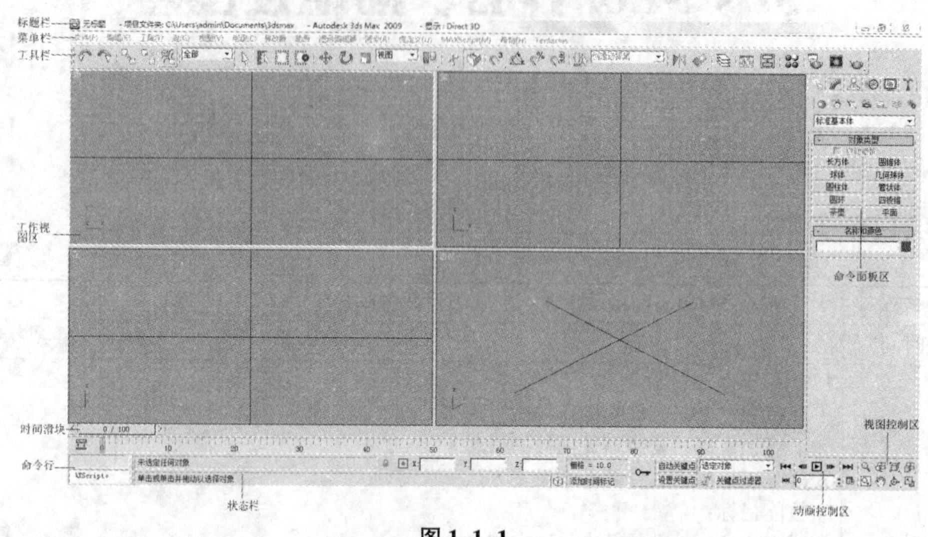


图 1-1-1

### （二）3Ds Max 软件界面面板详解

1. 标题栏

位于软件的最顶部，显示了当前打开的 3Ds Max 文件的文件名、软件版本等信息。位于标题栏最左边的是 3Ds Max 软件图标，单击此图标会打开一个图标菜单，双击可关闭当前程序；在其右侧的分别是当前文件名、图标菜单、文件存储路径和软件版本；最右侧是 Windows 基本控制按钮，如图 1-1-2 所示。

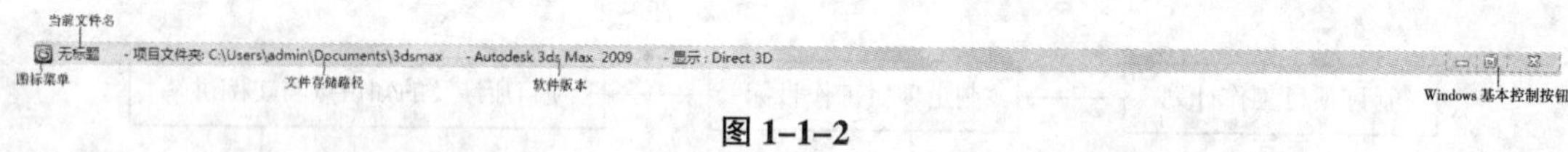


图 1-1-2

2. 菜单栏

3Ds Max 2009 共有 14 组菜单，这些菜单包含了软件的大部分操作命令，如图 1-1-3 所示。

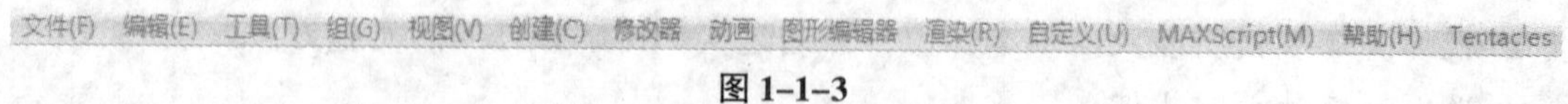


图 1-1-3

菜单栏中的各菜单含义如下：

（1）文件：主要用于对 3Ds Max 中的场景文件进行基本操作与管理，其中包括新建、打开、保存、合并、合并动画、导入和导出等命令。

（2）编辑：主要用于进行一些基本的编辑操作，如撤销、重做命令，以及克隆、删除命令等，是软件操作过程中很常用的命令集。

（3）工具：主要用于提供各种常用的命令和工具，其中的工具选项大多对应工具栏中的相应按钮。

（4）组：主要用于对软件中的群组进行控制。

（5）视图：主要用于控制视图区和视图窗口的显示方式。

（6）创建：主要用于创建基本的物体、灯光和粒子系统等。

（7）修改器：主要用于调整物体。

（8）动画：主要用于制作动画以及动画预览功能。

（9）图形编辑器：主要用于查看和控制对象运动轨迹、添加同步轨迹等。

（10）渲染：主要用于渲染场景和环境的设置。

（11）自定义：主要用于自定义制作界面的相关选项。

（12）MAXScript：主要用于提供操作脚本的相关选项。

（13）帮助：主要用于提供丰富的帮助信息和 3Ds Max 2009 中的新功能等相关信息。

（14）Tentacles：主要用于为用户提供了一个交流 Turbo Squid Tentacles 3Ds Max 2009 32-bit 知识和共享经验的交流平台。

3. 工具栏

3Ds Max 2009 中的很多命令均可由工具栏上的按钮来实现，如图 1-1-4 所示。

图 1-1-4

工具栏中常用工具按钮含义如下：

（1）“撤销”按钮：单击此按钮，可撤销上一步的操作命令。在此按钮上单击鼠标右键将弹出一个撤销命令下拉列表，如图 1-1-5 所示。

（2）“重做”按钮：单击此按钮，可重做上一步撤销的操作命令。在此按钮上单击鼠标右键将弹出一个重做命令下拉列表，如图 1-1-6 所示。

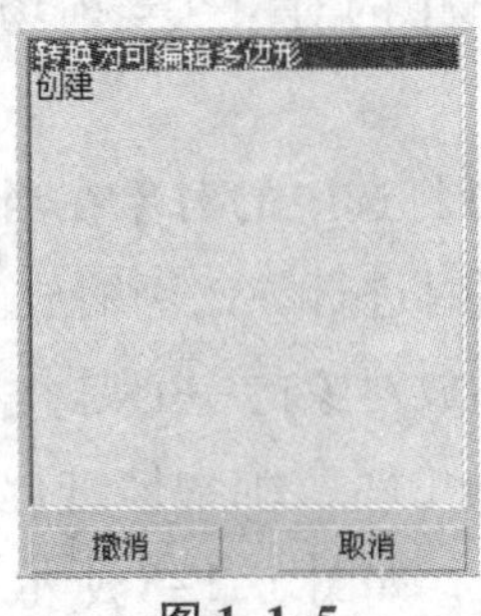

图 1-1-5

图 1-1-6

（3）“选择并链接”按钮：单击此按钮，可将选择的对象进行链接。

（4）“断开当前选择链接”按钮：单击此按钮，可将当前选择对象的链接断开。

（5）“绑定到空间扭曲”按钮：单击此按钮，可将当前选择的对象与空间扭曲物体进行绑定，使前者受后者的影响，产生设置的形变效果。在视图中创建一个空间物体后，单击该按钮，然后用鼠标左键单击需要绑定的物体并按住不放，拖动鼠标到空间扭曲物体上，会引出一条线。放开鼠标，绑定物体外框会闪烁一下，表示绑定成功。也可以先单击空间扭曲物体，然后将其拖动到需要绑定的物体上。

（6）全部 “选择过滤器”下拉列表：对对象的选择范围进行限定，在当前视图中只显示选择范围内的对象。

（7）“选择对象”按钮：单击此按钮可对对象进行选择。

（8）“按名称选择”按钮：单击此按钮，弹出对话框，可按对象的名称选择对象，如图1–1–7 所示。

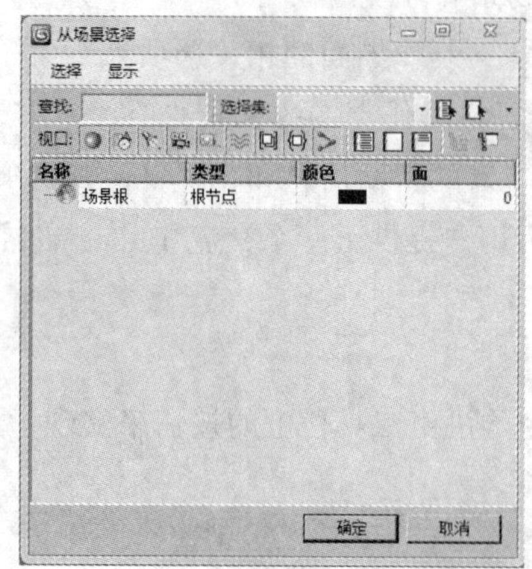


图 1–1–7

（9）“矩形选择区域”按钮：单击此按钮，在视图中拖动鼠标创建矩形选择区域。

（10）“窗口/交叉”按钮：单击此按钮，则可与“窗口选择”按钮进行切换，决定是否只有完全包含在虚线选择框之内的对象才会被选中。

（11）“选择并移动”按钮：单击此按钮可将选中的对象在当前场景中沿不同的坐标轴方向进行移动。

（12）“选择并旋转”按钮：单击此按钮可将选中的对象在当前场景中沿不同的坐标轴方向进行旋转。

（13）“选择并均匀缩放”按钮：单击此按钮可将选中的对象在当前场景中沿不同的坐标轴方向进行缩放，也可在两个或三个坐标轴方向上同时进行等比例缩放。

（14）“使用轴点中心”按钮：单击此按钮则缩放对象的中心是其自身的轴心点。

（15）“捕捉开关”按钮：单击此按钮可在视图中对三维物体进行三维捕捉。在按钮上单击鼠标右键可弹出对话框，在其中可以设置捕捉类型，如图 1–1–8 所示。

（16）“编辑命名选择集”按钮：单击此按钮，弹出对话框，可将在当前场景中选择的对象进行编辑命名而组成一个选择集，如图 1–1–9 所示。

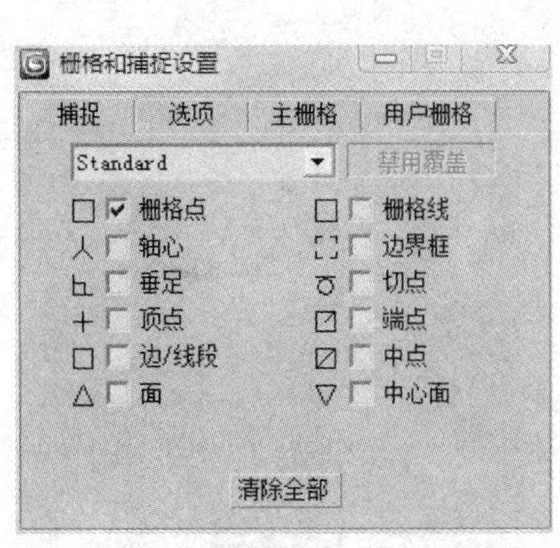


图 1-1-8

图 1-1-9

(17) “镜像”按钮：单击此按钮可将当前选择的对象沿坐标轴进行镜像。

(18) “对齐”按钮：单击此按钮可将当前选择的对象与坐标参考对象对齐。

(19) “曲线编辑器”按钮：单击此按钮，弹出对话框，可对动画轨迹曲线进行编辑，如图 1-1-10 所示。

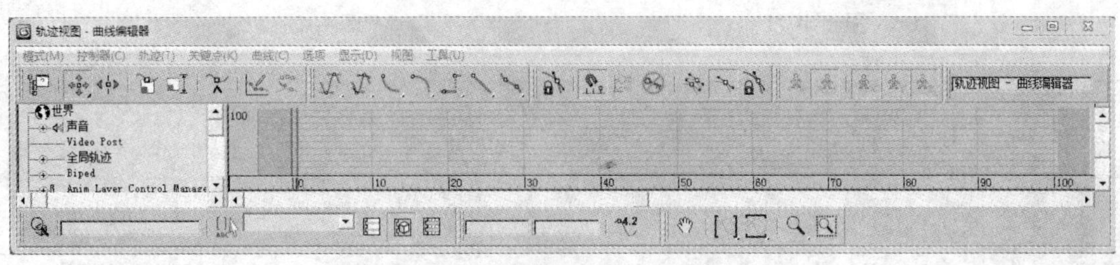


图 1-1-10

(20) “材质编辑器”按钮：单击此按钮，弹出对话框，可对材质进行编辑，如图 1-1-11 所示。

(21) “渲染场景对话框”按钮：单击此按钮，弹出对话框，可对动画进行渲染后输出，如图 1-1-12 所示。

(22) “快速渲染”按钮：单击此按钮可对当前视图中的场景快速渲染。

4. 视图区

在创建物体时，通过视图可以从不同角度观察所创建的物体，另外通过视图控制区中的工具可以对视图进行调整。

视图区是 3Ds Max 中的主要工作区，标准的 3Ds Max 工作界面可以显示几个不同的视图，3Ds Max 2009 默认的是顶视图、前视图、左视图和透视图 4 个视图，如图 1-1-13 所示。

5. 命令面板

命令面板是 3Ds Max 2009 操作界面的重要组成部分，也是体现 3Ds Max 2009 人性化设计的重要组成部分。3Ds Max 2009 将命令面板分为创建命令面板、修改命令面板、层次命令面板、运动命令面板、显示命令面板和工具命令面板 6 个分项面板，它位于主界面的右侧，如图 1-1-14 所示。

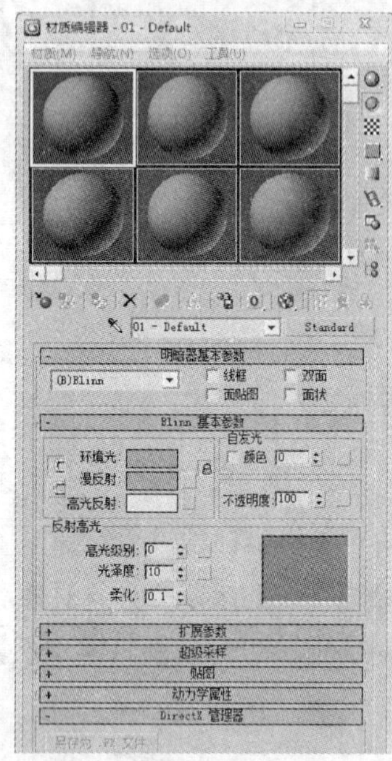

图 1-1-11

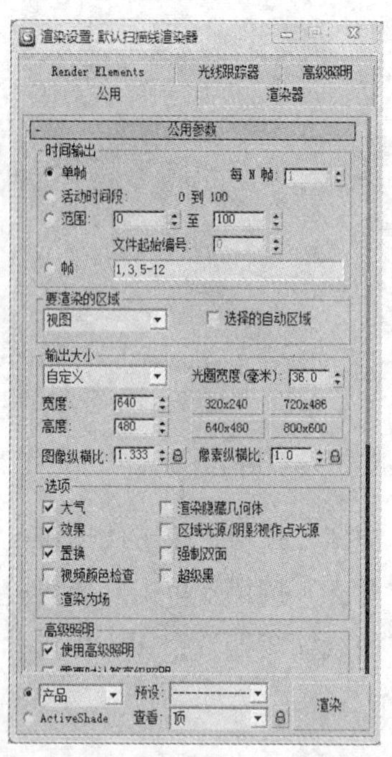

图 1-1-12

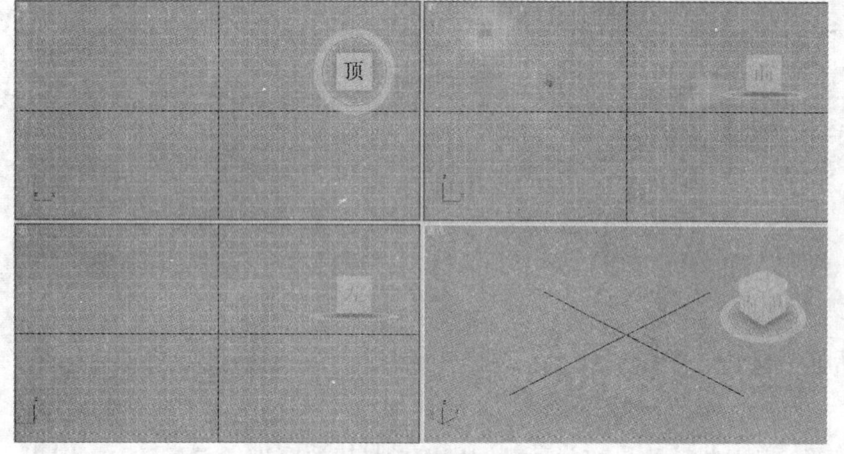

图 1-1-13

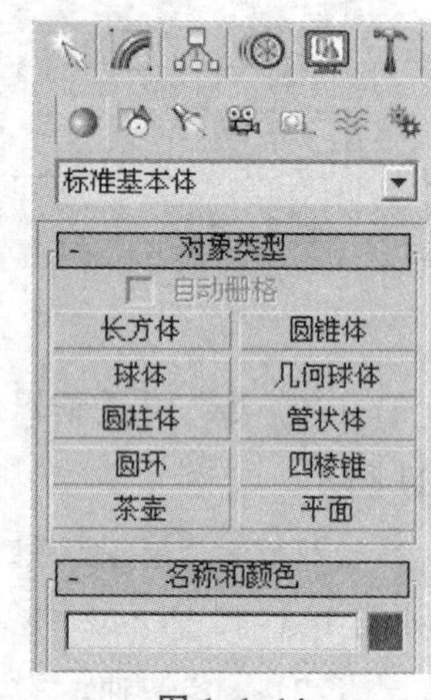


图 1-1-14

用户可以通过单击命令面板上方的 6 个按钮，在不同的命令面板之间进行切换。在命令面板中包含许多在场景建模和编辑物体时经常要使用的工具和命令，比如要创建一个长方体，用户可以在创建命令面板中单击 长方体 按钮，然后在视图中创建长方体。下面我们分别介绍 6 个分项面板。

（1）创建命令面板。

单击命令面板中的“创建”按钮 ，即可进入创建命令面板，如图 1-1-15 所示。

在创建命令面板中包括几何体创建命令面板、图形创建命令面板、灯光创建命令面板、摄影机创建命令面板、辅助对象创建命令面板、空间扭曲创建命令面板和系统创建命令面板 7 个面板，同时在每一个创建命令面板中都包含了许多创建按钮和命令，用户可以通过使用这些创建按钮和命令创建出不同的模型。

（2）修改命令面板。

单击命令面板中的“修改”按钮，即可进入修改命令面板，如图 1-1-16 所示，在修改命令面板中可以对创建的物体进行编辑，包括重命名、改变颜色和添加修改命令等。

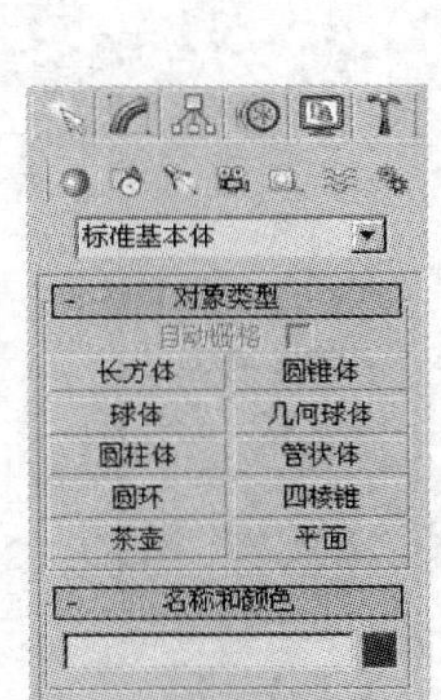


图 1-1-15

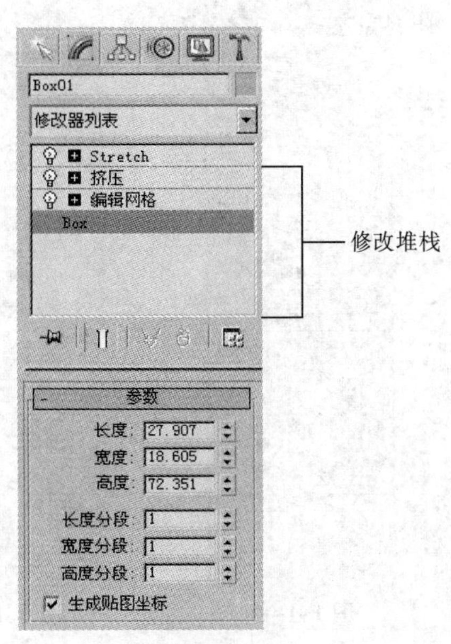


图 1-1-16

在“修改堆栈”中用户可以看到已经添加了多个修改命令，修改堆栈可以对这些修改命令进行管理，在修改堆栈中用户可以根据需要进行删除、添加或者对修改命令重新排序等操作。

（3）层次命令面板。

单击命令面板中的“层次”按钮，即可进入层次命令面板，如图 1-1-17 所示。

在层次命令面板中包含了 轴 、 IK 和 链接信息 3 个按钮，其中 轴 按钮可以在调整变形时移动并调整对象的轴； IK 按钮和 链接信息 按钮可以在创建动画效果时生成多个与对象相关联的复杂运动。

（4）运动命令面板。

单击命令面板中的“运动”按钮，即可进入运动命令面板，如图 1-1-18 所示。

单击运动命令面板中的 参数 按钮，可以为物体指定控制器以及进行创建、删除、移动关键帧等操作。在 + 指定控制器 卷展栏中包含了许多控制物体位置、旋转方向和缩放变形的动画控制器。

单击运动命令面板中的 轨迹 按钮，可以将样条曲线转换为对象的运动轨迹，并且还可以通过卷展栏中的命令来控制参数。

（5）显示命令面板。

单击命令面板中的“显示”按钮，即可进入显示命令面板，如图 1-1-19 所示。

显示命令面板主要用来控制对象在视图中的显示或隐藏。它可以为单个对象设置显示的参数，通过显示命令面板还可以控制对象的隐藏或冻结以及所有的显示参数。

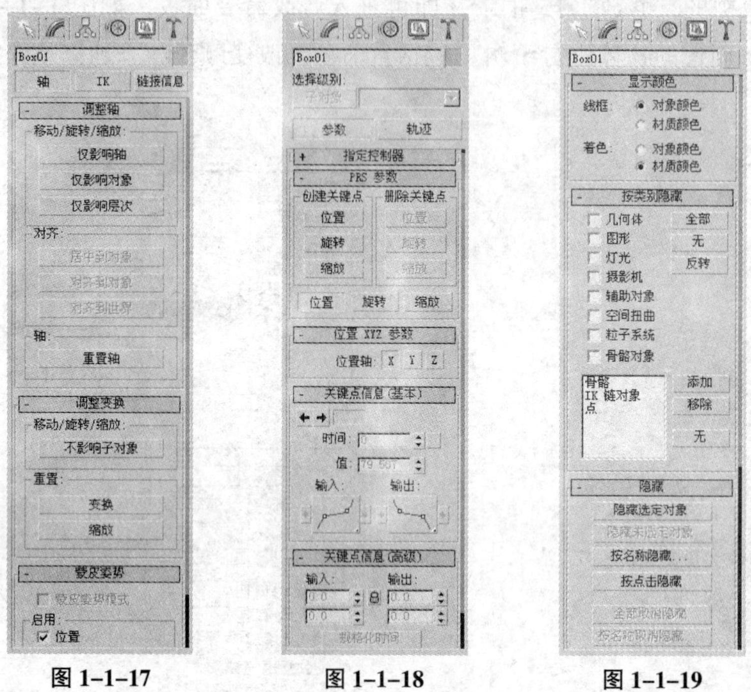

图 1-1-17　　图 1-1-18　　图 1-1-19

（6）工具命令面板。

单击命令面板中的“工具”按钮，即可进入工具命令面板，如图 1-1-20 所示。

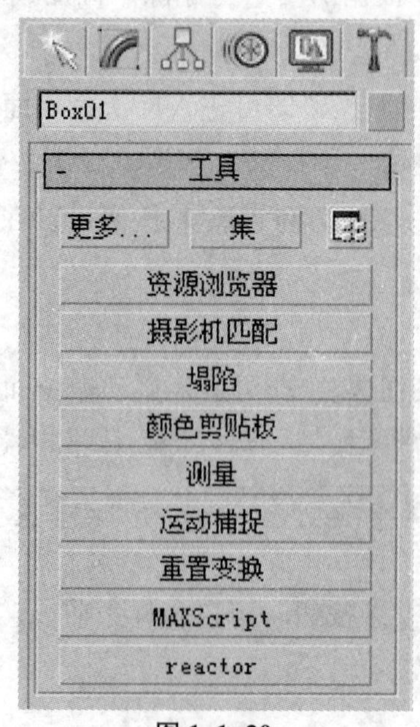


图 1-1-20

在工具命令面板中包含了许多功能强大的工具，比如资源浏览器、摄影机匹配、塌陷、颜色剪贴板和 reactor 等。使用时只需单击相应按钮或从附加的程序列表中选择即可。

6. 状态栏及提示栏

状态栏位于 3Ds Max 2009 工作界面底部的左侧，主要用于显示当前所选择的物体数目、坐标位置和目前视图的网络单位等内容。另外，状态栏中的坐标输入区域经常用到，通常用来精确调整对象的变换细节，如图 1-1-21 所示。

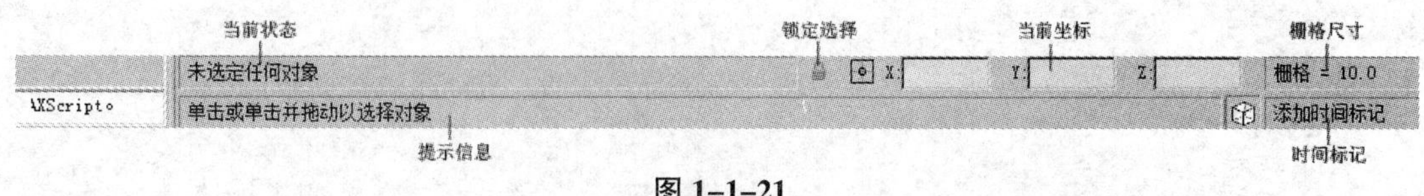


图 1-1-21

（1）当前状态：显示当前选择对象的数目和类型。

（2）提示信息：针对当前选择的工具和程序，提示下一步的操作指导。

（3）锁定选择：默认状态是关闭的，如果打开，将会对当前选择集合进行锁定，这样无论切换视图或调整工具，均不会改变当前操作对象。

（4）当前坐标：显示当前鼠标的世界坐标值或变换操作时的数值。

（5）栅格尺寸：显示当前栅格中一个方格的边长尺寸，不会因为镜头的推拉产生栅格尺寸的变化。

（6）时间标记：通过文字符号制定特定的帧标记，使用户能够迅速跳到想去的帧。

7. 动画控制区

动画控制区位于屏幕的下方，主要用于制作动画时，进行动画的记录、动画帧的选择、动画的播放以及动画时间的控制等，如图 1-1-22 所示。

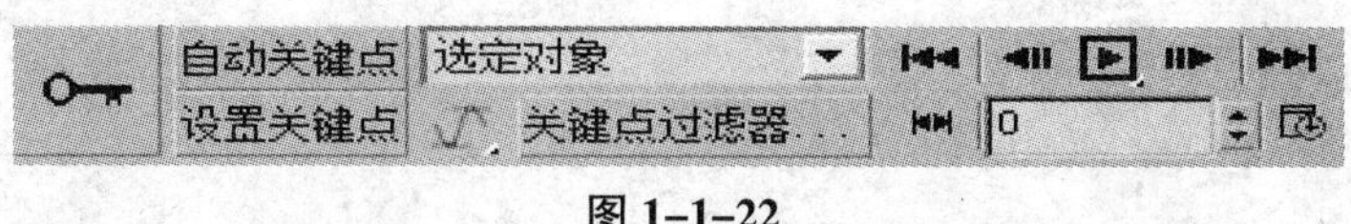


图 1-1-22

（1）自动关键点：在 3Ds Max 2009 中，新增了“设置关键点”模式，将原来的自动动画模式称为“自动关键点”模式，已经和其他同类的大型动画软件接轨。

（2）设置关键点：该模式使用户能够自己控制在什么时间创建什么类型的关键帧。

# 项目二

# 3Ds Max 基础知识

## 一、项目任务书

| 项目任务名称 | 3Ds Max 基础知识 | 项目任务编号 | |
|---|---|---|---|
| 任务完成时间 | | | |
| 任务学习目标 | 1. 认知目标：<br>①了解 3Ds Max 软件坐标系统的组成<br>②理解 3Ds Max 软件坐标系统的概念<br>③了解 3Ds Max 软件的视图控制命令<br>2. 技能目标：<br>掌握 3Ds Max 软件的视图控制方法 | | |
| 任务内容 | 1. 了解 3Ds Max 软件坐标系统的组成和相应概念<br>2. 掌握 3Ds Max 软件的视图控制方法 | | |
| 项目完成验收点 | 能理解 3Ds Max 软件坐标系统概念，并能掌握 3Ds Max 软件的视图控制方法 | | |
| 完成项目任务情况分析与反思： | | | |

## 二、项目教学实施流程与步骤

### （一）项目教学实施流程

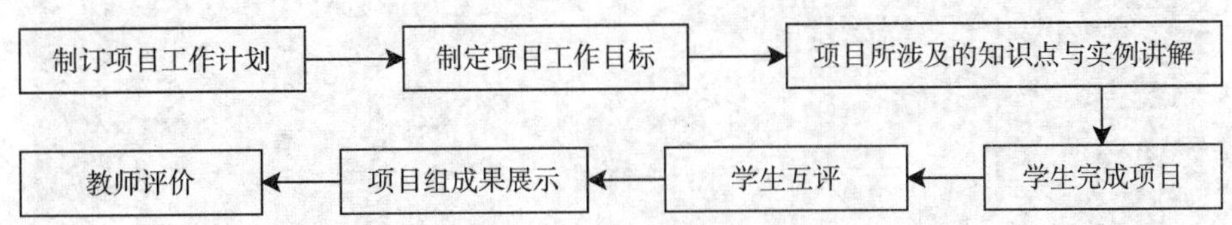


### （二）项目实施步骤及进度

（1）教师讲解项目所涉及的基本知识，并通过实例讲解该任务的实施方法。

（2）学生上机独立完成任务。

（3）学生进行成果展示与汇报。

（4）教师对学生轮流点评并与学生共同给出成绩。

## 三、3Ds Max 基本知识

### （一）坐标系统

在 3Ds Max 2009 中可根据需要设置坐标系统，单击工具栏中的 视图 下拉列表框右侧的向下按钮，其下拉列表如图 1-2-1 所示。

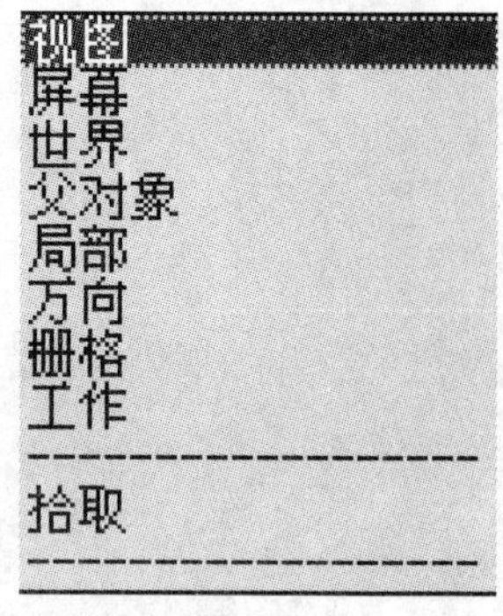


图 1-2-1

1. 视图

该选项为默认坐标系统，是一种相对的坐标系统，4 个视图中所有的 X、Y、Z 轴方向完全相同，X 轴的方向向右，Y 轴的方向向上，Z 轴方向垂直向外，如图 1-2-2 所示。

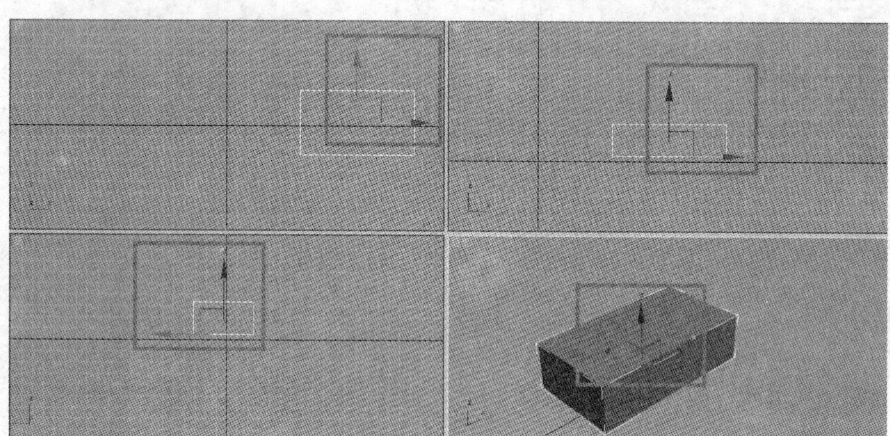

图 1-2-2

2. 屏幕

设置屏幕坐标系统，对于被激活的视图，总是 X 轴的方向向右，Y 轴的方向向上，Z 轴方向垂直向外，如图 1-2-3 所示。

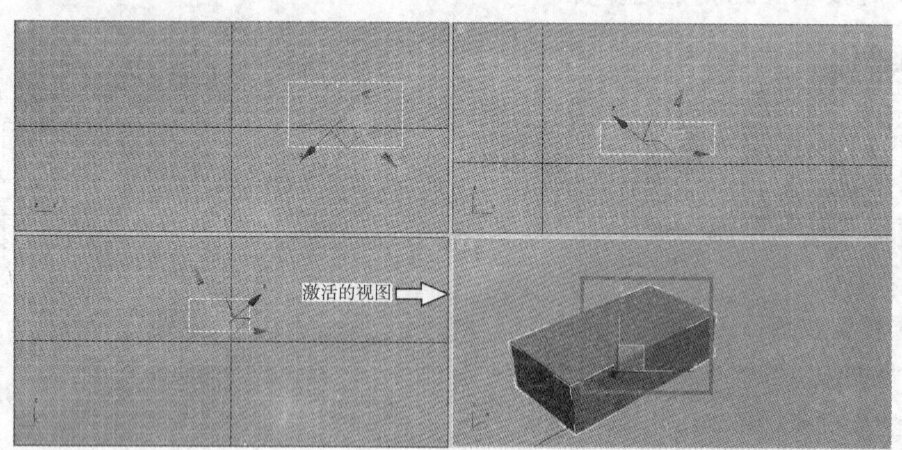


图 1-2-3

3. 世界

设置世界坐标系统，X 轴的方向向右，Y 轴的方向向上，Z 轴方向垂直向里。它在任何视图中都固定不变，与视图区也无关，如图 1-2-4 所示。

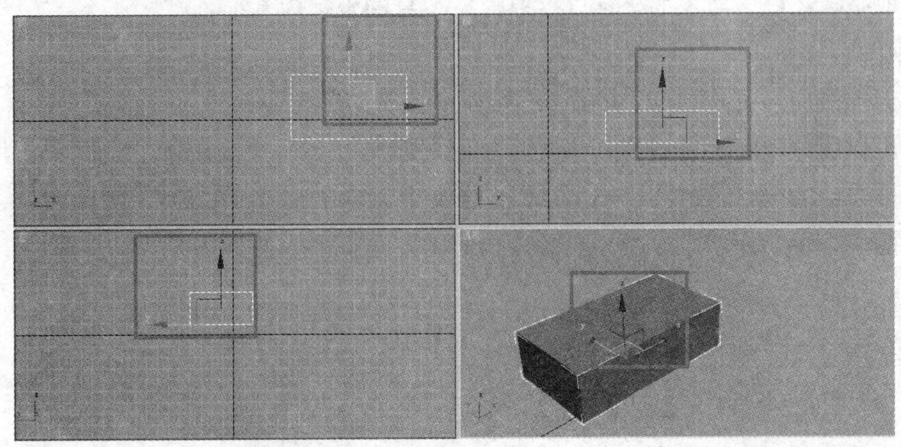

图 1-2-4

4. 父对象

设置父级坐标系统，若场景中的对象间有链接关系，则子对象的坐标系统与父对象的相同。

5. 局部

设置局部坐标系统，以对象的轴心为坐标原点，当物体的方位与世界坐标系统不同时，将用到局部坐标系统，即如果物体倾斜，坐标系也随之倾斜，如图 1-2-5 所示。

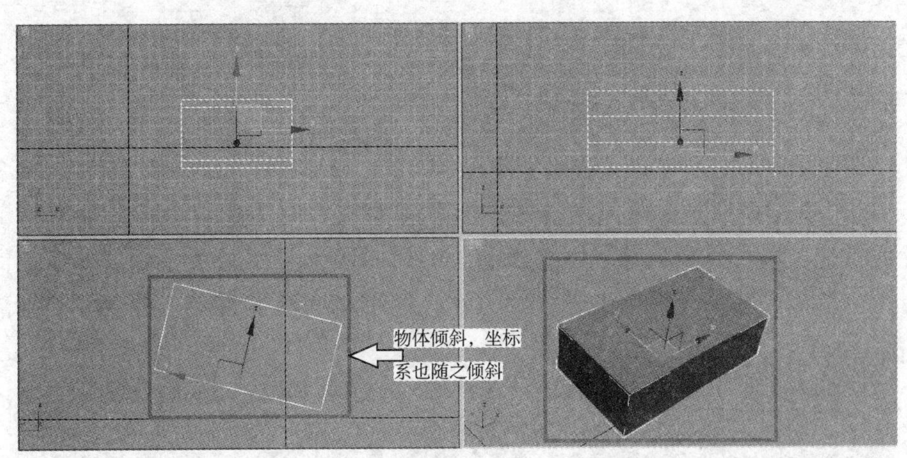


图 1-2-5

6. 万向

设置万向坐标系统，与局部坐标系统类似，但 X、Y、Z 轴不要求互相垂直。

7. 栅格

设置栅格坐标系统，对对象进行操作时以网格为基准。

8. 工作

作为备选的对象自有轴，您可以使用工作轴来为场景中的任意对象应用变换。例如，可以在场景中旋转有关层次、持久点的对象，而不会干扰对象的自有轴。

9. 拾取

设置拾取坐标系统，对象的坐标以拾取对象本身的坐标为基准。

（二）视图区操作

1. 视图切换

用户也可以通过执行相应的操作来显示不同的视图。在每个视图的左上角单击鼠标右键就会弹出如图 1-2-6 所示的快捷菜单，在弹出的快捷菜单中选择 视图 ▸ 命令，弹出如图 1-2-7 所示的子菜单，在子菜单中用户可以根据需要选择不同的视图方式。

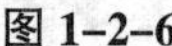

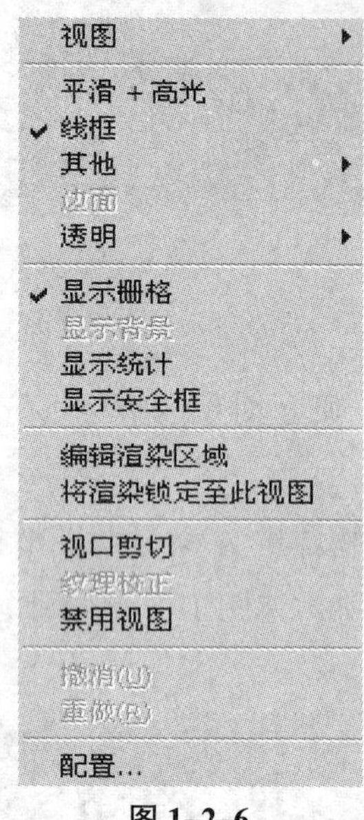


图 1-2-6

图 1-2-7

2. 激活视图

4 个视图区都可见时，带有高亮显示边框的视图始终处于活动状态，在任何一个视图单击鼠标左键或是右键，都可以激活该视图，被激活的视图边框显示为黄色。可以在激活的视图中进行各种操作，其他的视图仅作为参考视图，并且同一时间只能有一个视图处于激活状态，如图 1-2-8 所示。

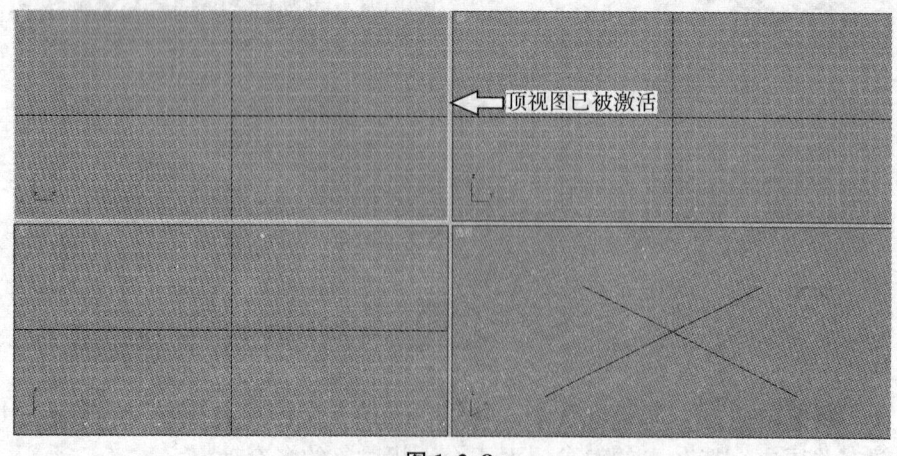


图 1-2-8

3. 调整视图大小

将鼠标指针移到视图的中心，即4个视图的交点处，当鼠标指针变成双向箭头时，拖曳鼠标可以改变各个视图的大小和比例。

（三）视图控制区

视图控制区位于3Ds Max 2009操作界面的右下角，它在不同的视源模式下会发生改变，如图1-2-9和图1-2-10所示，即在普通视图和摄影机视图两种不同的模式下的视图控制工具。熟练掌握视图控制工具的使用可以减少制作的时间。

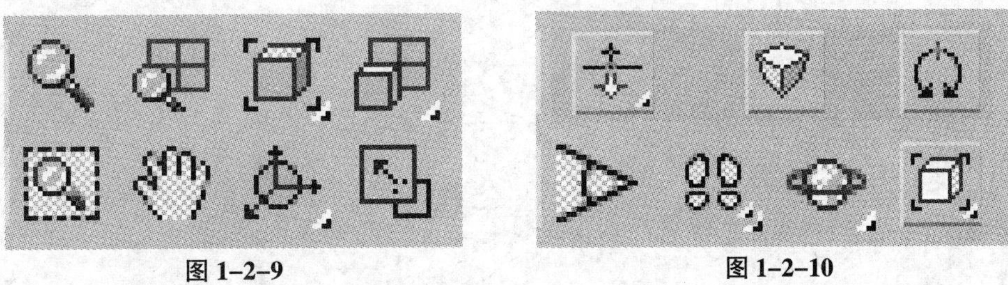

图1-2-9　　图1-2-10

视图控制区中各视图控制工具的含义如下：

（1）缩放工具：用来缩小或放大当前视图。

（2）缩放所有视图工具：用来同时缩小或放大所有视图。

（3）最大化显示工具：用来最大化显示当前视图的场景。

（4）所有视图最大化显示工具：用来最大化显示所有视图的场景。

（5）缩放区域工具：用来对视图的局部区域放大。

（6）平移视图工具：用来沿各方向平移视图。

（7）弧形旋转工具：用来控制用户视图角度。

（8）最大化视口切换工具：用来最小或最大化单个视图。

（9）推拉摄影机工具：用来移动摄影机的位置。

（10）透视工具：用来改变摄影机与焦点的位置。

（11）侧滚摄影机工具：用来旋转摄影机。

（12）视野工具：用来改变摄影机视野。

（13）穿行工具：3Ds Max 2009新提供的一种场景观察模式。

（14）环游摄影机工具：用来使摄影机绕焦点旋转。

（15）最大化显示选定对象工具：用来最大化显示当前选定对象。

# 项目三

# 3Ds Max 基础操作

## 一、项目任务书

| 项目任务名称 | 3Ds Max 基础操作 | 项目任务编号 | |
| --- | --- | --- | --- |
| 任务完成时间 | | | |
| 任务学习目标 | 1. 认知目标：<br>①了解 3Ds Max 软件中对象选择的命令<br>②了解 3Ds Max 软件中调整对象位置的命令<br>③了解 3Ds Max 软件中复制对象的命令<br>2. 技能目标：<br>①掌握 3Ds Max 软件中对象选择命令的使用方法<br>②掌握 3Ds Max 软件中调整对象位置命令的使用方法<br>③掌握 3Ds Max 软件中复制对象命令的使用方法 | | |
| 任务内容 | 1. 熟悉 3Ds Max 软件中对象选择、调整和复制的相关命令<br>2. 掌握 3Ds Max 软件中对象选择、调整和复制的相关命令的使用方法 | | |
| 项目完成验收点 | 能熟练运用 3Ds Max 软件中对象选择、调整和复制的相关命令完成基本操作 | | |
| 完成项目任务情况分析与反思： | | | |

## 二、项目教学实施流程与步骤

### （一）项目教学实施流程

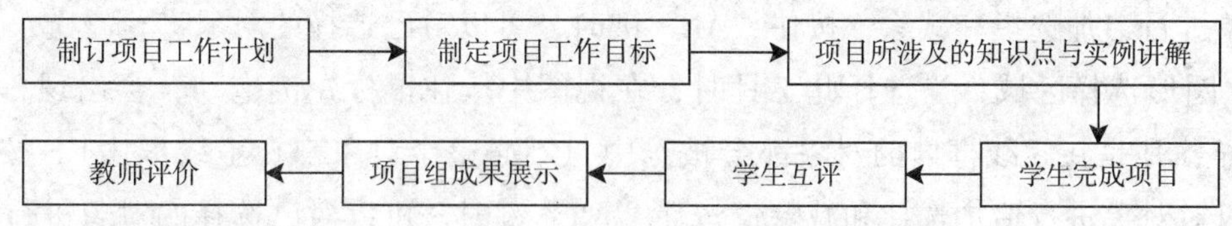


### （二）项目实施步骤及进度

（1）教师讲解项目所涉及的基本知识，并通过实例讲解该任务的实施方法。

（2）学生上机独立完成任务。

（3）学生进行成果展示与汇报。

（4）教师对学生轮流点评并与学生共同给出成绩。

## 三、3Ds Max 基础操作

（一）选择对象

在 3Ds Max 2009 中，对象的选择方法有多种，如直接点取选择、区域框选择、按名称选择、按颜色选择等，下面分别进行介绍。

1. 直接点取选择

直接点取选择是指利用工具栏中的点取按钮进行选择，在工具栏中可以进行点取选择的按钮有 7 个，下面分别进行介绍。

（1）选择对象：只具有选择功能，不能对选择的对象进行操作。

（2）选择并移动：具有选择功能，同时还可以对选择的对象进行移动。

（3）选择并旋转：具有选择功能，同时还可以对选择的对象进行旋转。

（4）选择并均匀缩放：具有选择功能，同时还可以对选择的对象进行均匀缩放，在它的下拉列表中还包括了“选择并非均匀缩放”按钮和“选择并挤压”按钮，它们也可以对选择的对象进行相应的操作。

（5）选择并链接：具有选择功能，并将选择的对象链接。

（6）断开当前选择链接：具有选择功能，并断开选择对象的链接。

（7）选择并操纵：用来对操作器进行选择。

利用点取选择工具选择对象时，被选中的对象将以白线框显示，在透视图中被选中的对象将被白色线框包围。当选择一个对象后再点取其他对象时，原来选择的对象将被取消选择。但是，按住“Ctrl”键时，可以对对象进行追加选择和减除；按住“Alt”键时，可以对已选择的对象进行减选。

2. 区域框选择

在 3Ds Max 2009 中，选择区域的方法有多种，包括矩形选择区域、圆形选择区域、围栏选择区域、套索选择区域和绘制选择区域。单击工具栏中的“矩形选择区域”按钮，弹出 5 个按钮，分别对应前面的矩形选择区域、圆形选择区域等，下面分别进行介绍。

（1）矩形选择区域：当选择此工具时，在视图中按住鼠标左键拖动，会出现一个矩形虚线框。凡是在虚线框内的对象都会被选中（不必整个对象都在虚线框内），按住“Ctrl”键时，可以对对象进行追加选择和减除；按住“Alt”键时，可以对已选择的对象进行减选。

（2）圆形选择区域：当选择此工具时，在视图中按住鼠标左键拖动，会出现一个圆形虚线框，同样，凡是在虚线框内的对象都会被选中（不必整个对象都在虚线框内）。按住“Ctrl”键时，可以对对象进行追加选择和减除；按住“Alt”键时，可以对已选择的对象进行减选。

（3）围栏选择区域：当选择此工具时，在视图中用户可以自定义绘制一个封闭的多边形区域，凡是在虚线框内的对象都会被选中（不必整个对象都在虚线框内）。同样，按住“Ctrl”键时，可以对对象进行追加选择和减除；按住“Alt”键时，可以对已选择的对象进行减选。

（4）套索选择区域：当选择此工具时，在视图中将以鼠标的运动轨迹绘制封闭区域，凡是在虚线框内的对象都会被选中（不必整个对象都在虚线框内）。同样，按住“Ctrl”键时，可以对对象进行追加选择和减除；按住“Alt”键时，可以对已选择的对象进行减选。

（5）绘制选择区域：当选择此工具时，在视图中按住鼠标左键，会出现一个圆形虚线框，在视图中移动鼠标，当圆形虚线框接触到某个对象时，该对象即被选中，移动鼠标可以连续选择多个对象。

3. 按名称选择

按名称选择可以快速、准确地选择需要的对象，单击工具栏中的“按名称选择”按钮，弹 从场景选择 出对话框，如图 1-3-1 所示。

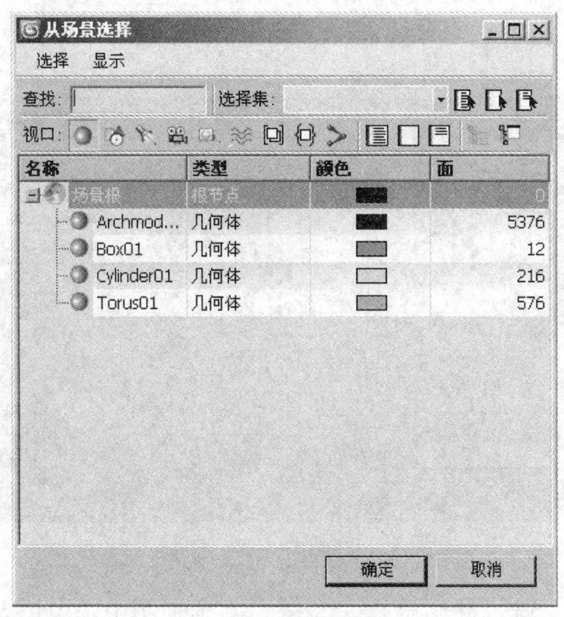


图 1-3-1

在该对话框中用户可以结合“Shift”键和“Ctrl”键选择多个对象。另外，在该对话框中可以对对象进行排序，以及列出对象的类型等。

4. 按颜色选择

按颜色选择可以将同一颜色的对象一次性全部选定，选择 编辑(E) → 选择方式(B) 命令，弹出“选择方式”子菜单，如图 1-3-2 所示。

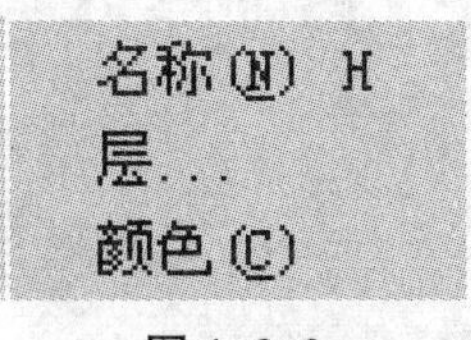


图 1-3-2

选择 颜色(C) 命令，然后在视图中选择一个对象，则与该对象颜色相同的对象将全部被选中。使用“按颜色选择”可以选择与选定对象具有相同颜色的所有对象。将按线框颜色进行选择，而不是按与对象相关联的任何材质进行选择。选择此命令后，单击场景中的任何对象来确定选择集的颜色。

（二）调整对象

调整对象是指对已创建好的对象进行移动、旋转和缩放等操作，使对象将其最完美的一面展示给用户。在建模的过程中它们的使用频率相当高。下面对常用的几种对象的变换方法进行讲解。

1. 选择并移动

单击工具栏中的“选择并移动”按钮 ，在视图中选择需要平移的对象，然后即可沿 3 个轴移动对象到一个绝对坐标位置，具体操作步骤如下：

（1）单击“文件”菜单，在弹出的下拉菜单中选择“打开”，在场景中打开随书光盘中一个制作好的单人沙发模型，如图 1-3-3 所示。

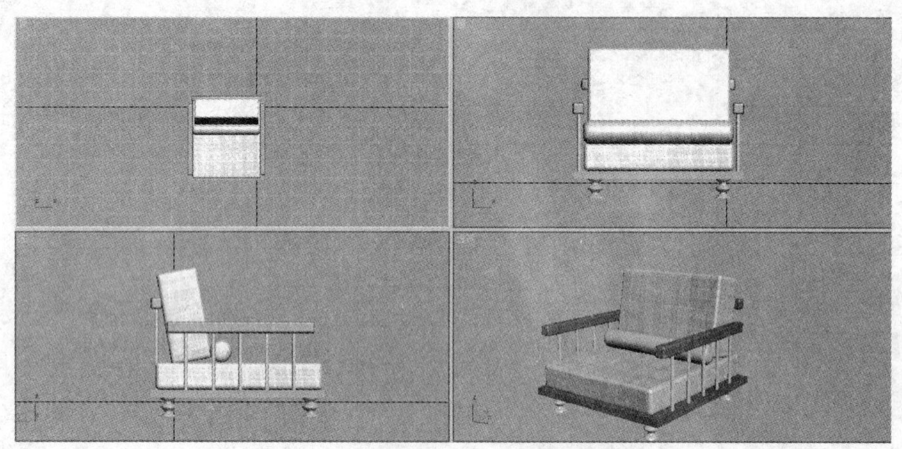

图 1-3-3

（2）单击工具栏中的“选择并移动”按钮 ，在顶视图中选中单人沙发。

（3）这时用户可以看到在视图中出现一个三维坐标系，如果要将沙发沿 X 轴移动，就可以将鼠标移动到 X 轴上，这时会看到 X 轴变成黄色，然后移动鼠标即可移动单人沙发模型，如图 1-3-4 所示。同样，如果想将其沿 Y 轴移动，就可以将鼠标锁定在 Y 轴上，Y 轴就会变成黄色；想将其沿 X、Y 轴组成的平面移动，就可以将鼠标锁定在 X、Y 轴上，这时，X、Y 轴都会变成黄色，如图 1-3-5 所示。

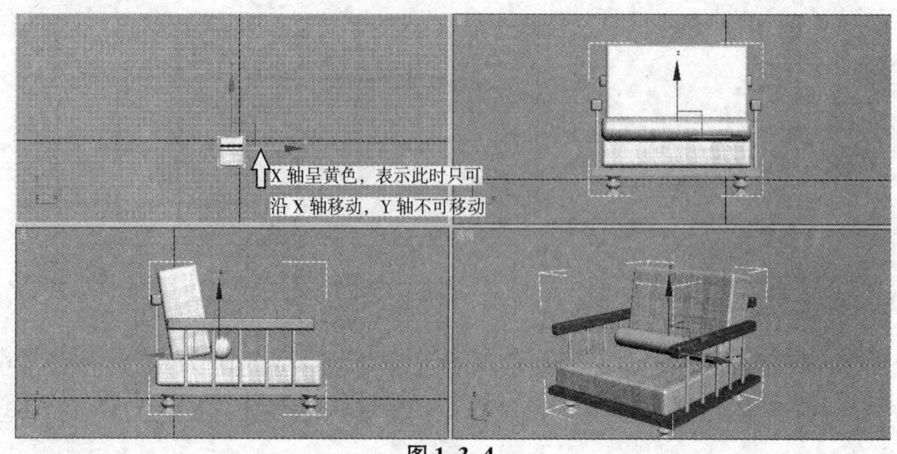


图 1-3-4

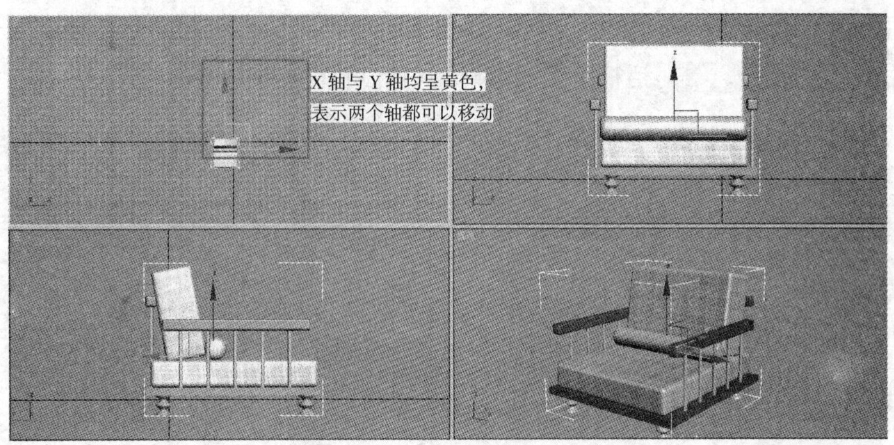


图 1-3-5

（4）如果需要精确移动，则可以在工具栏中的“选择并移动”按钮上单击鼠标右键，在弹出的“移动变换输入”对话框中输入移动的值即可，如图 1-3-6 所示。

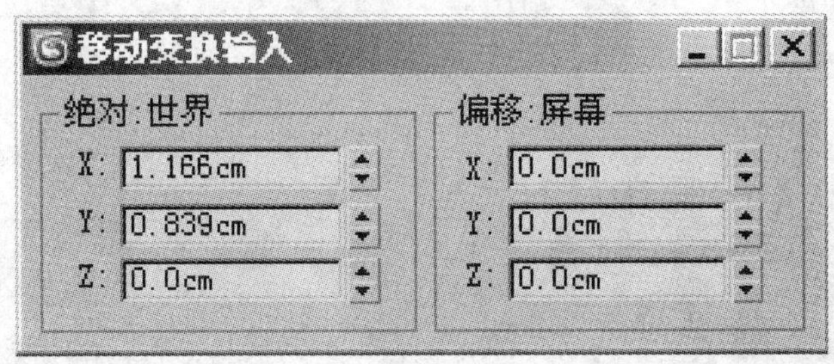


图 1-3-6

2. 选择并旋转

旋转是指沿着自身的某个变换中心点转动。单击工具栏中的“选择并旋转”按钮，然后选择需要旋转的对象，即可将其绕它的某个轴进行旋转，具体操作步骤如下：

（1）单击工具栏中的“选择并旋转”按钮，在视图中选中单人沙发模型。

（2）这时在沙发的周围出现许多由圆圈组成的平面，用鼠标选中一个平面，被选中的平面变成黄色，说明沙发模型可以在这个平面中旋转，如图 1-3-7 所示。

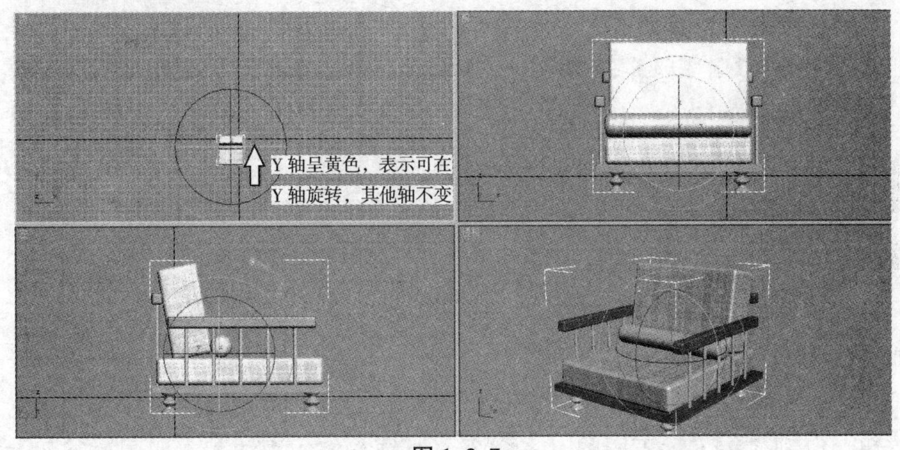


图 1-3-7

（3）同样，如果需要精确旋转，则可以在工具栏中的“选择并旋转”按钮上单击鼠标右键，在弹出的旋转变换输入对话框中输入旋转的值即可，如图 1-3-8 所示。

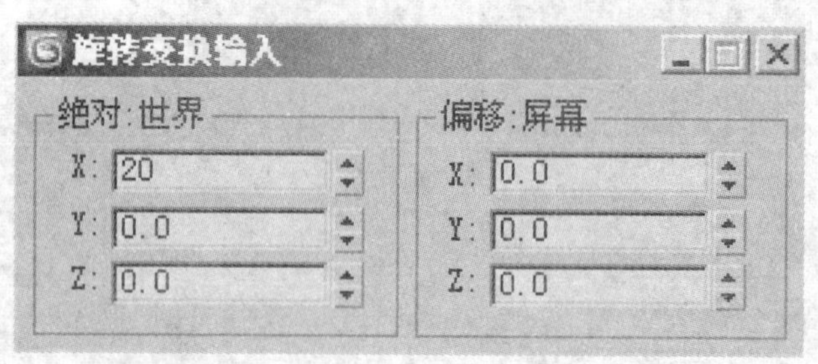


图 1-3-8

3. 选择并缩放

在 3Ds Max 2009 中包含了 3 种缩放工具，它们分别是选择并均匀缩放、选择并非均匀缩放和选择并挤压。下面分别对其进行讲解。

（1）选择并均匀缩放。均匀缩放是指所有的方向都成等比进行的缩放。首先，单击“文件”按钮，在弹出的下拉菜单中选择“打开”，在场景中打开随书光盘中一个制作好的椅子模型，如图 1-3-9 所示。

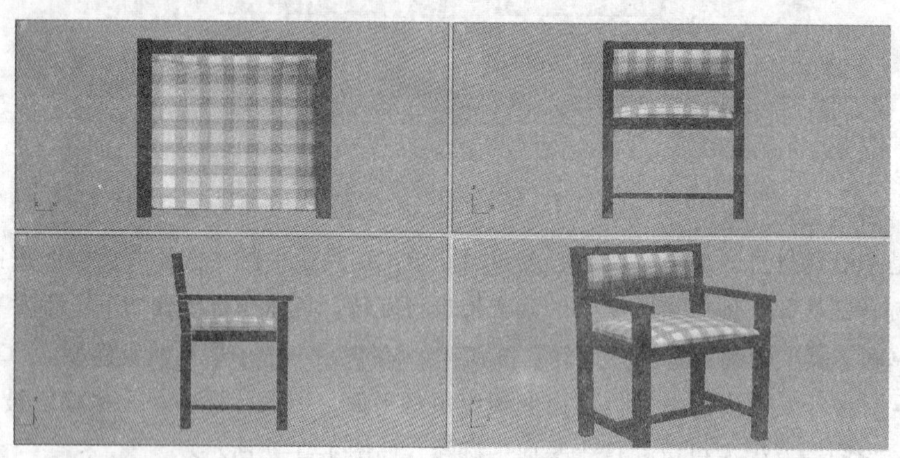

图 1-3-9

单击工具栏中的“选择并均匀缩放”按钮，在视图中框选整个椅子模型，然后就可以对其进行均匀缩放，效果如图 1-3-10、图 1-3-11 所示。

（2）选择并非均匀缩放。在上一步操作的基础上单击工具栏中的“选择并非均匀缩放”按钮，在视图中框选整个椅子模型，然后对其进行非均匀缩放，效果如图 1-3-12 所示。

（3）选择并挤压。在上一步操作的基础上单击工具栏中的“选择并挤压”按钮，在视图中框选整个椅子模型，然后对其进行挤压，效果如图 1-3-13 所示。

4. 对齐

单击工具栏中的“对齐”按钮并按住鼠标左键不放，可以弹出一个按钮组，该按钮组中共有 6 个按钮，分别代表 6 种不同的对齐命令，但是它们的用法基本相同。下面就以最常用的

图 1-3-10　缩放前

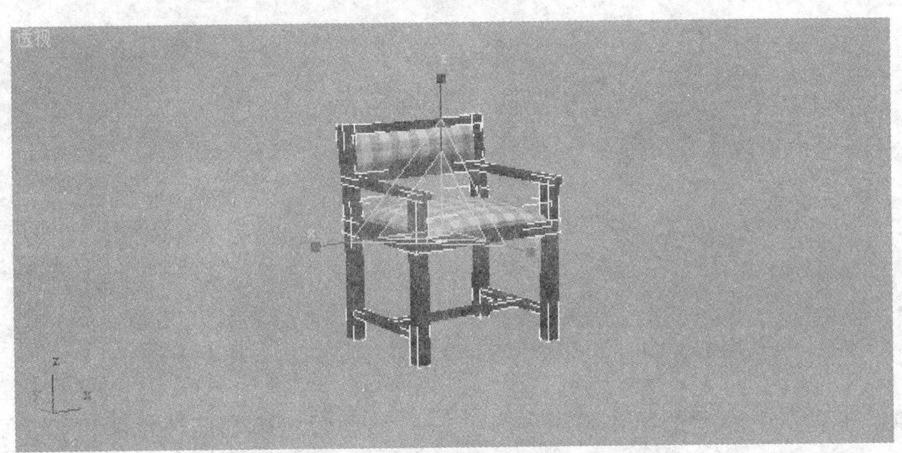

图 1-3-11　缩放后

图 1-3-12

一种对齐命令进行讲解。

（1）单击“创建”按钮，进入创建命令面板，单击“几何体”按钮，进入几何体创建命令面板。单击 管状体 按钮，在视图中创建一个管状体，如图 1-3-14 所示。

（2）单击 四棱锥 按钮，在视图中创建一个四棱锥，如图 1-3-15 所示。

图 1-3-13

图 1-3-14

图 1-3-15

（3）单击工具栏中的“选择并移动”按钮，移动管状体和四棱锥的位置，如图 1-3-16 所示。

（4）在视图中确保四棱锥被选中，单击工具栏中的“对齐”按钮，然后在视图中拾取管状体，弹出对齐当前选择对话框，如图 1-3-17 所示。

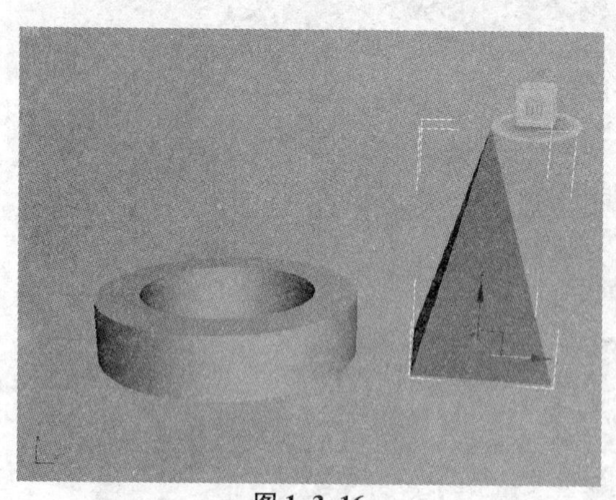

图 1-3-16

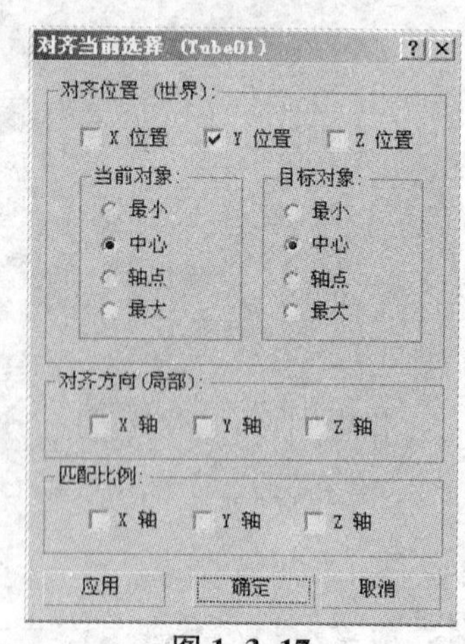


图 1-3-17

（5）在对齐当前选择对话框中勾选 X 位置、Y 位置和 Z 位置复选框，然后单击应用按钮，效果如图 1-3-18 所示。

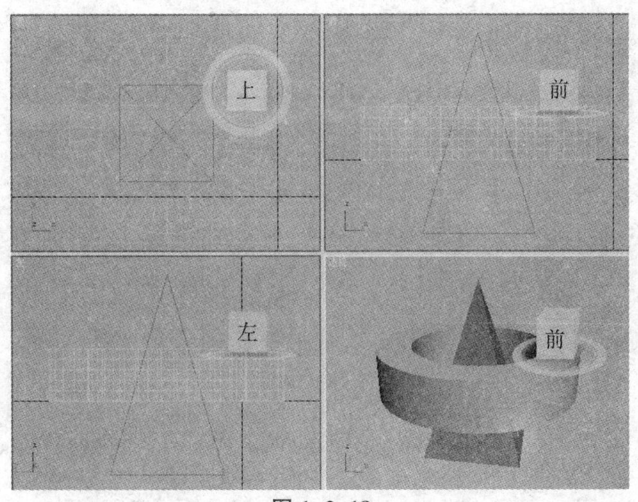


图 1-3-18

（6）设置对齐参数如图 1-3-19 所示，则管状体被放置在四棱锥上方，而且它们的接触面刚好相切，效果如图 1-3-20 所示。

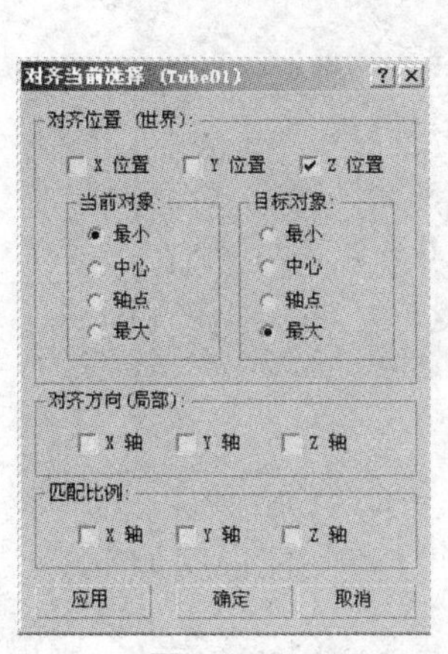


图 1-3-19

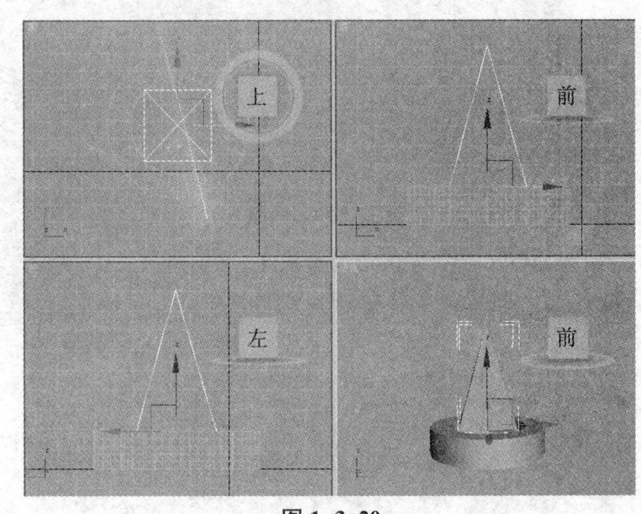


图 1-3-20

（三）复制对象

在创建场景时，经常需要制作许多形态相同的物体，可通过复制快速获得，并且复制出的物体与原始对象具有相同的属性和参数，在 3Ds Max 2009 中，复制的方法有许多种，包括菜单复制、快速复制、镜像复制、阵列复制等。下面分别对其进行介绍。

1. 菜单复制

菜单复制是指利用 编辑(E) → 克隆(C) 命令对对象进行复制。具体步骤如下：

（1）选择 文件(F) → 重置(R) 命令，重新设置系统。

（2）单击“文件”按钮，在弹出的下拉菜单中选择“打开”，在场景中打开随书光盘中一个制作好的台灯模型，如图 1-3-21 所示。

（3）选择 编辑(E) → 克隆(C) 命令，弹出如图 1-3-22 所示的 克隆选项 对话框。

图 1-3-21

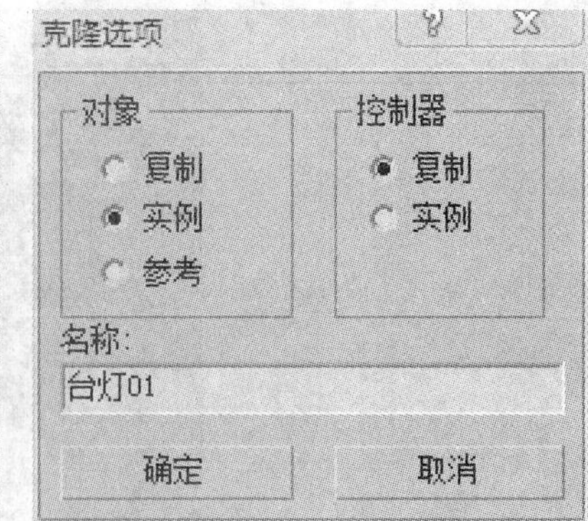


图 1-3-22

（4）在对象参数设置区中选中实例单选按钮，单击确定按钮，即可将台灯复制一个。为了便于观察可以单击工具栏中的“选择并移动”按钮将它们分开，如图 1-3-23 所示。

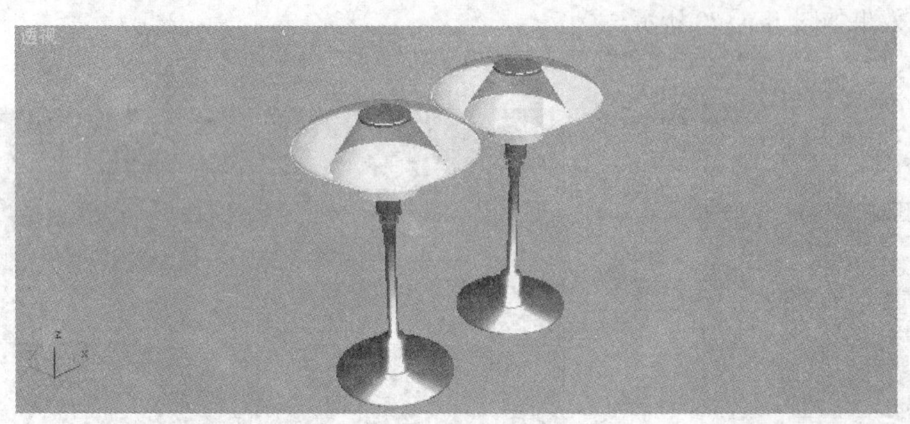


图 1-3-23

说明：在克隆选项对话框中的对象参数设置区中有 3 个单选按钮，其功能说明如下：

复制：将原有物体复制一份，复制完成后与原有物体脱离关系。

实例：将原有物体复制一份，并且当修改原有物体或者复制出物体时两个都发生关联改变。

参考：与关联复制类似，只是当改变原始对象时所有参考物体都发生改变。

2. 快速复制

快速复制是指按住键盘上的“Shift”键的同时，利用工具栏中的选择并移动工具、选择并旋转工具和选择并均匀缩放工具复制对象。其中利用选择并移动工具复制对象的频率最高。快速复制的步骤如下：

（1）单击“文件”按钮，在弹出的下拉菜单中选择“打开”，在场景中打开随书光盘中一个制作好的休闲椅模型，如图 1-3-24 所示。

（2）单击工具栏中的“选择并移动”按钮，在顶视图中选中休闲椅。

（3）按住“Shift”键的同时移动鼠标到适当位置松开，弹出如图 1-3-25 所示的克隆选项对话框。

图 1-3-24

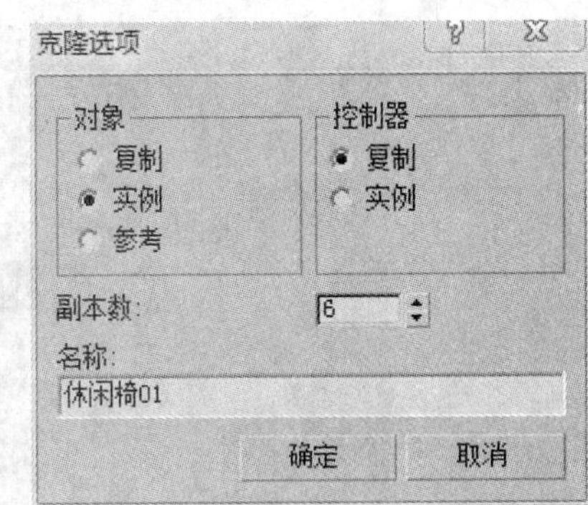


图 1-3-25

（4）在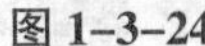该对话框中，比菜单复制只多了一个副本数参数，它控制的是复制对象的数量，在副本数: 6 的微调框中输入 6，然后单击确定按钮，效果如图 1-3-26 所示。

图 1-3-26

同样，用上面的方法利用“选择并旋转”按钮和“选择并均匀缩放”按钮也可以快速复制。效果如图 1-3-27 和图 1-3-28 所示。

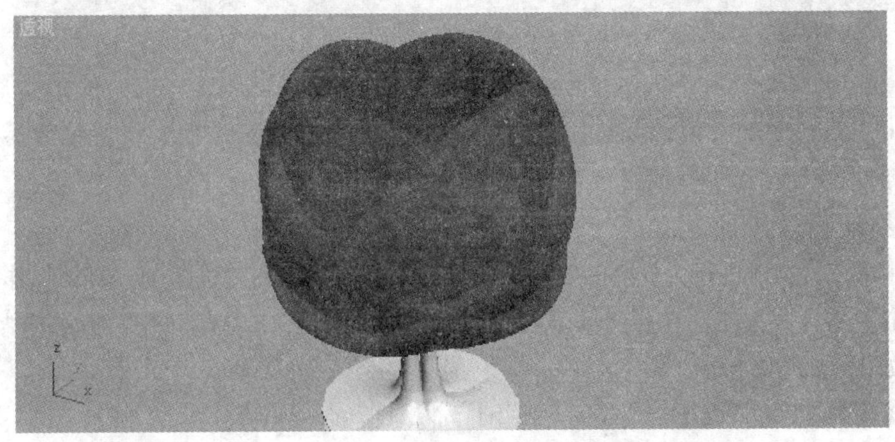


图 1-3-27

图 1-3-28

3. 镜像复制

镜像复制是指将选定的物体以镜像的方式复制出来，使其看上去与在平面镜中看到的物体一样，具体操作步骤如下：

（1）单击“文件”按钮，在弹出的下拉菜单中选择“打开”，在场景中打开一个制作好的欧式沙发模型，如图 1-3-29 所示。

图 1-3-29

（2）单击工具栏中的“镜像”按钮，弹出 镜像：屏幕 坐标 对话框，设置镜像参数如图 1-3-30 所示，然后单击 确定 按钮，效果如图 1-3-31 所示。

4. 阵列复制

阵列复制可以将物体进行大规模的复制，它分为一维、二维和三维阵列，具体操作步骤如下：

（1）单击“文件”按钮，在弹出的下拉菜单中选择“打开”，在场景中打开一个制作好的地球仪模型，如图 1-3-32 所示。

（2）选择 工具(T) → 阵列(A)... 命令，弹出 阵列 对话框，如图 1-3-33 所示。

其中：

a. 增量：用来设置阵列物体之间在各个坐标轴上的移动距离、旋转角度以及缩放程度。

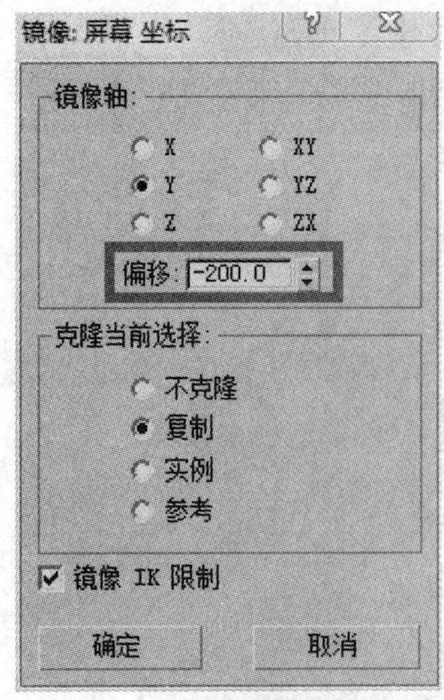


图 1-3-30

图 1-3-31

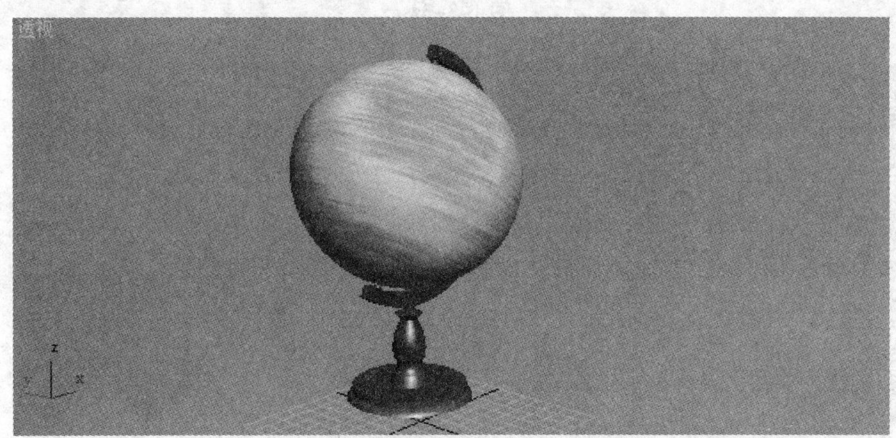


图 1-3-32

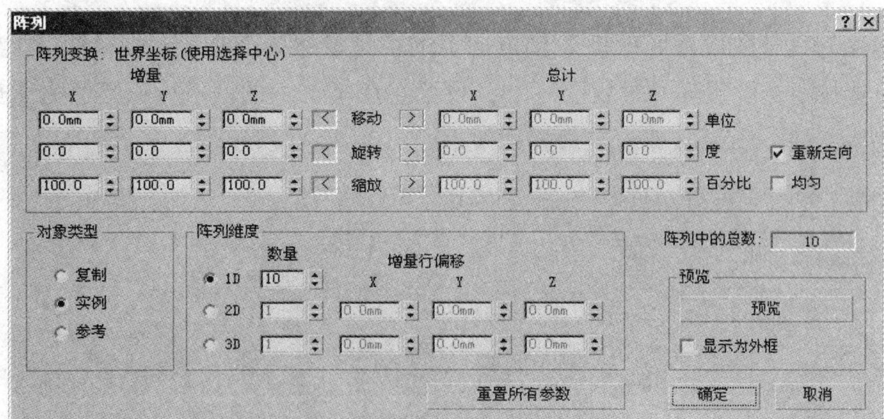


图 1-3-33

b. **总计**：用来设置阵列物体在各个坐标轴上的移动距离、旋转角度和缩放程度的总量。

c. **对象类型**：用来设置阵列复制物体的属性。

d. **阵列维度**：用来设置阵列复制的维数。

（3）在 阵列变换: 参数设置区中将 X 轴方向上的增量设置为 200，选中 阵列维度 参数设置区中的 ● 1D 单选按钮，设置阵列的数量为 10，如图 1-3-34 所示，然后单击 确定 按钮，一维阵列效果如图 1-3-35 所示。

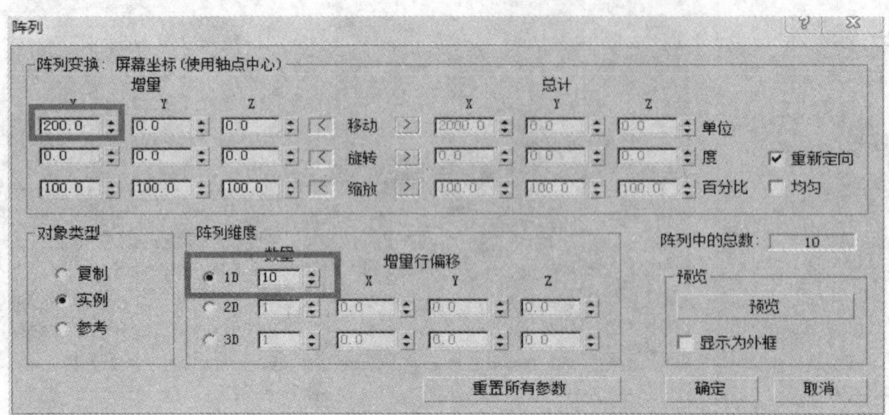


图 1-3-34

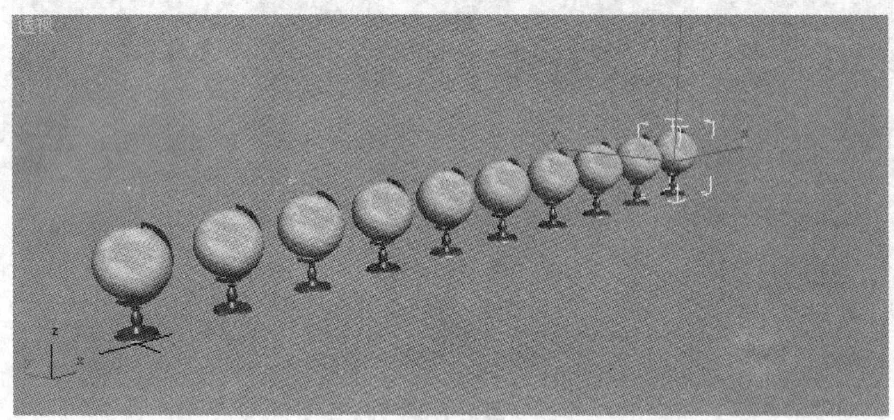


图 1-3-35

（4）在 阵列变换: 参数设置区中将 X 轴方向上的增量设置为 200，选中 阵列维度 参数设置区中的 ● 2D 单选按钮，设置阵列的数量为 10，设置它在 Y 轴上的增量行偏移值为 200，如图 1-3-36 所示，然后单击 确定 按钮，二维阵列效果如图 1-3-37 所示。

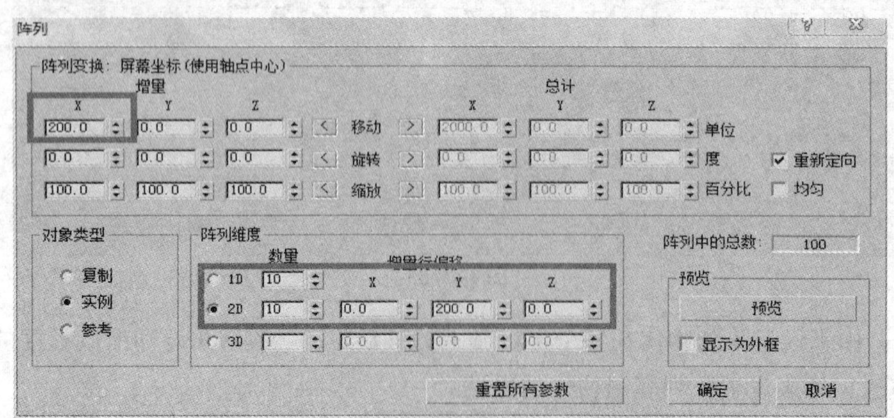


图 1-3-36

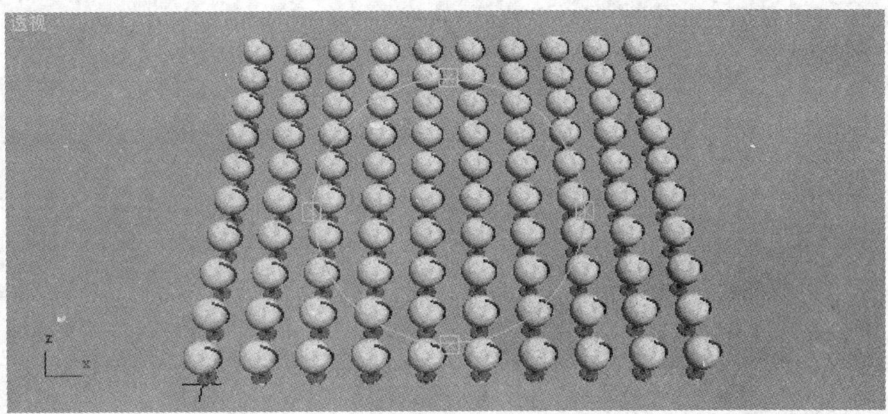


图 1-3-37

用同样的方法，用户还可以设置它的三维阵列效果，其设置和效果如图 1-3-38、图 1-3-39 所示。

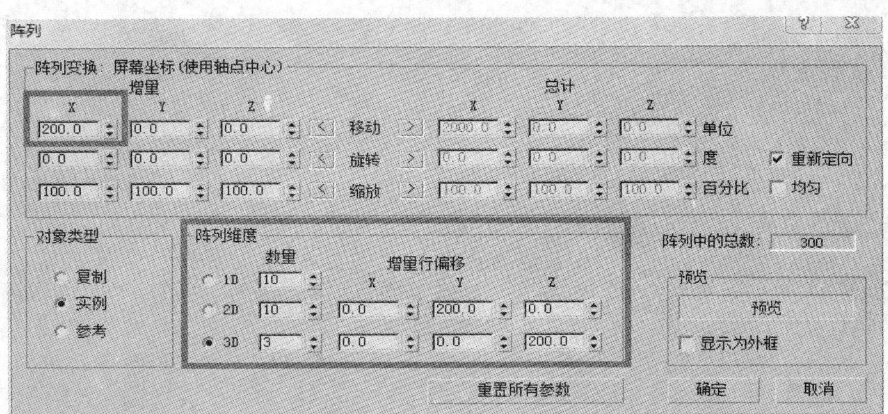


图 1-3-38

图 1-3-39

# 第二篇　模型创建

# 项目一

# 简单模型创建

## 任务一　电扇模型创建

### 一、项目任务书

| 项目任务名称 | 电扇模型创建 | 项目任务编号 | |
|---|---|---|---|
| 任务完成时间 | | | |
| 任务学习目标 | 1. 认知目标：<br>①了解 3Ds Max 软件中基本体建模命令<br>②了解 3Ds Max 软件中简单模型创建的方法<br>2. 技能目标：<br>①掌握 3Ds Max 软件中基本体建模命令的使用<br>②掌握 3Ds Max 软件中简单模型创建的方法 | | |
| 任务内容 | 1. 熟悉 3Ds Max 软件中基本体建模命令的使用<br>2. 掌握 3Ds Max 软件中简单模型创建的技巧 | | |
| 项目完成验收点 | 能熟练运用 3Ds Max 软件中基本体建模命令完成简单模型的创建 | | |
| 完成项目任务情况分析与反思： | | | |

### 二、项目教学实施流程与步骤

#### （一）项目教学实施流程

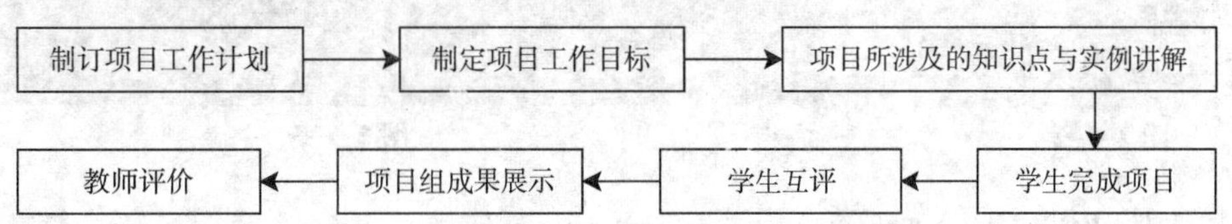


#### （二）项目实施步骤及进度

（1）教师讲解项目所涉及的基本知识，并通过实例讲解该任务的实施方法。

（2）学生上机独立完成任务。

（3）学生进行成果展示与汇报。

（4）教师对学生轮流点评并与学生共同给出成绩。

## 三、3Ds Max 基本体建模知识点

1. 标准基本体

我们在生活中见到的皮球、管道、长方体、圆环和圆锥形冰淇淋杯等物体，外形具有几何体的特征，像这样的对象都属于几何基本体。在 3Ds Max 中，用户可以使用多个基本体的组合来创建模型，还可以将基本体结合到更复杂的对象中，并使用修改器进行进一步细化操作。进入“创建”主命令面板下的“几何体”次命令面板，在该面板顶部的下拉列表栏中选择“标准基本体”选项，即可打开标准三维形体的创建命令面板，如图 2–1–1 所示。

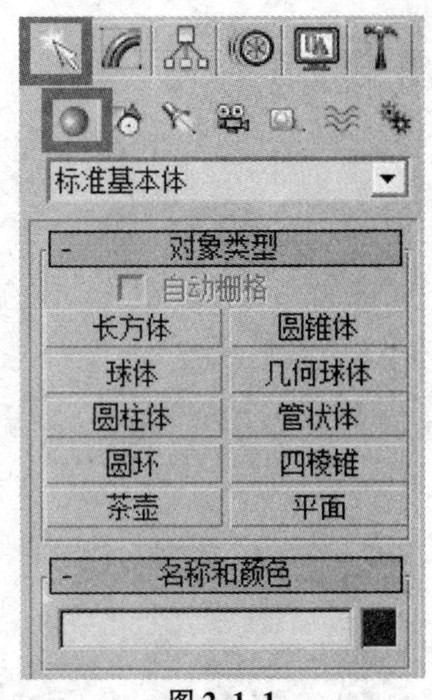


图 2–1–1

下面就介绍一下常用的模型创建命令的使用方法：

（1）长方体和立方体。长方体是 3Ds Max 中形状最为简单、使用最为广泛的三维形体。它的形状是由“长度”、“宽度”和“高度”3 个参数值来决定的，它的网格分段结构由对应的“长度分段”、“高度分段”和“宽度分段”3 个参数来决定，如图 2–1–2 所示。图 2–1–3 显示了一个长方体对象和一个正方体对象。

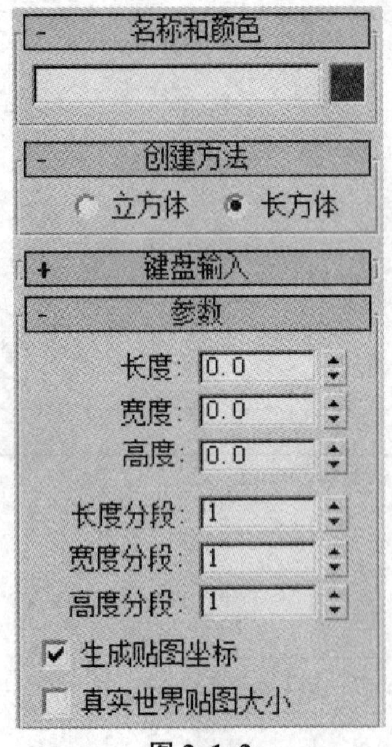


图 2–1–2

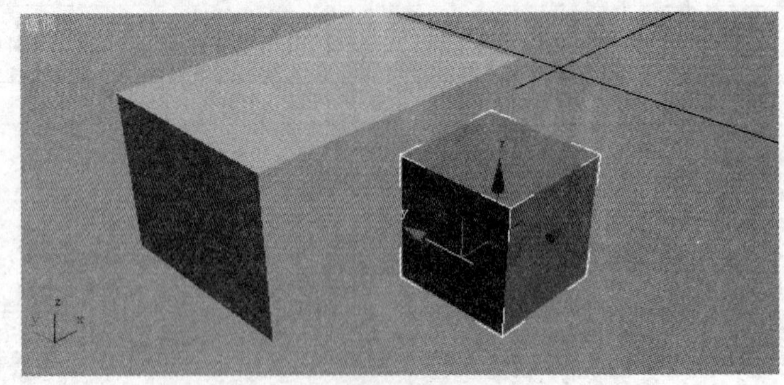

图 2–1–3

创建长方体的操作步骤如下：

a. 进入“创建”主命令面板下的“几何体”次命令面板，单击“对象类型”卷展栏中的“长方体”命令按钮，如图 2–1–4 所示。

b. 在顶视图中按下鼠标左键，拖动鼠标在窗口中生成一个矩形框。当松开鼠标左键后，就完成了长方体底面的创建，如图 2–1–3 所示。

c. 接着向上或向下移动鼠标，移至合适的高度后单击，一个长方体就创建好了。

d. 如果用户要创建立方体，选择创建方式卷展栏中的“立方体”单选按钮，如图 2–1–5 所示，即可在视图中拖曳出标准的立方体，如图 2–1–3 所示。

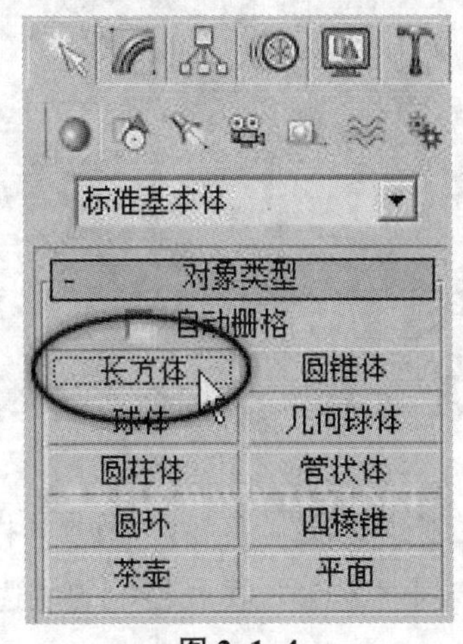


图 2–1–4

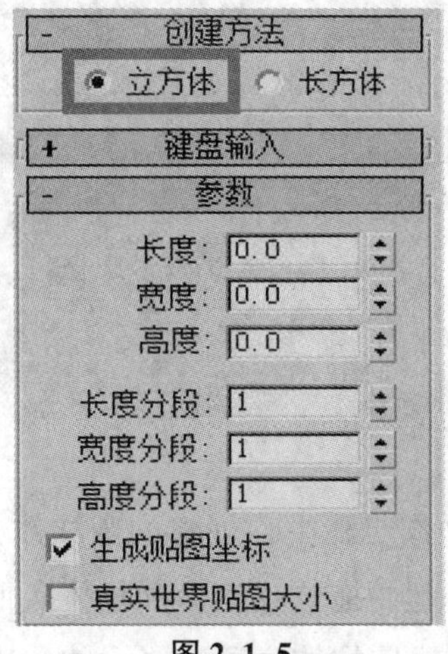


图 2–1–5

（2）圆柱体。在 3Ds Max 中，圆柱体也是较为常用的三维形体之一。它的形状是通过“半径”和“高度”两个参数来确定的，它的细分网格由“高度分段”、“端面分段”和“边数”来决定，如图 2–1–6 所示。

创建圆柱体的操作步骤如下：

a. 进入“创建”主命令面板下的“几何体”次命令面板，单击“对象类型”卷展栏中的“圆柱体”命令按钮，如图 2–1–7 所示。

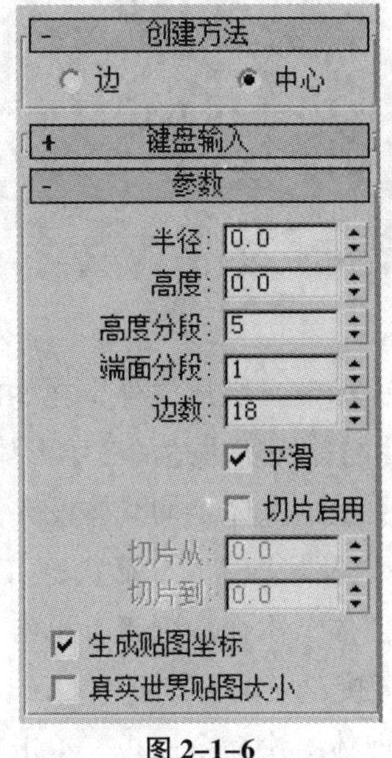


图 2–1–6

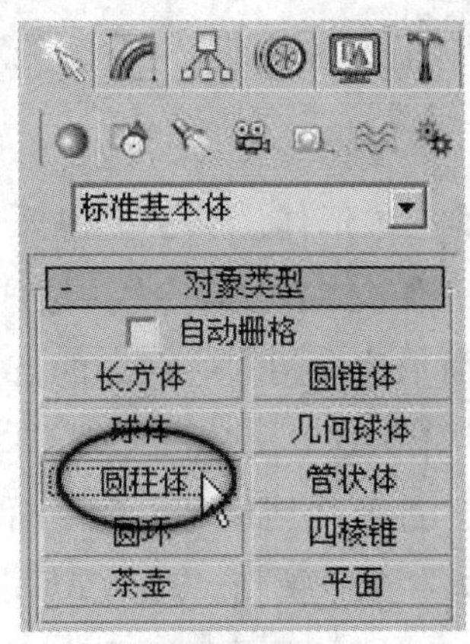


图 2–1–7

b. 在顶视图中拖动鼠标，拉出一个圆形后，松开鼠标即完成了圆柱体的底面。

c. 向上移动鼠标，参照“透视”视图观察圆柱体的高度变化，移至合适的高度后单击，一个圆柱体就创建好了，如图 2–1–8 所示。

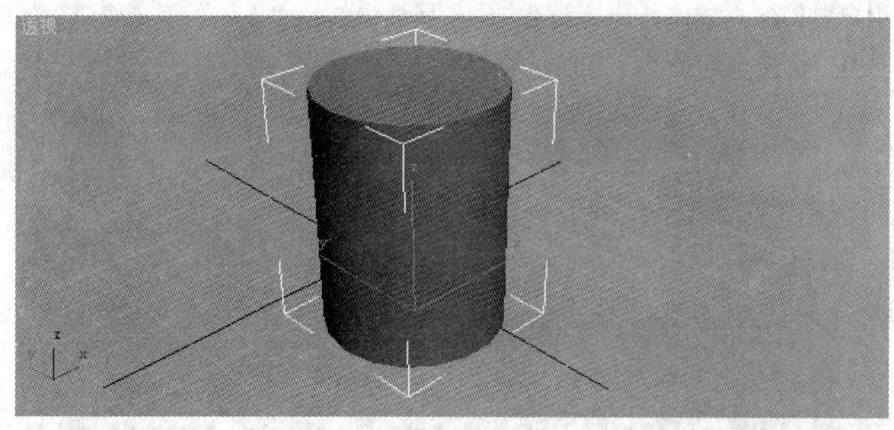

图 2–1–8

d. 在上述操作步骤中，创建的圆柱体是在选择“创建方法”卷展栏中的“中心”单选按钮时生成的，即将起始拖拉点作为圆柱体底面中心点。“创建方法”卷展栏中的“边”单选按钮是将起始拖拉点作为圆柱体底面边缘上的一点。

e. 在“参数”卷展中设置“边数”参数为 6，取消“光滑”复选框的启用，可以将圆柱体变为正六边形棱柱，如图 2–1–9、图 2–1–10 所示。

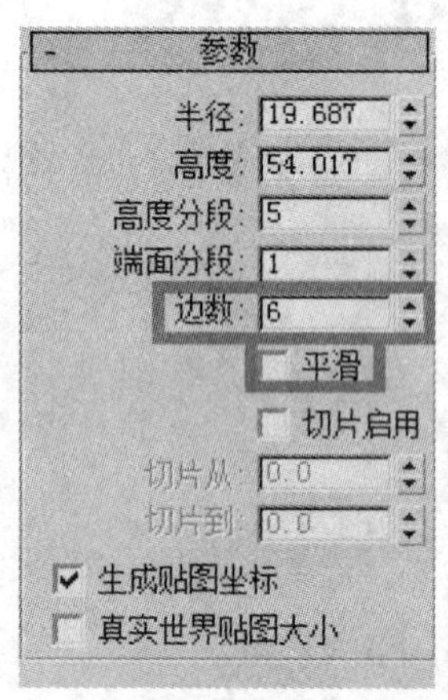


图 2–1–9

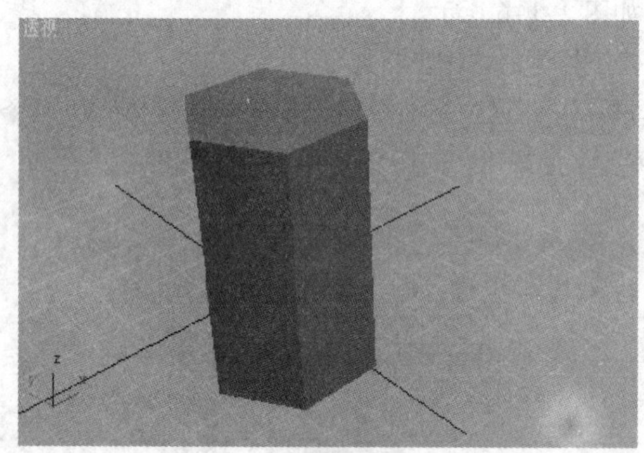

图 2–1–10

（3）其他标准三维形体。除了上述详细讲述的几种标准三维形体外，在 3Ds Max 中还包含了其他几种标准三维形体建立命令。因为这些三维形体与前面所讲述的三维形体设置方法相同，所以在这里只是简单地介绍这些命令的打开方法，而关于这些命令的具体设置方法在此就不再具体进行讲解。以下为这几种标准三维形体建立方法，以及其具体建立形状，如图 2–1–11 所示。

a. “圆锥体”。进入“创建”主命令面板下的“几何体”次命令面板，单击“对象类型”卷展栏中的“圆锥体”命令按钮，这时就可以在场景中直接建立圆锥体。

b. “管状体”。进入“创建”主命令面板下的“几何体”次命令面板，单击“对象类型”卷

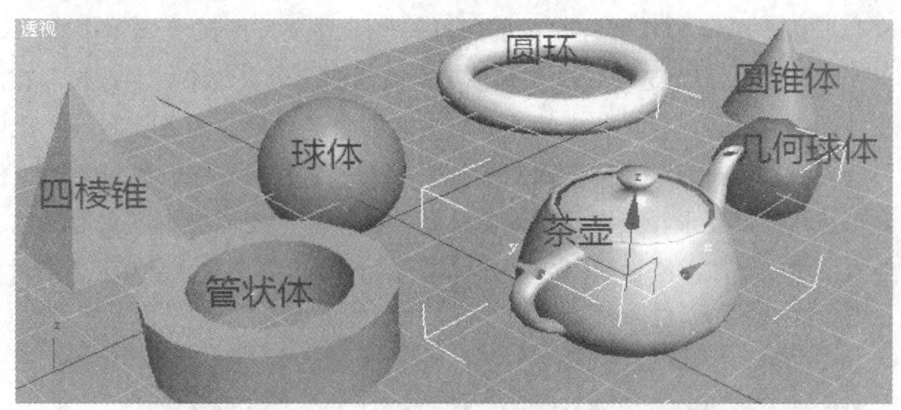


图 2–1–11

展栏中的“管状体”命令按钮，这时可以在场景中直接建立管状三维形体。

c.“圆环”。进入“创建”主命令面板下的“几何体”次命令面板，单击“对象类型”卷展栏中的“圆环”命令按钮，这时可以在场景建立圆环三维形体。

d.“四棱锥”。进入“创建”主命令面板下的“几何体”次命令面板，单击“对象类型”卷展栏中的“四棱锥”命令按钮，这时可以建立形状如金字塔的三维形体。

e.“茶壶”。进入“创建”主命令面板下的“几何体”次命令面板，单击“对象类型”卷展栏中的“茶壶”命令按钮，这时可以在场景中直接拖拉出一个茶壶。

f.“球体”。进入“创建”主命令面板下的“几何体”次命令面板，单击“对象类型”卷展栏中的“球体”命令按钮，这时可以在场景中拖拉鼠标建立一个球体形体。

2. 简单模型的修改命令［FFD（自由形式变形）修改器］

在 3Ds Max 中提供了 FFD 2×2×2 修改器、FFD 3×3×3 修改器、FFD 4×4×4 修改器、FFD（长方体）和 FFD（圆柱体）一系列的 FFD 修改器。这种修改器操作简单，它可以对对象的外形进行任意编辑，通常用于对精确度要求不高的建模。

当为对象添加 FFD 修改器后，“修改”面板中将会出现该项修改器的编辑参数。FFD 修改器与前面讲过的同种修改器有所不同，它不能通过自身参数的调节变换对象的外形，它主要通过变换次对象实现对象的变形效果。如图 2–1–12、图 2–1–13 所示。

图 2–1–12

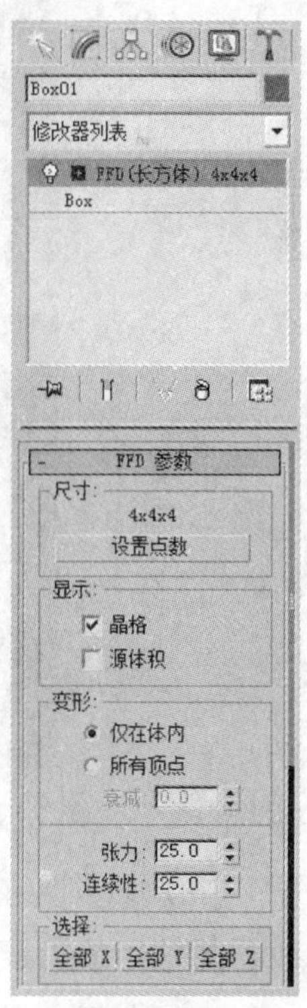


图 2–1–13

在“修改”面板中单击 FFD 名称左侧的展开符号，在展开的层级选项中将会显示“控制点”、“晶格”、“设置体积”三个选项，这便是该项修改器的三个次对象。当选择“控制点”选项后，就可以在视图中对其控制点进行变换操作，并且对象的外形会随着控制点变化而变化。当选择“晶格”选项后，就进入“晶格”次对象编辑状态。当移动或缩放次对象时，仅位于体积内的顶点集合可应用局部变形。当选择“设置体积”选项后，变形控制点变为绿色，可以选择并变换控制点而不影响修改对象。如图 2-1-14、图 2-1-15、图 2-1-16 为三个次对象的形态。

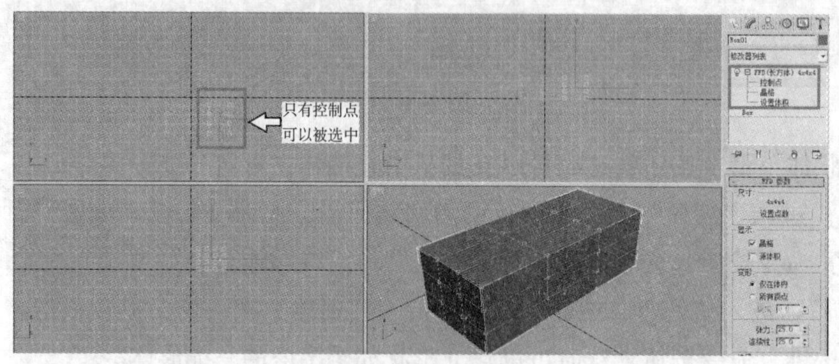


图 2-1-14　控制点

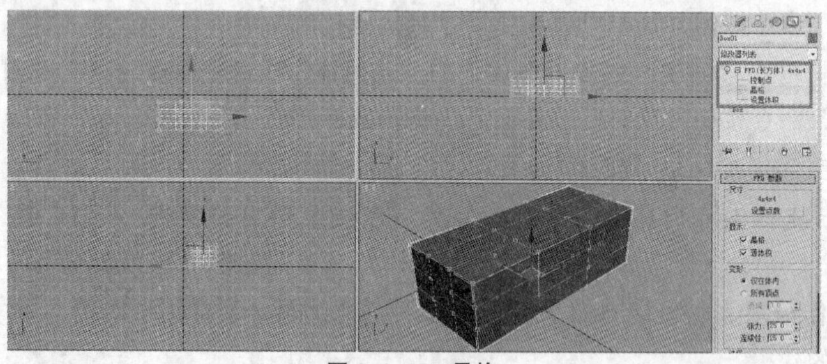

图 2-1-15　晶格

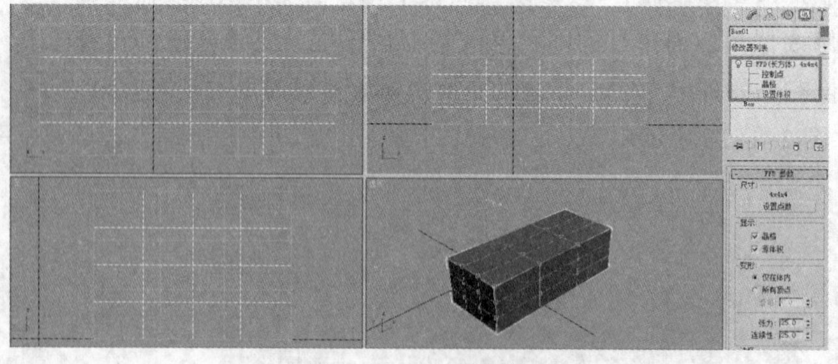

图 2-1-16　设置体积

FFD 修改器的设置方法都比较接近，所以下面将以 FFD（长方体）修改器为例讲述这一修改器的常用编辑参数。

a.“尺寸”：该选项组用来调整源体积的单位尺寸，并指定晶格中控制点的数量。单击“设置点数”按钮，打开“设置 FFD 尺寸”对话框，如图 2-1-17、图 2-1-18 所示，在该对话框中指定控制点的数量。

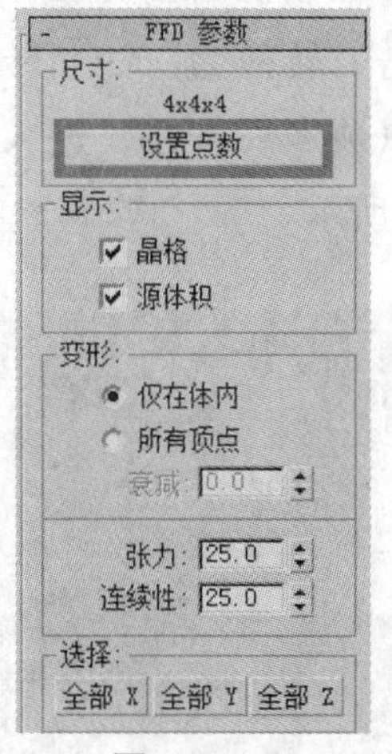


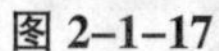
图 2-1-17

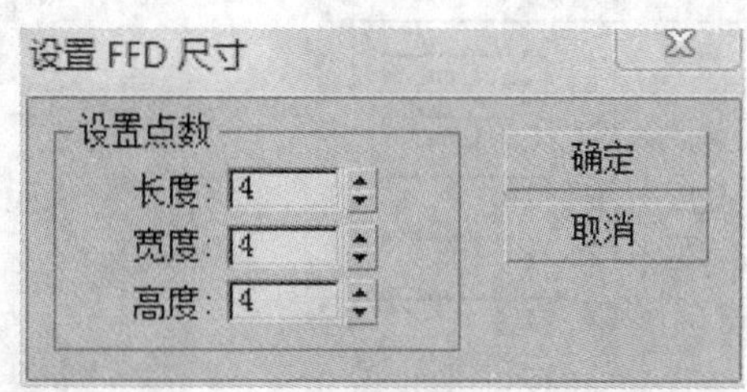


图 2-1-18

b.“显示”：该选项组用来设置 FFD 在视图中的显示。当选择“晶格”复选框后，可以将绘制连接控制点的线条形成栅格。选择“源体积”复选框，可以使控制点和晶格以未修改的状态显示。效果如图 2-1-19、图 2-1-20 所示。

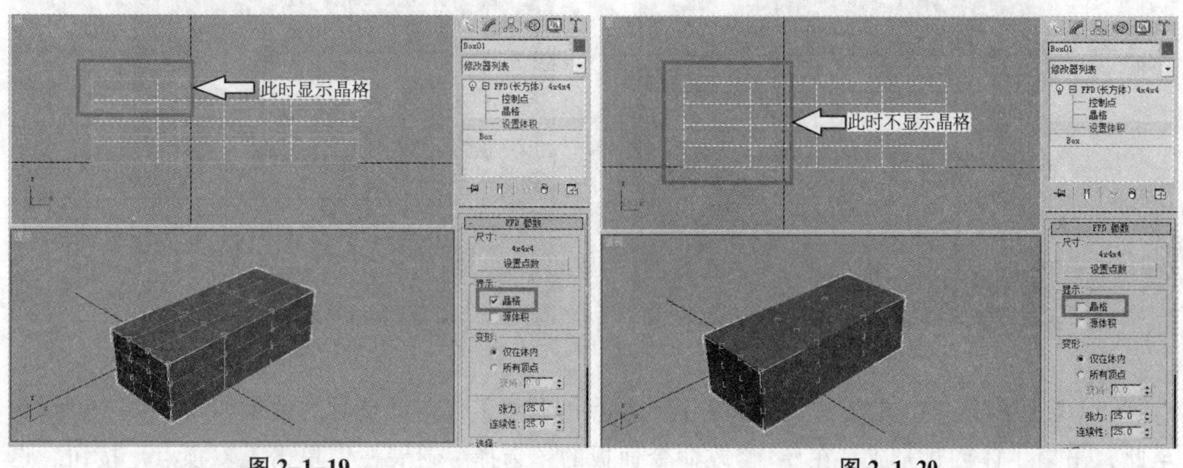


图 2-1-19　　图 2-1-20

## 四、基本体建模实例——电风扇建模

在本案例中将制作一个室内场景中使用的吊顶电风扇，效果如图 2-1-21 所示。

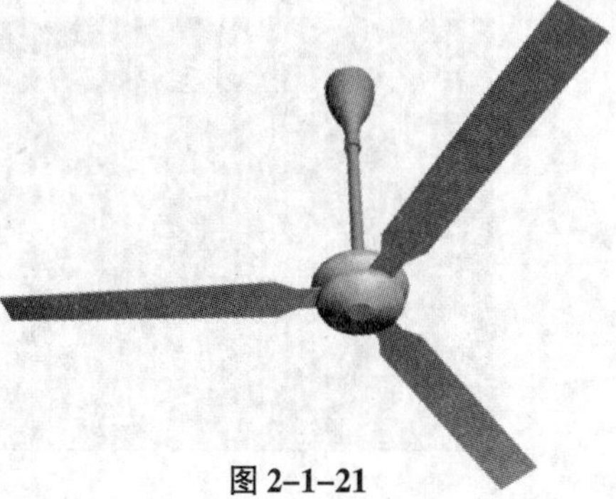
图 2-1-21

1. 制作吊扇主体

（1）启动 3Ds Max 2009，新建场景。保存文件，将其命名为“吊顶电风扇 max”。

（2）单击“自定义”→“单位设置”菜单命令，调出

“单位设置”对话框，在“显示单位比例”栏中单击“公制”单选按钮，再在“公制”下拉列表框中选择毫米，将单位设置为毫米。

（3）单击 (创建) → (几何体) → “圆柱体” 按钮。在顶视图创建圆柱体。参数如图 2-1-22 所示，设置完成后单击鼠标右键，在调出菜单中单击“转换为”→“转换为可编辑网格”命令，在 修改命令面板的“选择”卷展栏中单击 (顶点) 按钮，进入“顶点”子对象编辑状态。切换至前视图，选择第一排顶点，如图 2-1-23 所示。

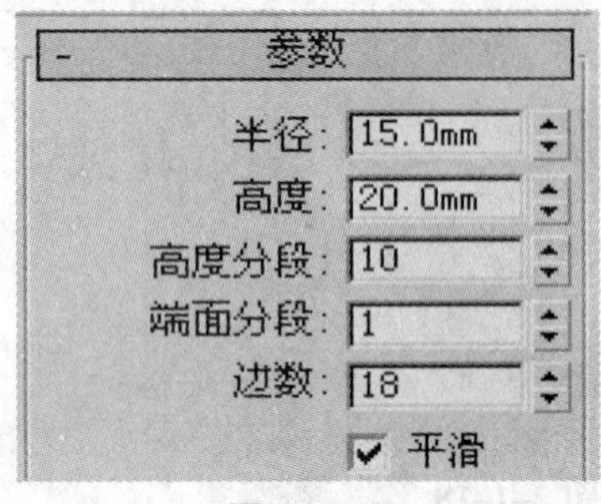

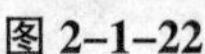
图 2-1-22

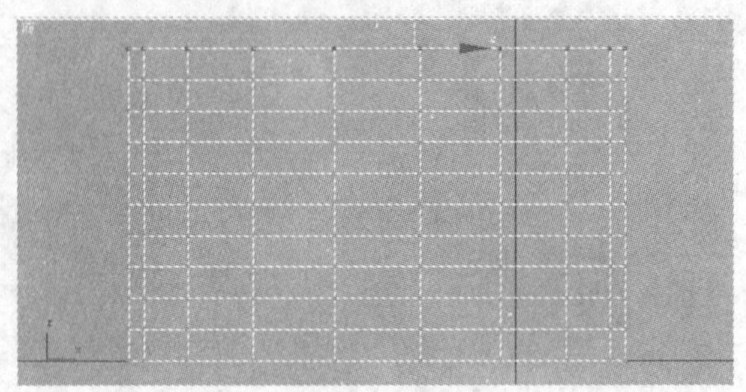
图 2-1-23

（4）切换至顶视图，使用 (选择并均匀缩放) 工具缩放顶点，效果如图 2-1-24 所示。再切换至前视图，选择第二排顶点，然后在顶视图对其进行缩放，如图 2-1-25 所示。

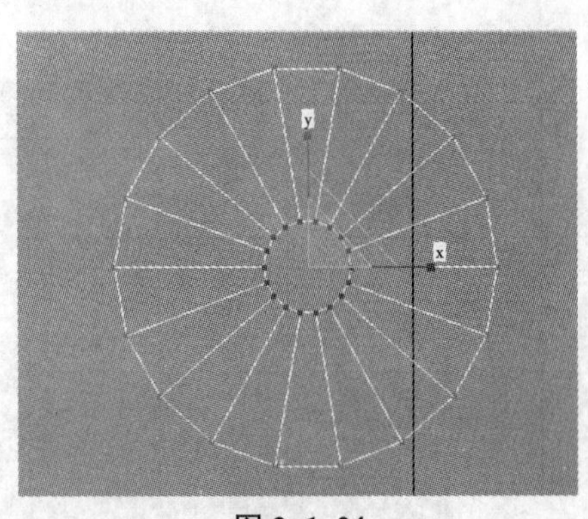
图 2-1-24

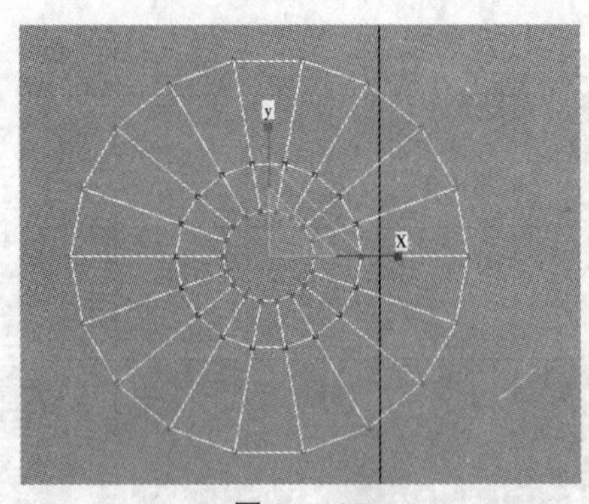
图 2-1-25

（5）按照步骤（4）的方法，完成对其他顶点的调整工作，调整后的效果如图 2-1-26 所示。至此，吊扇主体创建完成，在 修改命令面板的“选择”卷展栏中单击 (顶点) 按钮，退出“顶点”子对象编辑状态。

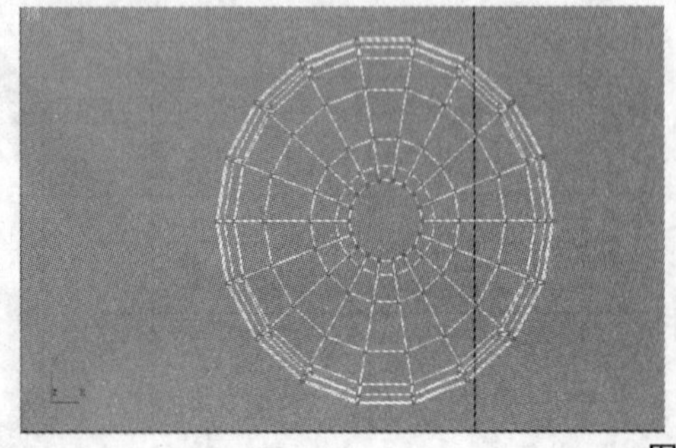
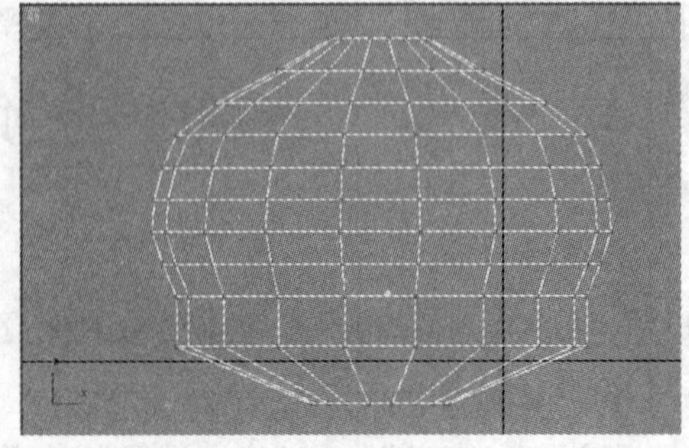
图 2-1-26

2. 制作吊杆

（1）单击 (创建) → (几何体) → “圆柱体” 按钮。在顶视图创建圆柱体。参数设置如图 2-1-27 所示，设置完成后在透视图中的效果如图 2-1-28 所示。

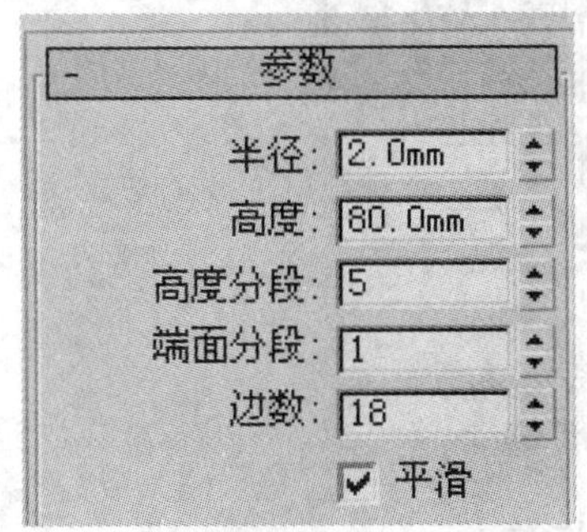


图 2-1-27

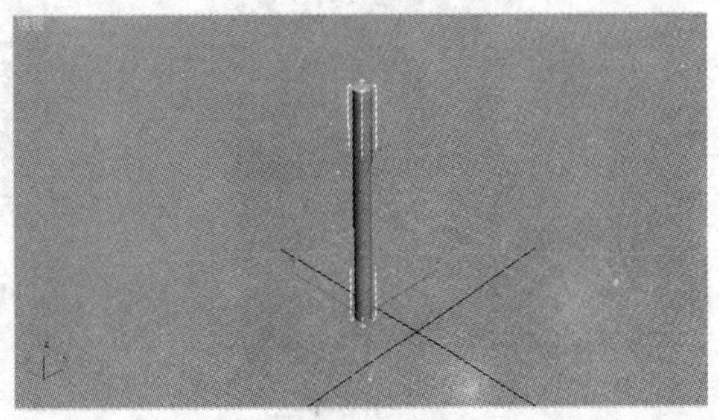

图 2-1-28

（2）单击 (创建) → (几何体) → “圆柱体” 按钮。在顶视图创建圆柱体。参数设置如图 2-1-29 所示。

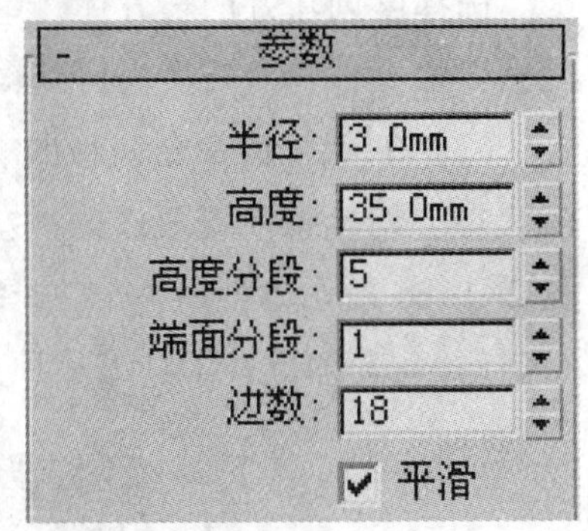


图 2-1-29

（3）单击 (修改) → “修改器列表” → “FDD（圆柱体）” 命令，为对象添加自由变形修改器，效果如图 2-1-30 所示。在修改器列表中单击 “FFD（圆柱体）4×6×4” 项左侧的加号（⊞）展开子层级，单击 “控制点” 子对象，进入控制点子对象修改状态，如图 2-1-30。使用 (选择并缩放) 工具，在前视图中选择顶端的所有控制点，拖曳鼠标，放大对象。再选中上面第 2 层的所有控制点拖曳鼠标，放大对象。完成后在前视图和透视图的效果如图 2-1-31 和图 2-1-32 所示。

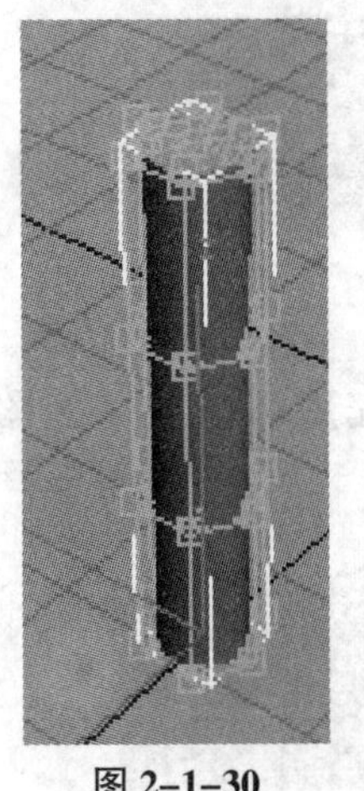

图 2-1-30

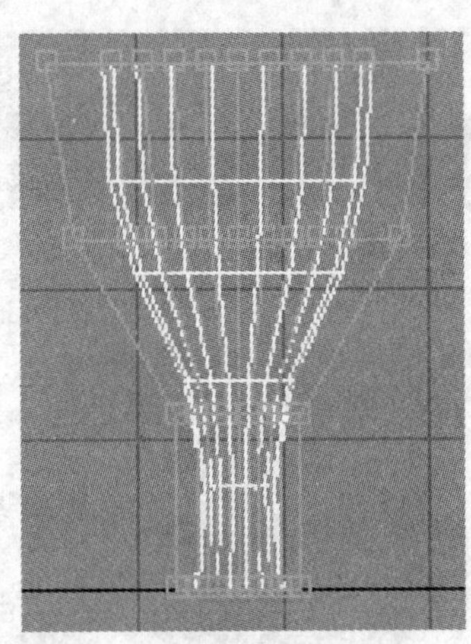

图 2-1-31

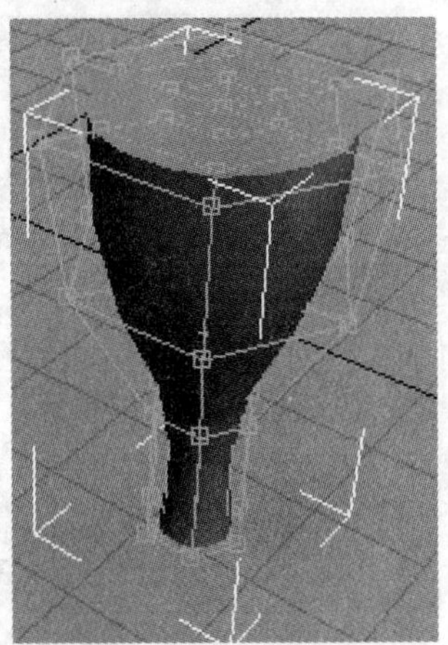

图 2-1-32

（4）使用移动工具 将上面创建的两个圆柱体和风扇主体组合在一起，如图 2-1-33 所示。

3. 制作扇页

（1）单击 (创建) → (几何体) → “长方体” 按钮。在顶视图创建长方体。参数设置如图 2-1-34 所示。

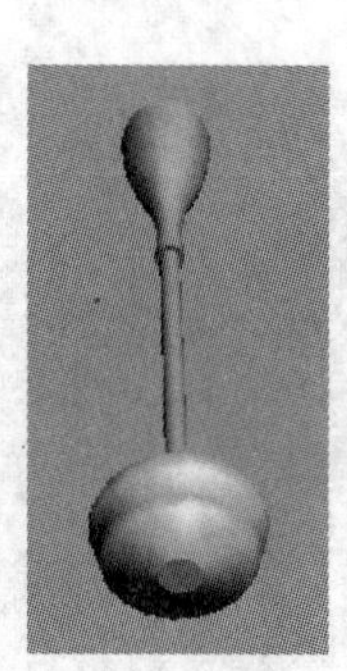
图 2-1-33

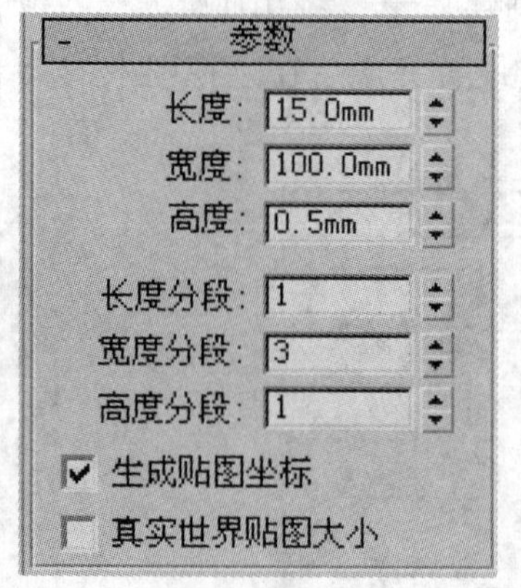

图 2-1-34

选择已创建好的长方体，单击鼠标右键，在调出菜单中单击“转换为”→“转换为可编辑网格”命令，将其转换为可编辑网格。

（2）在修改命令面板的“选择”卷展栏中单击（顶点）按钮，进入“顶点”子对象编辑状态。切换至前视图，选择左边的顶点，使用（选择并均匀缩放）工具缩放顶点，效果如图 2-1-35 所示。使用（选择并移动）工具选择左边第二列的顶点，并将其左移，再使用（选择并均匀缩放）工具缩放顶点，完成后的效果如图 2-1-36 所示。

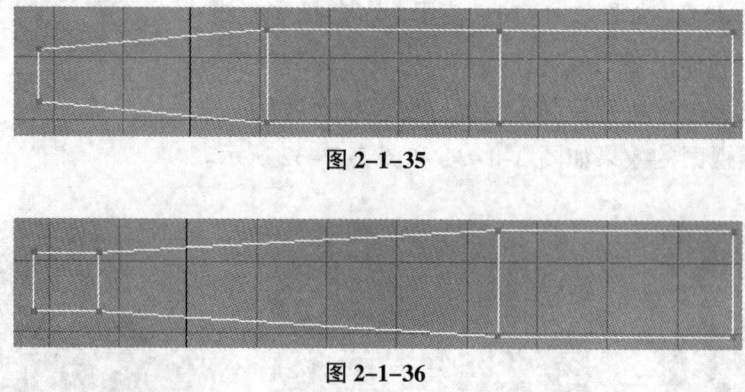
图 2-1-35

图 2-1-36

（3）使用工具选择左边第三列的两个顶点，并将其左移，完成后的效果如图 2-1-37 所示。

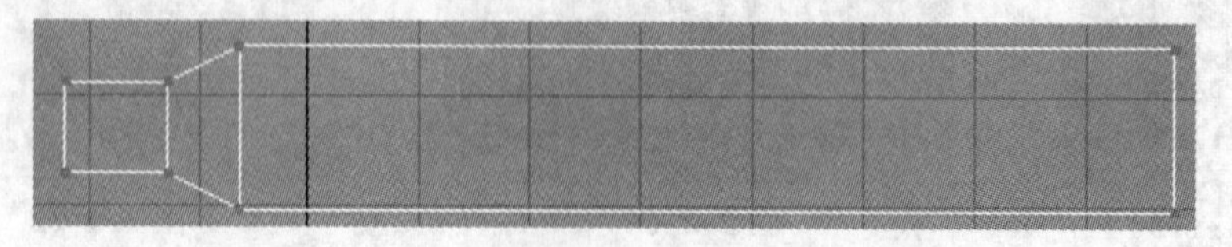
图 2-1-37

（4）单击主工具栏中的（角度捕捉切换）工具，启动角度捕捉。切换到前视图，使用（选择并旋转）工具选择最右列的顶点，在 Y 轴方向上旋转 15 度，完成后在前视图中的效果如

图 2-1-38 所示。在修改命令面板的“选择”卷展栏中单击（顶点）按钮，退出“顶点”子对象编辑状态。单击主工具栏中的（角度捕捉切换）工具，关闭角度捕捉。

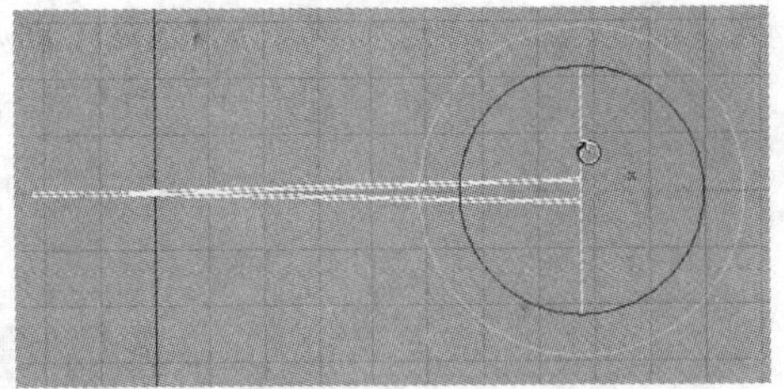
图 2-1-38

（5）使用（选择并移动）工具将扇页与吊扇主体对齐，完成后的效果如图 2-1-39 所示。

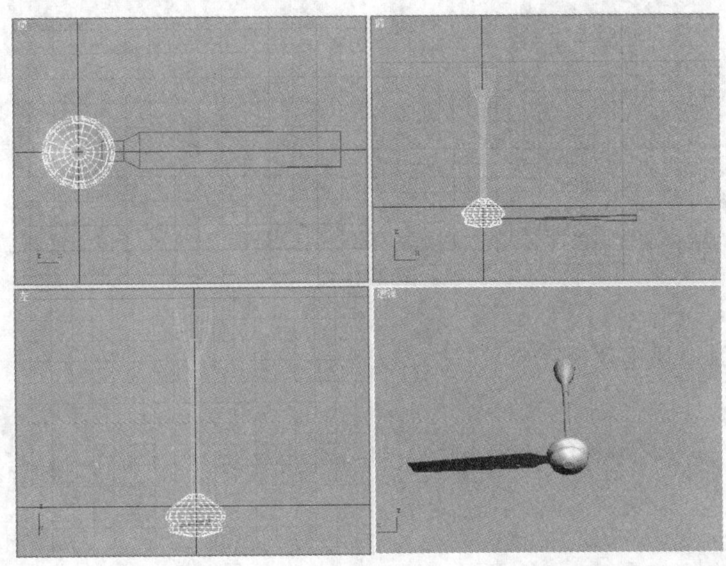
图 2-1-39

（6）单击（层次），打开（层次）面板，单击“轴”按钮，在“调整轴”卷展栏中单击“仅影响轴”按钮，准备对扇页的轴心进行调整，如图 2-1-40 所示。切换至顶视图，单击主工具栏的（对齐）按钮，再单击吊扇主体，调出“对齐当前选择”对话框，设置参数如图 2-1-41 所示。

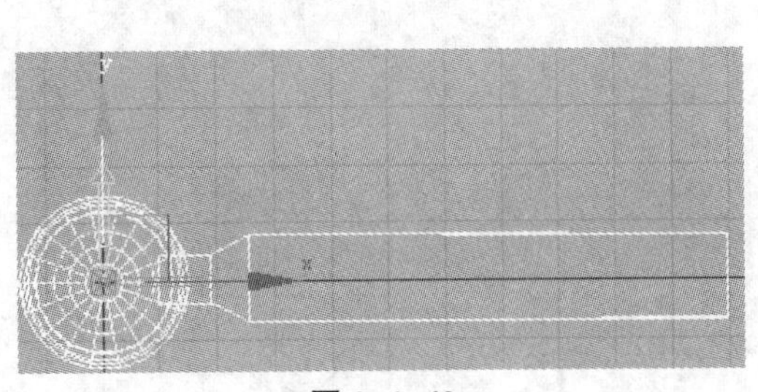
图 2-1-40

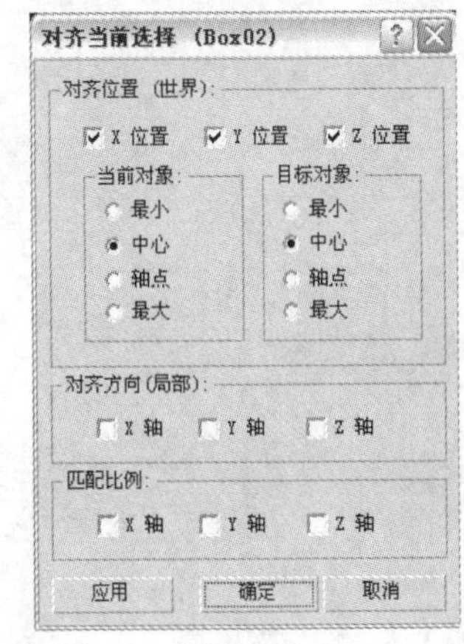

图 2-1-41

（7）单击“确定”按钮完成对齐操作，此时，扇页的轴点与吊扇主体的轴点对齐，效果如图 2-1-40 所示。再次单击（层次）→“仅影响轴”按钮，退出调整轴状态。这一步的操作是为了设置下面进行阵列时的旋转轴心做准备。

（8）选中扇页，单击“工具”→“阵列”菜单命令，调出“阵列”对话框，设置参数如图 2-1-42 所示。单击“确定”按钮完成阵列操作。

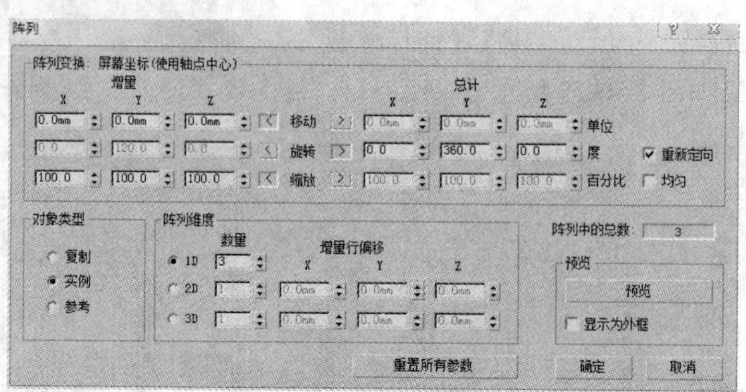


图 2-1-42

（9）至此，吊顶电风扇建模完成。

# 任务二　窗帘模型创建

## 一、项目任务书

| 项目任务名称 | 窗帘模型创建 | 项目任务编号 | |
|---|---|---|---|
| 任务完成时间 | | | |
| 任务学习目标 | 1. 认知目标：<br>①了解 3Ds Max 软件中复合对象系列工具<br>②了解 3Ds Max 软件中利用复合对象系列工具建模的方法<br>2. 技能目标：<br>①掌握 3Ds Max 软件中复合对象系列工具的使用<br>②掌握 3Ds Max 软件中利用复合对象系列工具建立简单模型的技巧 | | |
| 任务内容 | 1. 熟悉 3Ds Max 软件中复合对象系列工具的使用<br>2. 掌握 3Ds Max 软件中利用复合对象系列工具建立简单模型的技巧 | | |
| 项目完成验收点 | 能熟练运用 3Ds Max 软件中复合对象系列工具完成简单模型的创建 | | |
| 完成项目任务情况分析与反思： | | | |

## 二、项目教学实施流程与步骤

### （一）项目教学实施流程

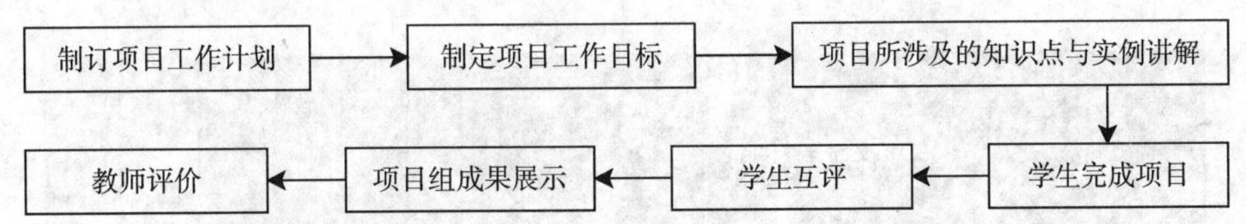


### （二）项目实施步骤及进度

（1）教师讲解项目所涉及的基本知识，并通过实例讲解该任务的实施方法。

（2）学生上机独立完成任务。

（3）学生进行成果展示与汇报。

（4）教师对学生轮流点评并与学生共同给出成绩。

## 三、复合对象建模相关知识点

### 1. 布尔运算

在“创建”面板下，选择“几何体”窗口，单击 标准基本体 下拉列表，在弹出的列表中选择“复合对象”，即可找到 布尔 工具，点开后其参数面板如图 2-1-43 所示。

下面就讲解如何使用布尔工具：

（1）创建两个长方体，使其相交在一起，如图 2-1-44 所示。

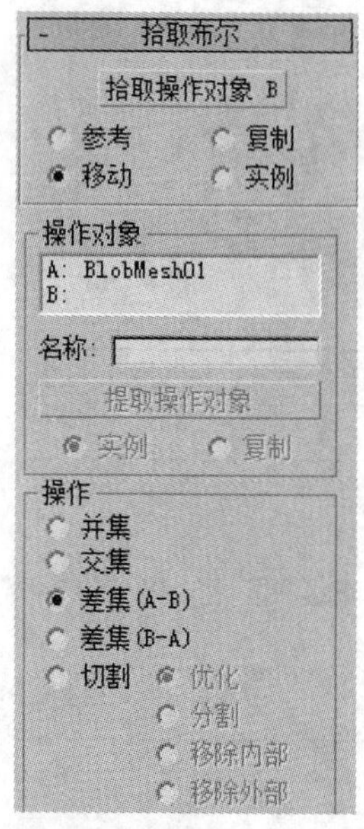


**图 2-1-43**

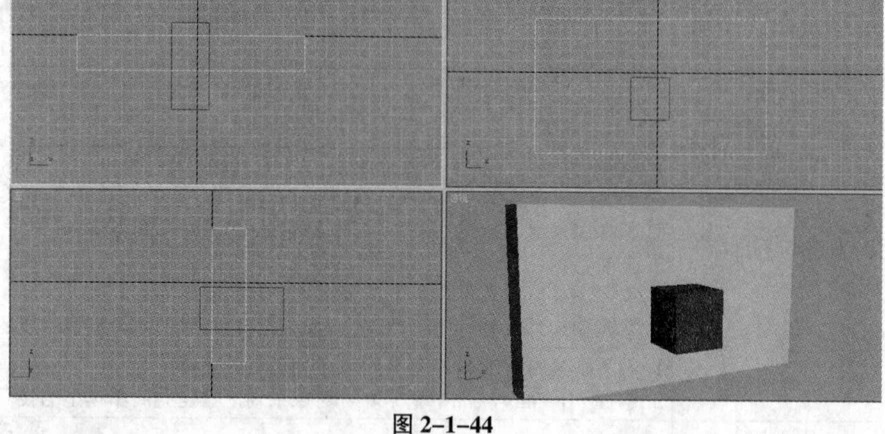

**图 2-1-44**

（2）选中大的长方体，然后选中 布尔 工具，在其参数面板“操作”栏中选择一个操作模式，再在面板的“拾取布尔”栏中点击 拾取操作对象 B 按钮，在视图中选中小长方体，即可完成布尔运算操作。下面就详细介绍一下“操作”栏中各操作的具体效果。

a.“并集”：该类型的布尔操作包含两个操作对象的体积，将两对象重叠的部分移除，如图 2-1-45 所示。

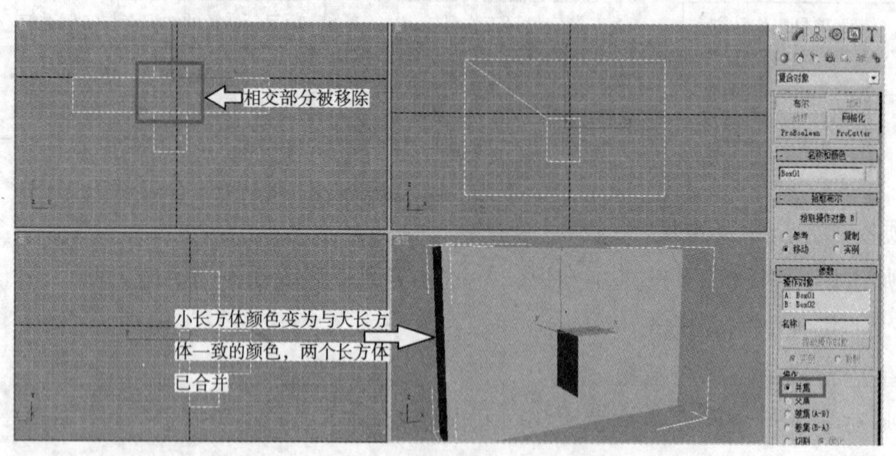


**图 2-1-45**

b.“交集”：该类型布尔操作只包含两个操作对象复叠的部分，如图 2-1-46 所示。

c.“差集（A-B)”：该类型布尔操作从操作对象 A 上减去操作对象 A 与操作对象 B 重叠的部分，如图 2-1-47 所示（注意：先选中的对象为 A，后通过 拾取操作对象 B 拾取的对象为 B)。

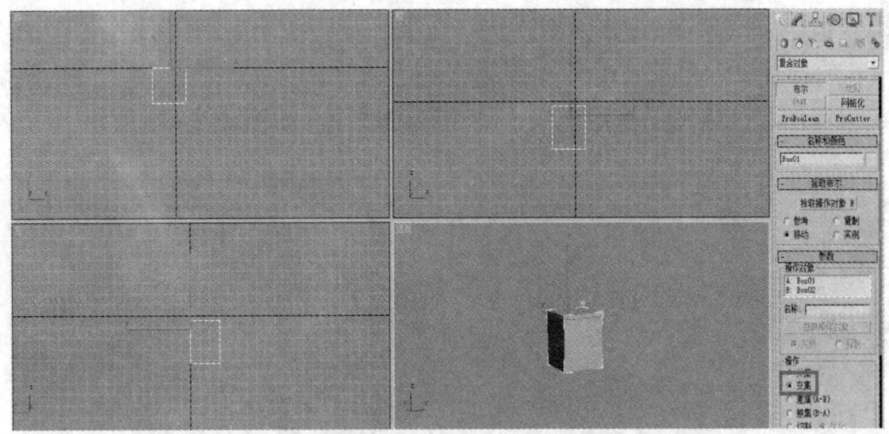

图 2-1-46

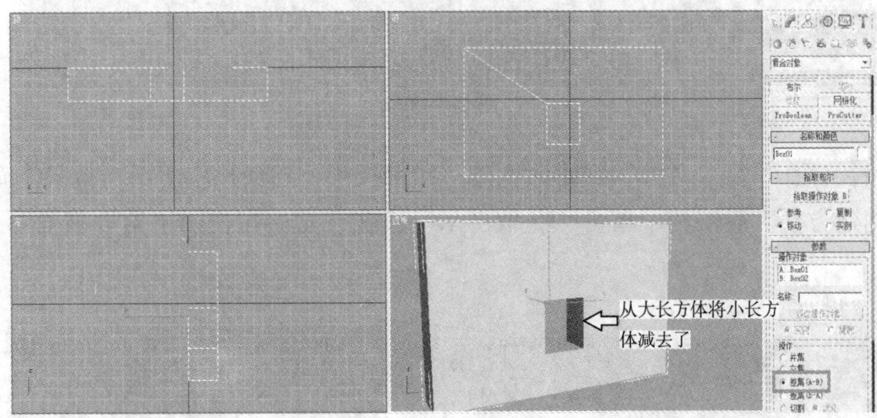


图 2-1-47

d.“差集（B-A）”：该类型布尔操作与“差集（A-B）”类型相反，如图 2-1-48 所示。

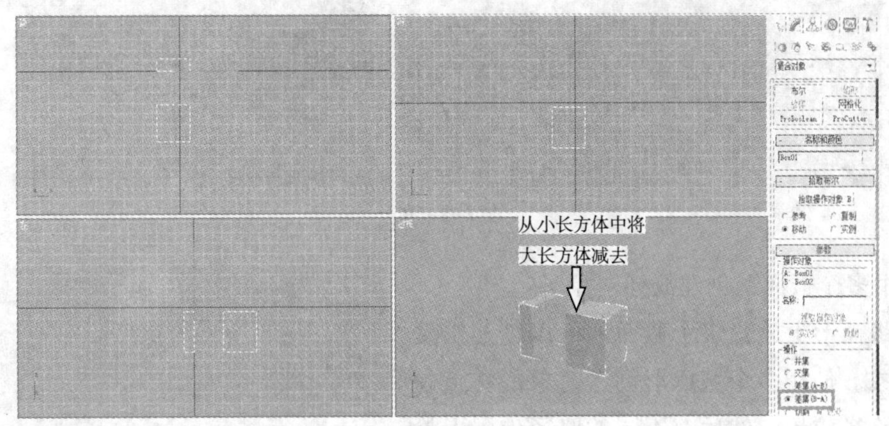


图 2-1-48

2. 放样

放样对象是通过一个路径形组合一个或多个截面形来创建二维形体，路径形相似于船的龙骨，而截面形相似于沿龙骨排列的船肋。它相对于其他复合对象具有更复杂的创建参数，从而可以创建出更为精细的模型。

（1）使用“放样”复合对象建模的方法。

a. 分别在顶视图和前视图创建用于操作的路径和截面，如图 2–1–49 所示。

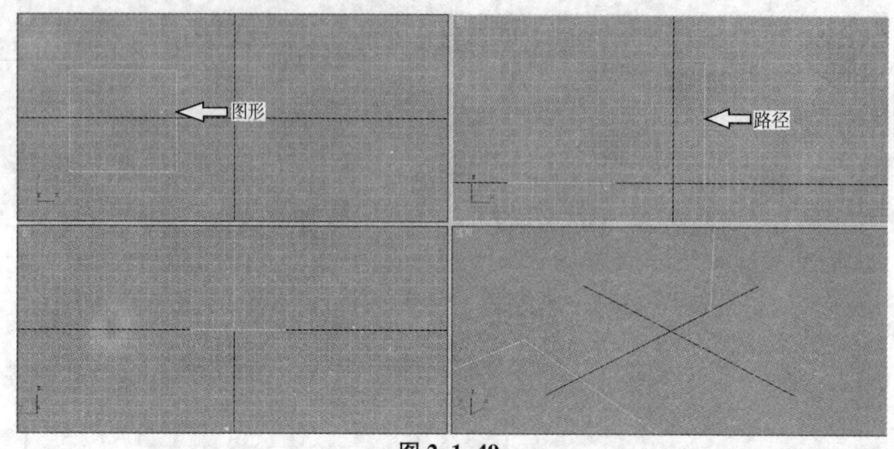


图 2–1–49

b. 选择路径，在“复合对象”创建面板的“对象类型”卷展栏中单击“放样”命令按钮。

c. 在“创建方法”卷展栏中单击“获取图形”按钮，然后在视图中拾取截面形，效果如图 2–1–50 所示。

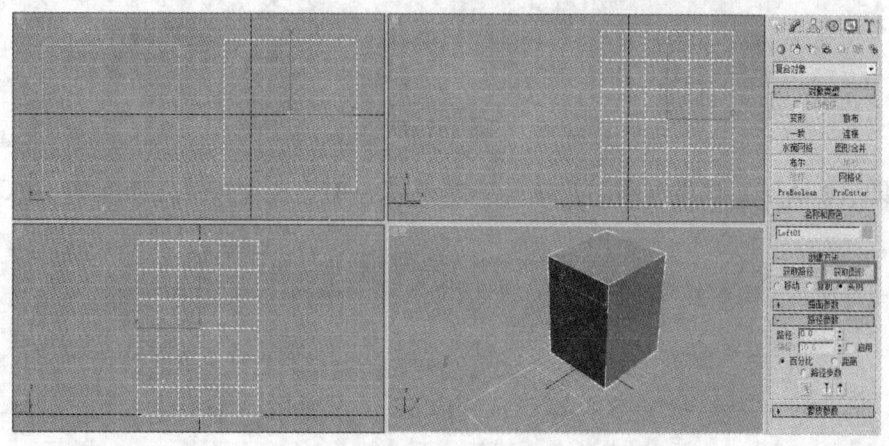

图 2–1–50

（2）使用多个截面型创建放样对象。

在一条路径形上放置多个截面形可以创建出复杂的放样对象。使用多个截面形创建对象的重点是设置不同的路径位置，然后在不同的路径位置上拾取不同的截面形。下面为使用多个截面形创建放样的操作步骤：

a. 在视图中创建如图 2–1–51 所示的 3 个二维线形。

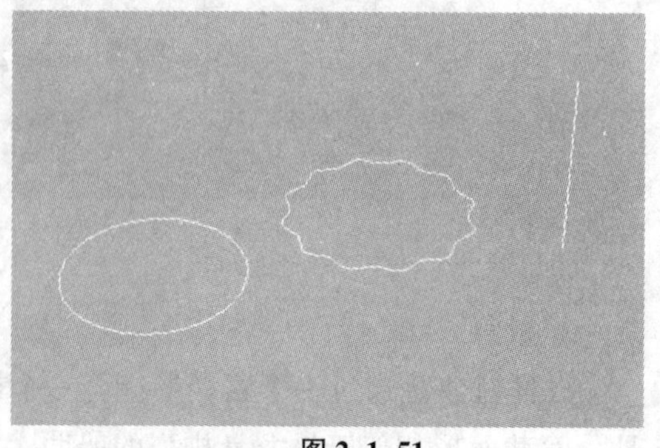

图 2–1–51

b. 在视图中选择右侧的线图形，进入“复合对象”创建命令面板。在该面板的“对象类型”卷展栏中单击“放样”命令按钮，在“创建方法”卷展栏中单击“获取图形”按钮，如图 2–1–52 所示。

c. 在视图中拾取视图左侧的圆图形，以确定拾取的截面形位于路径的 0 位置，如图 2–1–53 所示。

d. 在“路径参数”卷展栏中的“路径”参数栏中键入 100，再次单击“获取图形”按钮，然后在视图拾取中间的二维图形，这时拾取的截面形位于路径 100 的位置。效果如图 2–1–53 所示。

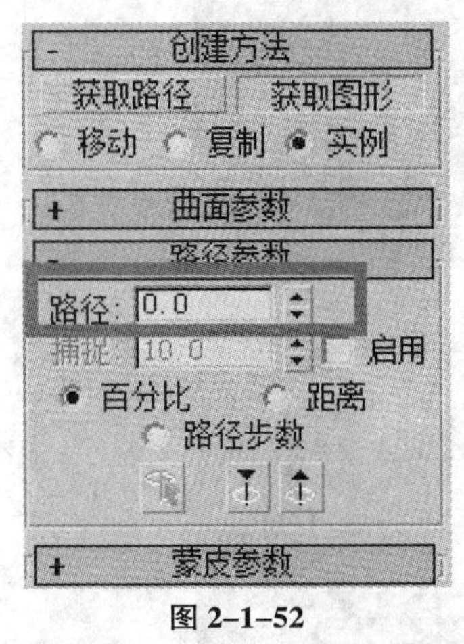


图 2–1–52

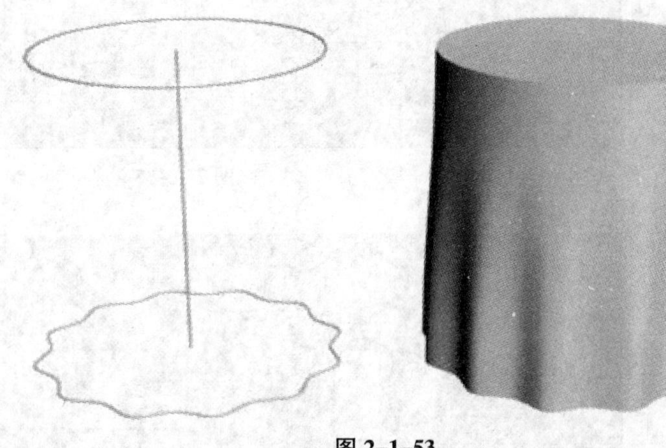

图 2–1–53

（3）编辑放样对象。当在场景中已经完成放样对象的创建后，可以进入“修改”面板对其进行编辑。

使用变形曲线命令可以改变放样对象在路径上不同位置的形态。3Ds Max 中有 5 种变形曲线，分别为“缩放”、“扭曲”、“倾斜”、“倒角”和“拟合”。所有的编辑都是针对截面形的，截面形上带有控制点的线条代表沿路径方向的变形。在“变形”卷展栏中可以看到这 5 个变形曲线的命令按钮，在每个命令按钮的右侧都有一个（激活/不激活）按钮，用于切换是否应用变形的结果，并且只有该按钮处于激活状态，变形曲线才会影响对象的外形。图 2–1–54 为“变形”卷展栏命令按钮。

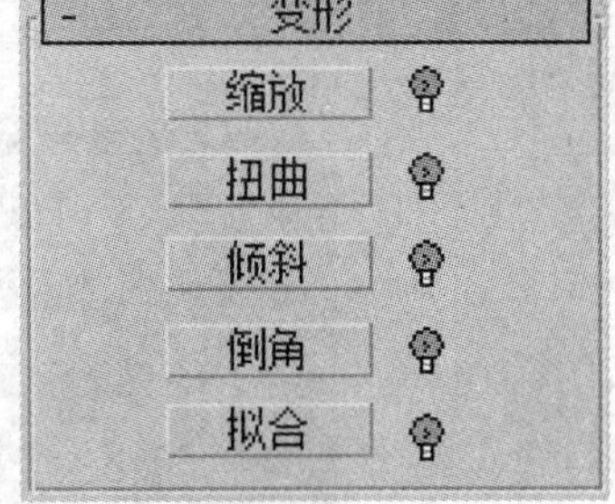


图 2–1–54

## 四、复合对象建模实例——窗帘的创建

（1）在顶视图中绘制一条开放的曲线，作为放样的截面，在前视图中绘制一条直线，作为放样的路径，如图 2–1–55 所示。

（2）选中所绘制的直线，在“创建”、“几何体”、“复合对象”中选中“放样”工具，单击“获取图形”，在顶视图中选中所绘制的曲线，完成放样，如图 2–1–56 所示。

（3）进入“修改”面板，将“蒙皮参数”卷展栏下的图形步数: 1 改为“1”，再单击“变形”卷展栏下的 缩放 按钮，弹出“缩放变形”对话框。在控制线上添加一个控制点，调整它的位置，如图 2–1–57 所示。

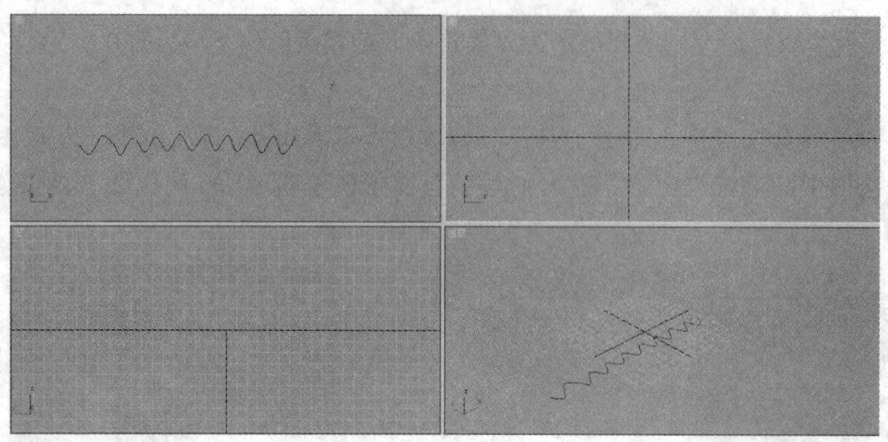

图 2–1–55

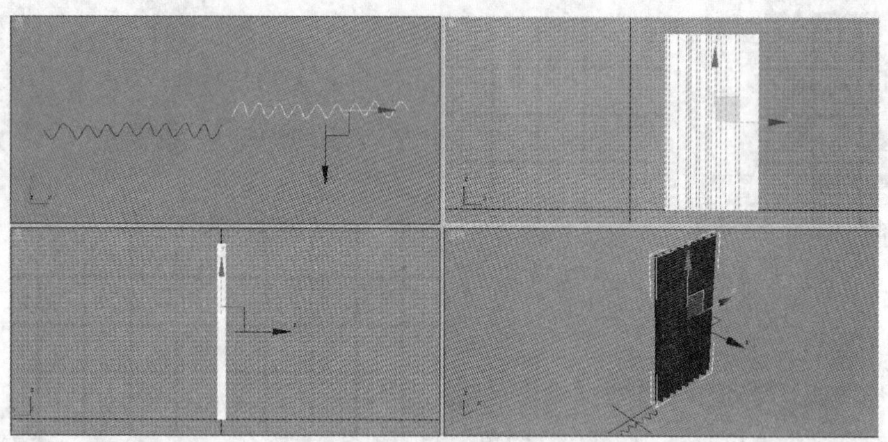

图 2–1–56

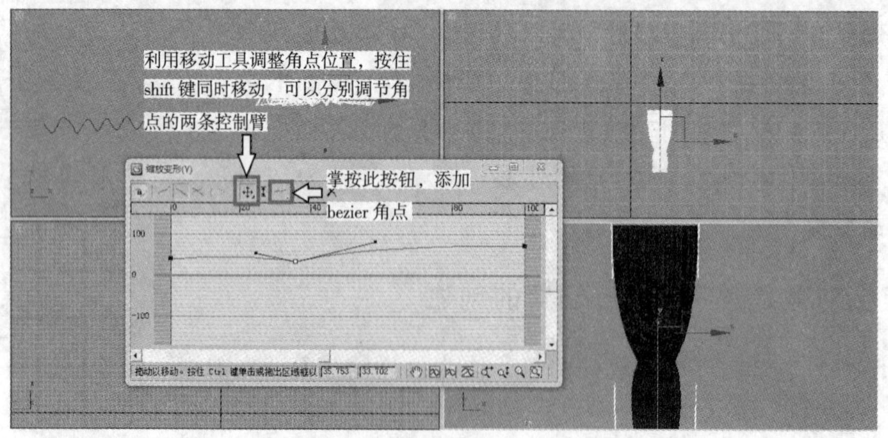


图 2–1–57

（4）在修改器堆栈中激活“放样”下的“图形”子物体层级，然后在前视图中框选创建的窗帘，再在“图形命令”卷展栏的“对齐”选项组下单击“左”或是“右”按钮，得到窗帘效果，如图 2–1–58 所示。

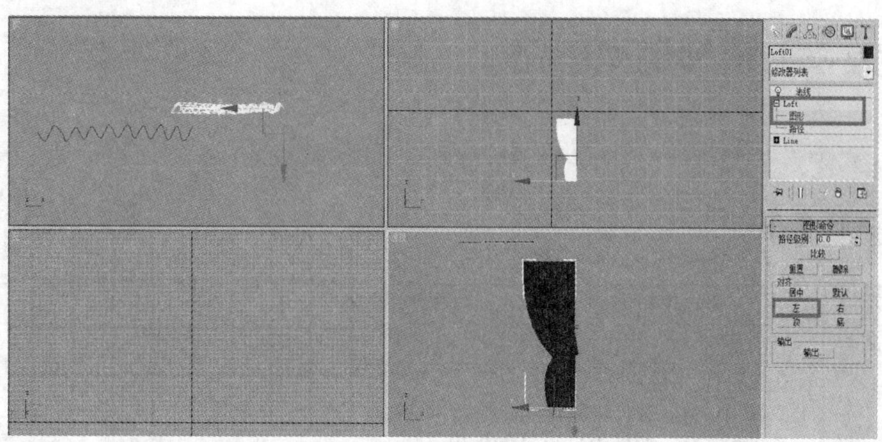

图 2–1–58

（5）关闭“图形”命令，单击工具栏中的“镜像”按钮，在弹出的对话框中设置镜像参数，即可得到最终的窗帘效果，如图 2–1–59 所示。

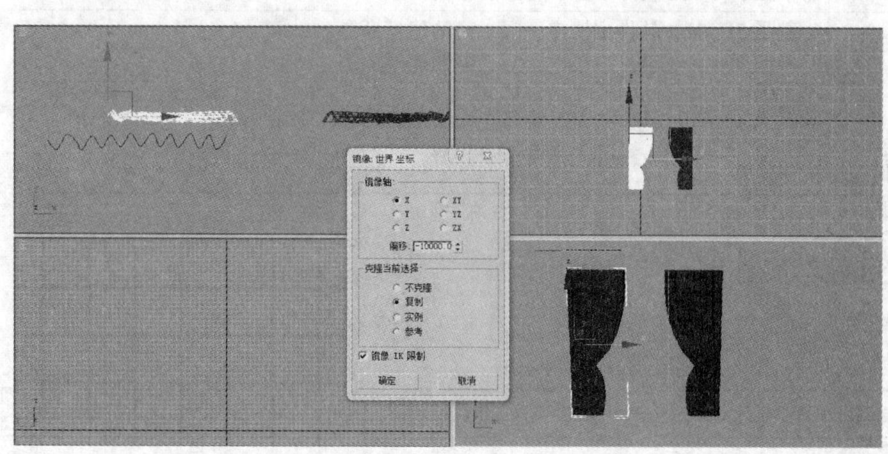

图 2–1–59

# 任务三 楼梯模型创建

## 一、项目任务书

| 项目任务名称 | 楼梯模型创建 | 项目任务编号 | |
|---|---|---|---|
| 任务完成时间 | | | |
| 任务学习目标 | 1. 认知目标：<br>①了解 3Ds Max 软件中楼梯的建模命令<br>②了解 3Ds Max 软件中门的建模命令<br>③了解 3Ds Max 软件中窗子的建模命令<br>2. 技能目标：<br>①掌握 3Ds Max 软件中楼梯的建模方法<br>②掌握 3Ds Max 软件中门的建模方法<br>③掌握 3Ds Max 软件中窗子的建模方法 | | |
| 任务内容 | 1. 熟悉 3Ds Max 软件中楼梯、门、窗的建模命令<br>2. 掌握 3Ds Max 软件中楼梯、门、窗的建模方法 | | |
| 项目完成验收点 | 能熟练运用 3Ds Max 软件中楼梯、门、窗的建模命令建模 | | |
| 完成项目任务情况分析与反思： | | | |

## 二、项目教学实施流程与步骤

### （一）项目教学实施流程

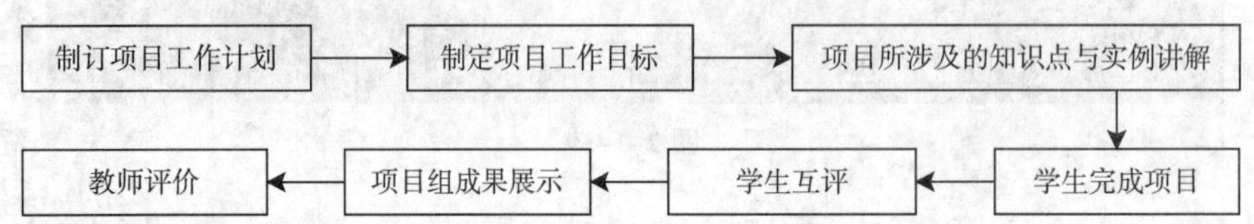


### （二）项目实施步骤及进度

（1）教师讲解项目所涉及的基本知识，并通过实例讲解该任务的实施方法。

（2）学生上机独立完成任务。

（3）学生进行成果展示与汇报。

（4）教师对学生轮流点评并与学生共同给出成绩。

## 三、楼梯、门、窗建模相关知识点

1. 门

3Ds Max 提供了可以直接创建门模型的工具，用户可通过这些工具快速地创建出三种不同类型的门模型，包括枢轴门、推拉门和折叠门。打开“创建”主命令面板下的“几何体”次命令面板，在该面板顶部的下拉列表中选择“门”选项，即可打开“门”的创建命令面板，如图 2-1-60 所示。

（1）枢轴门。枢轴门是大家最熟悉的一种门类型，该类型的门只在一侧用铰链接合。用户可以创建单扇枢轴门，也可以创建双扇枢轴门，如图 2-1-61 所示。

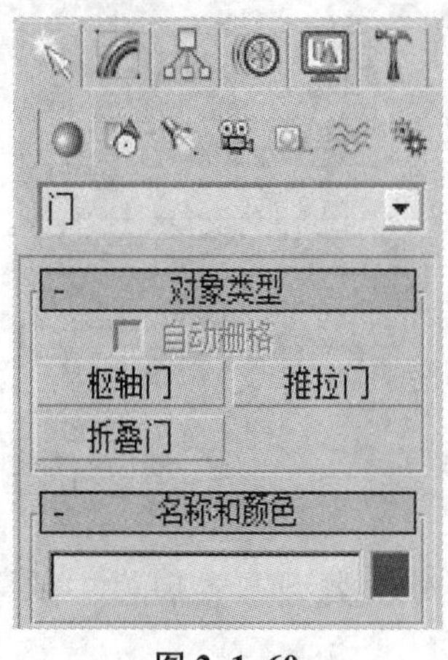


图 2-1-60

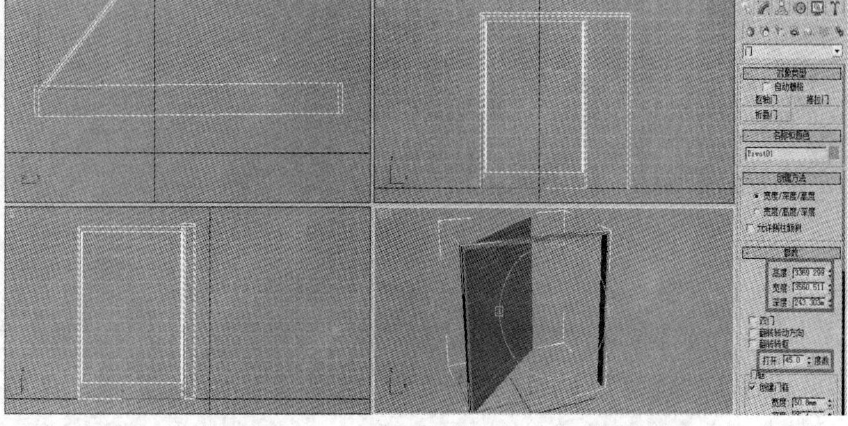

图 2-1-61

（2）推拉门。通过“推拉门”命令，可创建出左右滑动的门。该类型的门有两个门元素：其中一个保持固定，而另外一个可以移动，如图 2-1-62 所示。

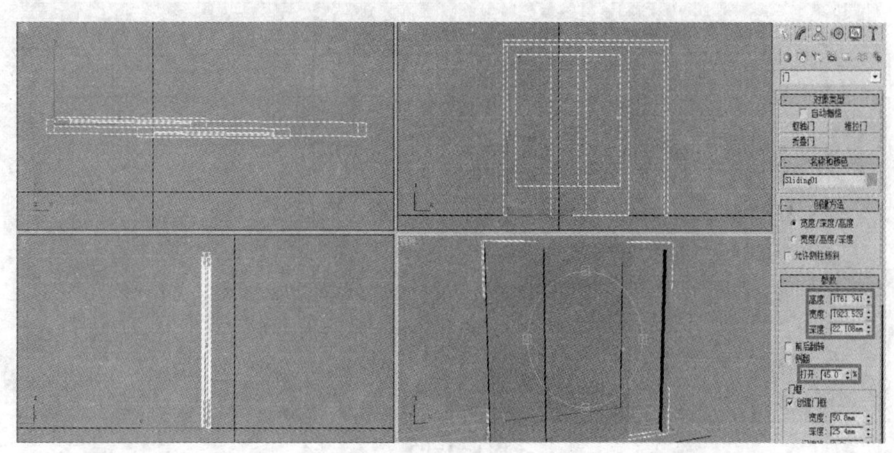

图 2-1-62

（3）折叠门。折叠门不仅在侧面有枢轴，而且在中间也有枢轴。通过“折叠门”命令，可制作出可折叠的双扇门或四扇门，如图 2-1-63 所示。

2. 窗

窗户是一个非常有用的建筑模型，用户可对创建窗户的外观细节进行控制。创建的窗户模型可以是打开的、部分打开或关闭的，以及可以对窗户打开的动画进行设置。3Ds Max 为用户提供了 6 种不同类型的窗户，有遮篷式窗、平开窗、固定窗、旋开窗、伸出式窗、推拉窗。进入“创建”主命令面板下的“几何体”次命令面板，在该面板顶端的下拉列表栏中选择“窗”选项，可打开窗户的创建命令面板，如图 2-1-64 所示。

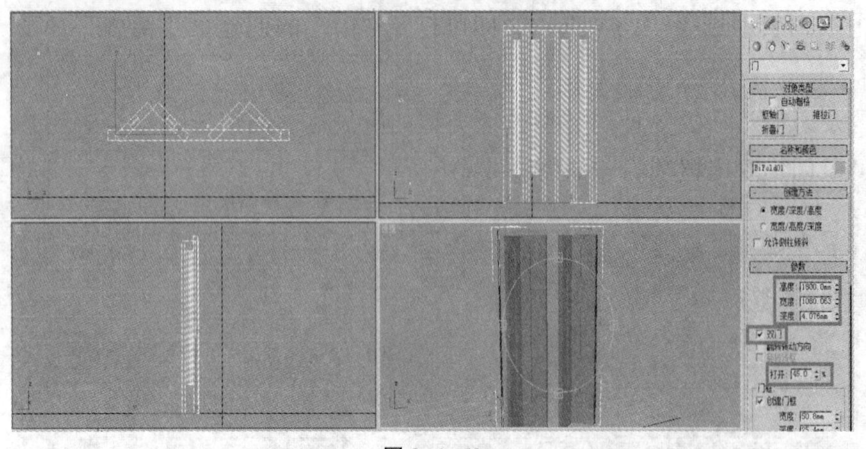

图 2-1-63

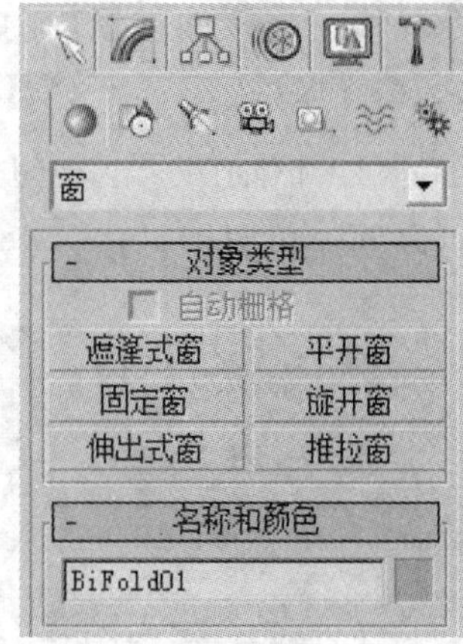


图 2-1-64

下面以遮篷式窗创建为例进行讲解。

遮篷式窗具有一个或多个在顶部转枢的窗框。

a. 进入“创建”主命令面板下的“几何体”次命令面板，单击“对象类型”卷展栏中的“遮篷式窗”命令按钮。

b. 在“顶”视图中拖动鼠标并单击，定义窗宽，然后向上或向下移动鼠标并单击，定义窗户的深度，移动鼠标并单击，定义出窗高，完成窗户的创建，如图 2-1-65 所示。

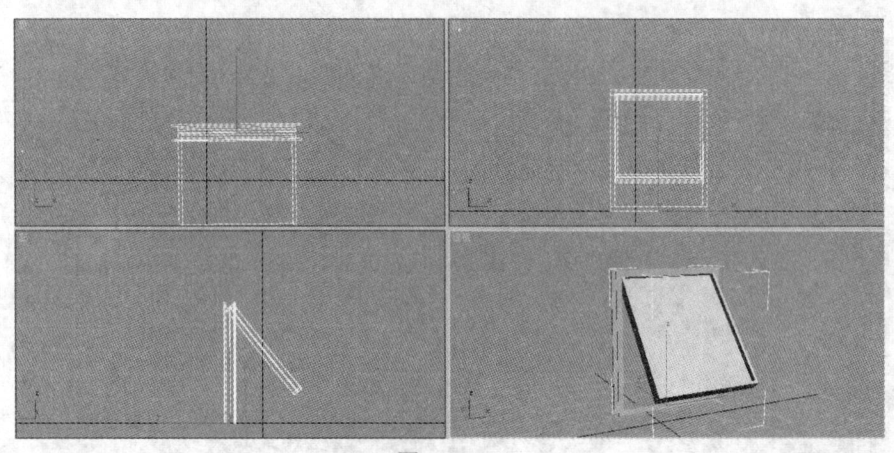

图 2-1-65

c. 在“参数”卷展栏中可对创建窗户模型的高度、宽度和深度进行调整。窗框选项组中可分别设置窗框的水平宽度、垂直宽度和厚度；在“玻璃”选项组中可对玻璃的厚度进行设置。

d. “窗格”选项组可对窗格的宽度和数量进行设置。设置“窗格数”的值为 5，窗户模型如图 2-1-66 所示。

e. 在“打开窗”选项组中的“打开”参数可对窗户打开的角度进行设置。当该数值为 0 时，窗户为关闭状态；当该参数为 100 时，窗户为全部打开状态。

其他窗户类型的创建方法与遮篷式窗户的创建方法基本相同，创建参数大同小异，用户可自己动手操作，在此不再一一介绍。

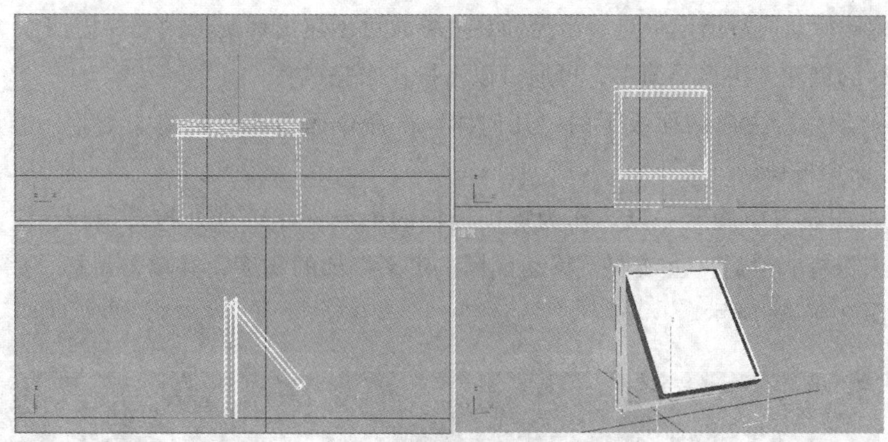

图 2-1-66

3. 楼梯

楼梯是我们比较常见的一种建筑模型，该模型结构比较复杂，往往需要花费大量的时间来创建。3Ds Max 为用户提供了 4 种不同类型的楼梯：L 型楼梯、U 型楼梯、直线楼梯和螺旋楼梯，有了这几种参数化的楼梯模型，大大方便了用户，不仅加快了制作速度，还使得模型更易于修改，只需要修改几个参数，就可以达到一个理想的效果。

（1）L 型楼梯。使用“L 形楼梯”对象可以创建带有彼此呈直角的两段楼梯，并且两段楼梯之间有一个休息平台。

创建 L 形楼梯的具体操作方法如下：

a. 进入“创建”主命令面板下的“几何体”次命令面板，在“对象类型”卷展栏中单击“L 型楼梯”命令按钮。

b. 在“透视”视图中拖动鼠标，确定第一段楼梯的长度。松开鼠标，然后移动光标并单击，以设置第二段楼梯的长度、宽度和方向。

c. 接着向上或向下移动鼠标，以定义楼梯的高度，然后单击鼠标结束创建。如图 2-1-67 所示。

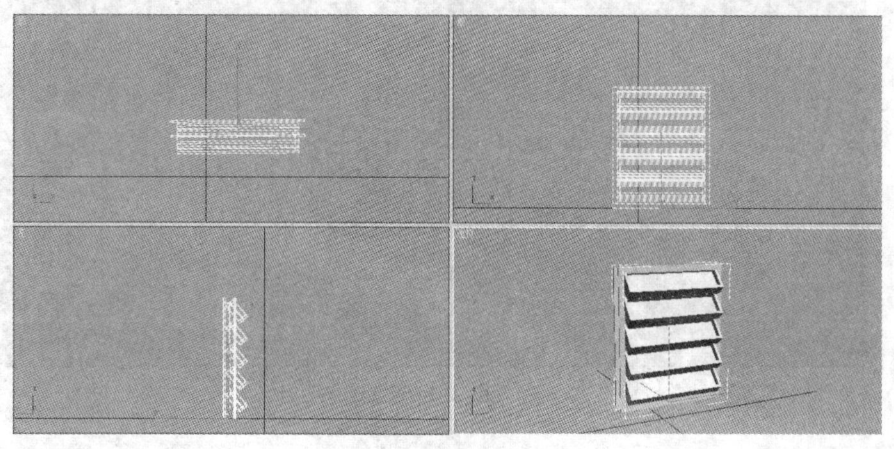

图 2-1-67

（2）螺旋楼梯。通过指定中点、半径和高度参数可创建出螺旋形的楼梯模型。

螺旋楼梯的创建方法也很简单，可通过以下操作来完成：

a. 进入“创建”主命令面板下的“几何体”次命令面板，在“对象类型”卷展栏中单击“螺旋楼梯”命令按钮。

b. 在顶视图窗口中确定一点，作为螺旋楼梯的中点；在中点处拖动鼠标，定义楼梯的半径，然后单击鼠标；然后向上或向下移动鼠标，定义楼梯的高度，并单击鼠标，完成螺旋楼梯的创建，如图 2-1-68 所示。

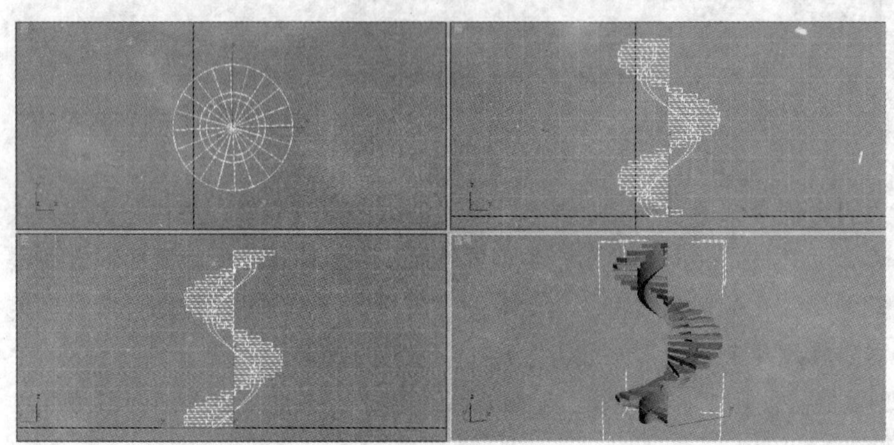

图 2-1-68

## 四、螺旋楼梯创建实例

（1）单击“创建”面板中的“几何体”按钮，在下拉列表中选中“楼梯”选项。

（2）单击“对象类型”中的 螺旋楼梯 按钮，在顶视图中拖曳鼠标以确定想要的螺旋楼梯的半径，如图 2-1-69 所示。

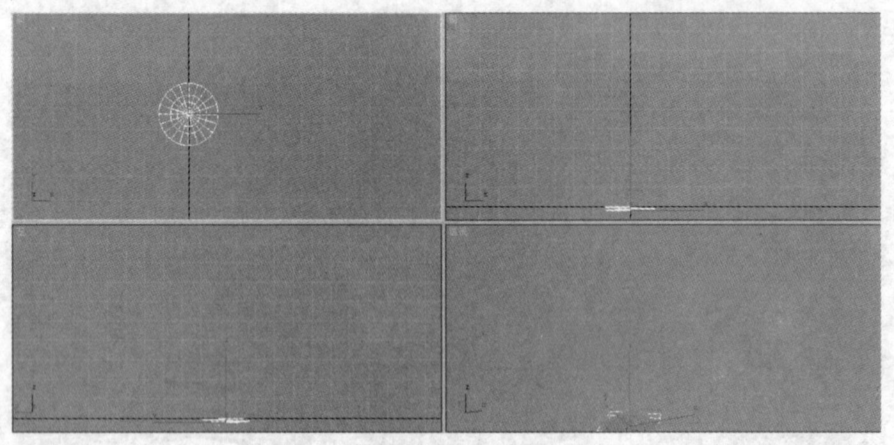

图 2-1-69

（3）松开鼠标，然后将光标向上或向下移动以确定楼梯的高度，右键单击结束楼梯创建。

（4）进入“修改”面板，设置楼梯各项参数，如图 2-1-70 所示。

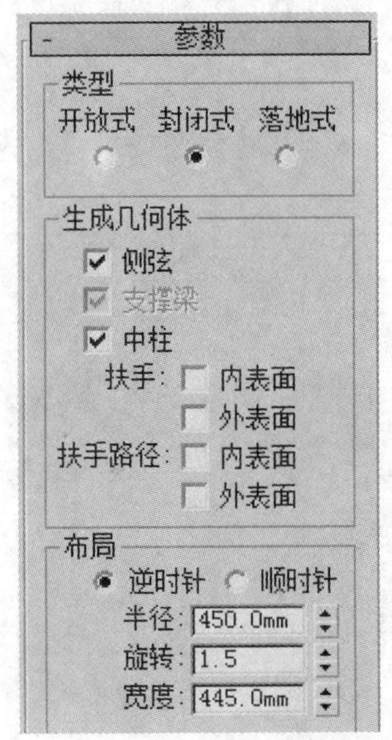


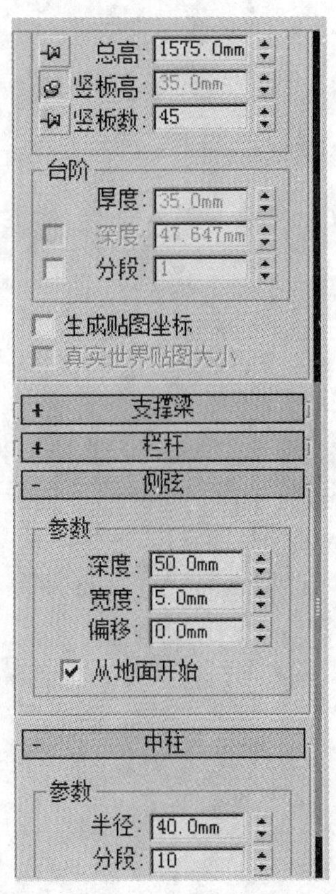


图 2-1-70

（5）这样即可得到一个完成的螺旋楼梯模型，如图 2-1-71 所示。

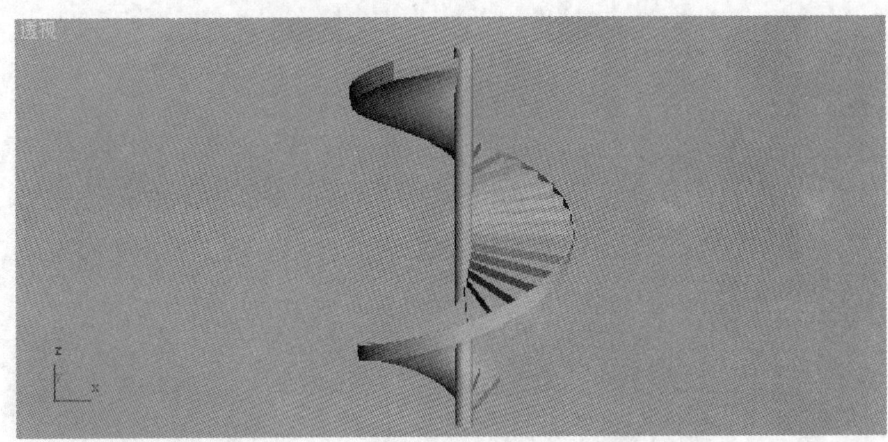


图 2-1-71

# 项目二

# 复杂模型创建

## 任务一　欧式花瓶模型创建

### 一、项目任务书

| 项目任务名称 | 欧式花瓶模型创建 | 项目任务编号 | |
|---|---|---|---|
| 任务完成时间 | | | |
| 任务学习目标 | 1. 认知目标：<br>①了解 3Ds Max 软件中二维图形的创建命令<br>②了解 3Ds Max 软件中二维图形转变成三维模型的方法<br>2. 技能目标：<br>①掌握 3Ds Max 软件中二维图形的创建命令的使用<br>②掌握 3Ds Max 软件中二维图形转变成三维模型的技巧 | | |
| 任务内容 | 1. 熟悉 3Ds Max 软件中二维图形的创建命令的使用<br>2. 掌握 3Ds Max 软件中二维图形转变成三维模型的技巧 | | |
| 项目完成<br>验收点 | 能熟练运用 3Ds Max 软件中二维建模命令完成复杂模型的创建 | | |
| 完成项目任务情况分析与反思： | | | |

### 二、项目教学实施流程与步骤

#### （一）项目教学实施流程

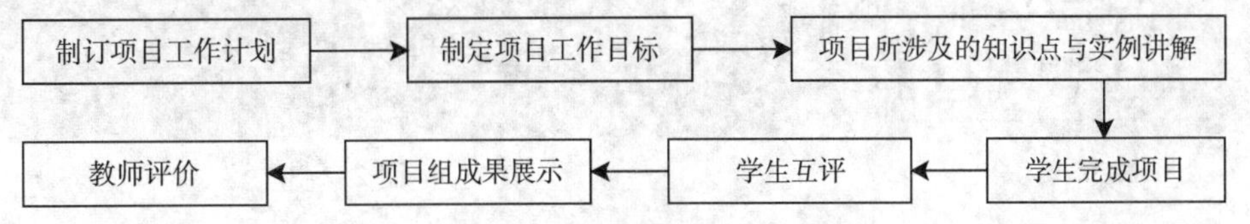

（二）项目实施步骤及进度

（1）教师讲解项目所涉及的基本知识，并通过实例讲解该任务的实施方法。

（2）学生上机独立完成任务。

（3）学生进行成果展示与汇报。

（4）教师对学生轮流点评并与学生共同给出成绩。

## 三、二维图形建模知识点

在 3Ds Max 2009 中提供了另一种很重要的造型工具——二维图形。在实际工作过程中，利用二维曲线转化成三维实体能够大大缩短建模的时间，而且利用二维曲线能够创建出比较复杂的三维实体。

（一）创建二维物体

1. 图形创建命令面板

单击“创建”按钮，进入创建命令面板，单击“图形”按钮，进入图形创建命令面板，如图 2-2-1 所示。

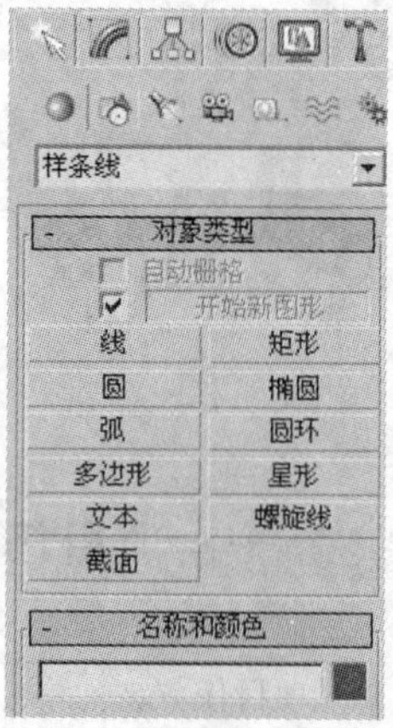

2. 创建线

样条曲线是由许多顶点和直线连接的线段集合，调整它的顶点，可以改变样条线的形状。在 3Ds Max 2009 的默认情况下，线不会出现在渲染场景中。而任何一个平面造型都是由最基本的直线、折线和曲线构成的。

图 2-2-1

（1）创建直线和折线。

a. 单击“创建”按钮，进入创建命令面板，单击“图形”按钮，进入图形创建命令面板，单击 线 按钮，在如图 2-2-2 所示的 创建方法 卷展栏中分别选中 初始类型 参数设置区中的 角点 单选按钮和 拖动类型 参数设置区中的 角点 单选按钮。

b. 在前视图中的适当位置单击鼠标左键创建折线的第一点，然后移动鼠标到另一位置单击，创建出折线的第二点，按同样的方法创建出折线的下一位置点，单击鼠标右键结束创建。创建的直线和折线如图 2-2-3 所示。

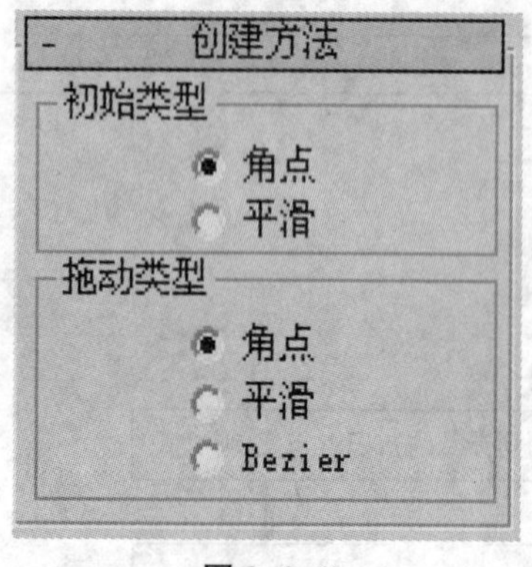


图 2-2-2

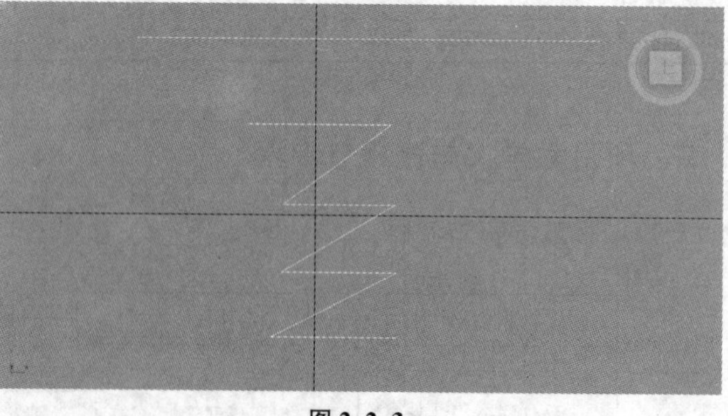

图 2-2-3

注意：如果在创建线的时候按住“Shift”键，则可以强制绘制垂直或水平直线。

（2）创建曲线。

a. 单击“创建”按钮，进入创建命令面板，单击“图形”按钮，进入图形创建命令面板，单击 线 按钮，在 - 创建方法 卷展栏中分别选中 初始类型 参数设置区中的 角点 单选按钮和 拖动类型 参数设置区中的 Bezier 单选按钮。

b. 在前视图中单击鼠标左键并拖动鼠标至适当位置，然后松开鼠标，移动鼠标至下一位置，再次单击鼠标左键并拖动鼠标调节曲线形状。此时，在前视图中就可以看到绘制出的曲线。按照上面的方式不断移动、单击鼠标可以创建不同形状的曲线，最后单击鼠标右键结束创建。创建的曲线如图 2-2-4 所示。

注意：如果曲线的起点和终点重合，即创建封闭曲线时，系统会弹出如图 2-2-5 所示的 样条线 提示框，单击 是(Y) 按钮，则创建的为封闭曲线；否则不封闭。

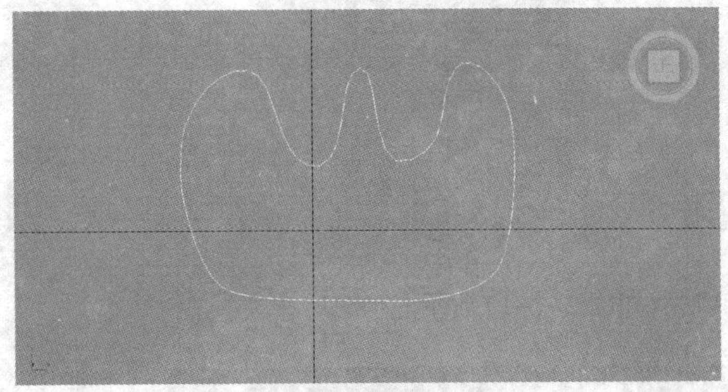

图 2-2-4

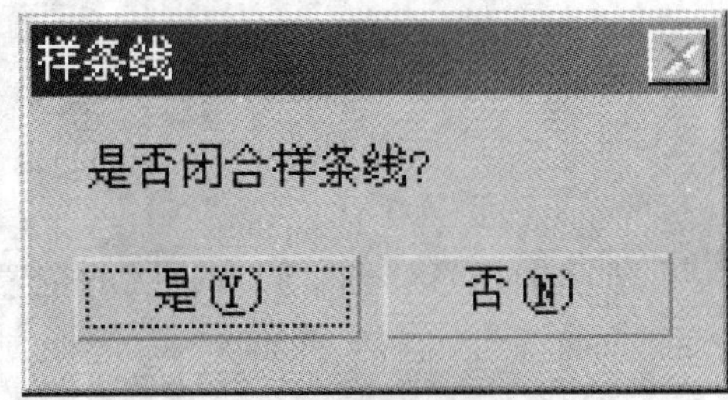


图 2-2-5

3. 创建矩形、圆、弧和椭圆

（1）创建矩形：单击 矩形 按钮，在前视图中按住鼠标左键，拖动到适当位置后松开鼠标。此时，在各视图中都可以看到绘制出的矩形，其参数设置如图 2-2-6 所示。

（2）创建圆：单击 圆 按钮，在前视图中按住鼠标左键，拖动到适当位置后松开鼠标。此时，在各视图中都可以看到绘制出的圆，其参数设置如图 2-2-7 所示。

（3）创建弧：单击 弧 按钮，在前视图中按住鼠标左键，将其拖动到适当位置后松开鼠标，然后再拖动鼠标调整它的弧度。此时，用户会发现在各视图中都可以看到绘制出的弧。其参数设置如图 2-2-8 所示。

（4）创建椭圆：单击 椭圆 按钮，在前视图中按住鼠标左键，拖动到适当位置后松开鼠

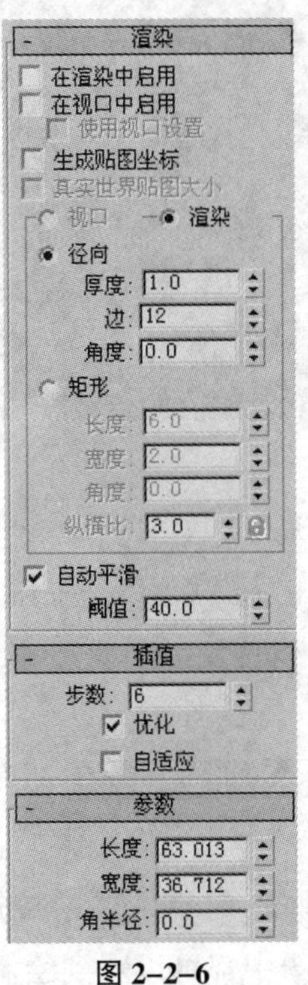


图 2-2-6

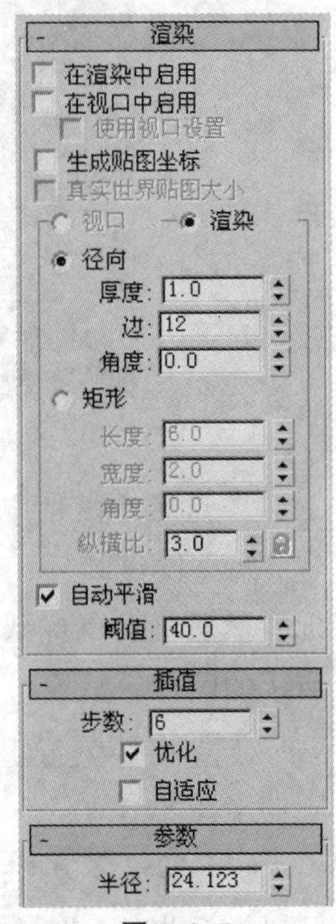


图 2-2-7

标。此时，在各视图中都可以看到绘制出的椭圆，其参数设置如图 2–2–9 所示。

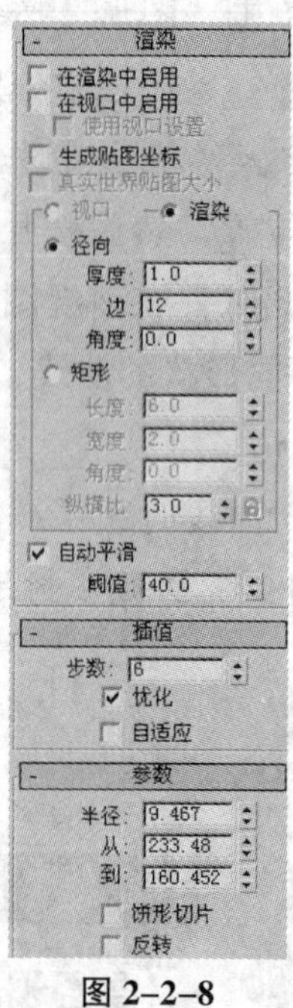


图 2–2–8

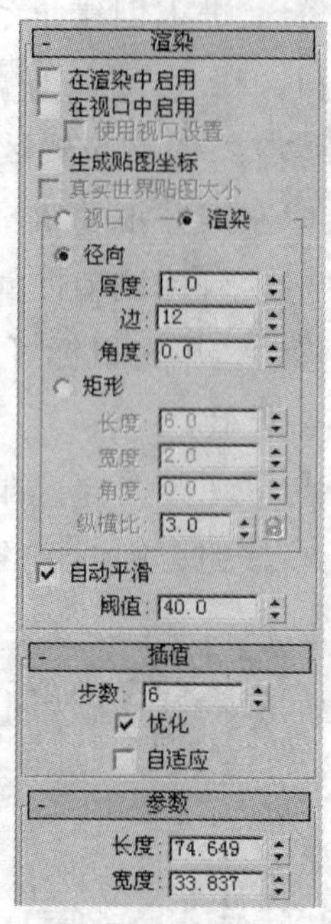


图 2–2–9

创建的矩形、圆、弧和椭圆的位置和形状如图 2–2–10 所示。

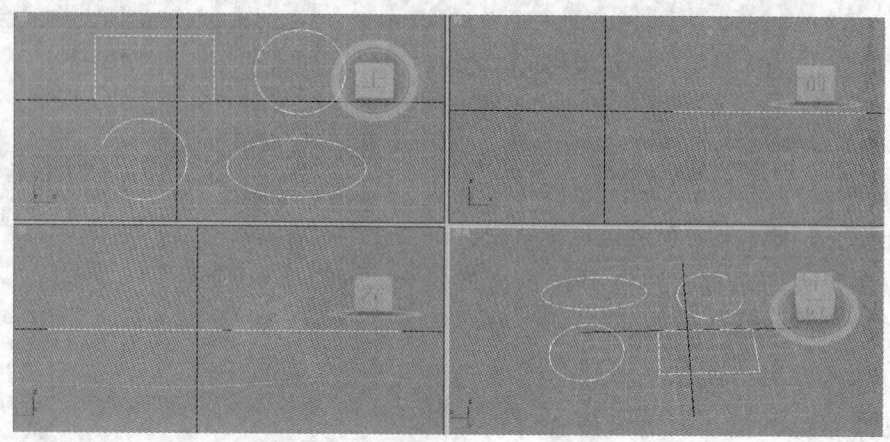

图 2–2–10

4. 创建圆环和多边形

（1）创建圆环：单击 圆环 按钮，在前视图中按住鼠标左键拖动到适当位置松开鼠标，然后移动鼠标到适当位置并单击，确定圆环第二个圆的位置。此时可以看到如图 2–2–11 所示的圆环。

在圆环的 - 参数 卷展栏中（如图 2–2–12 所示）可以调整它的内圆和外圆的半径。

（2）创建多边形：单击 多边形 按钮，在前视图中按住鼠标左键，拖动到适当位置后松开鼠标。此时，在各视图中都可以看到绘制出的多边形，如图 2–2–13 所示。

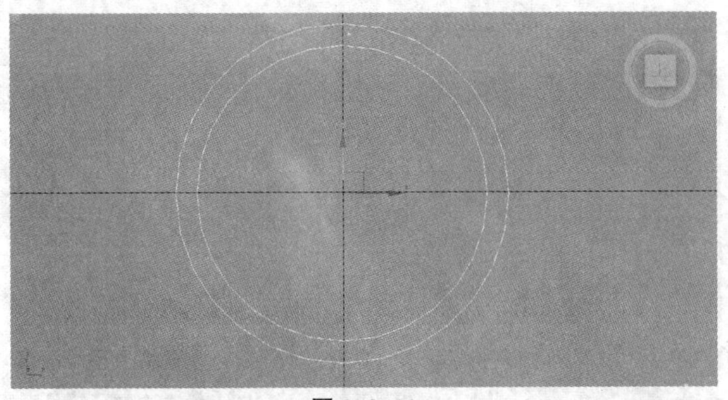

图 2-2-11

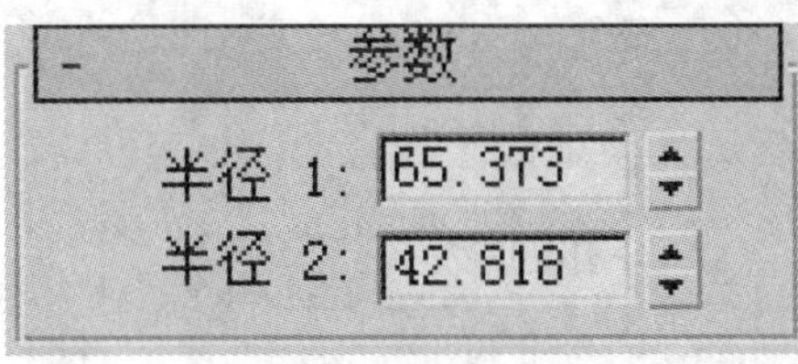


图 2-2-12

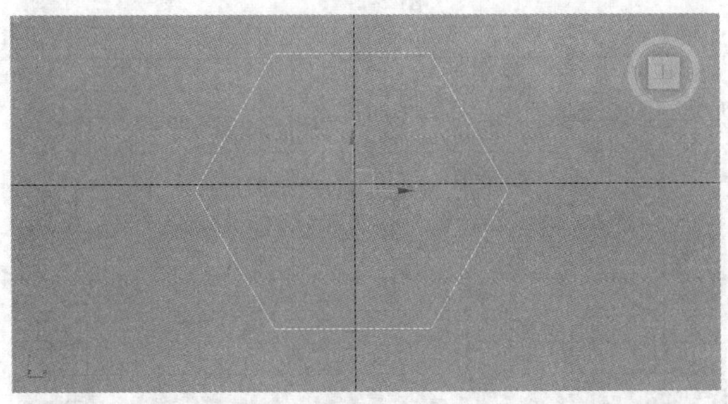

图 2-2-13

在多边形的 [- 参数] 卷展栏中不仅可以调整它的半径大小，还可以改变多边形的边数，同时，也可以对多边形进行倒角处理。多边形的参数调整如图 2-2-14 所示。调整后多边形的形状如图 2-2-15 所示。当选中 [✓ 圆形] 复选框时多边形将变成圆，取消 [ 圆形] 复选框时它将恢复原来形状。

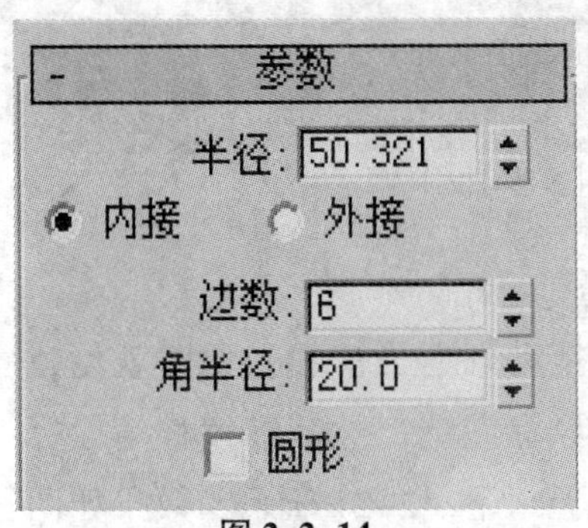


图 2-2-14

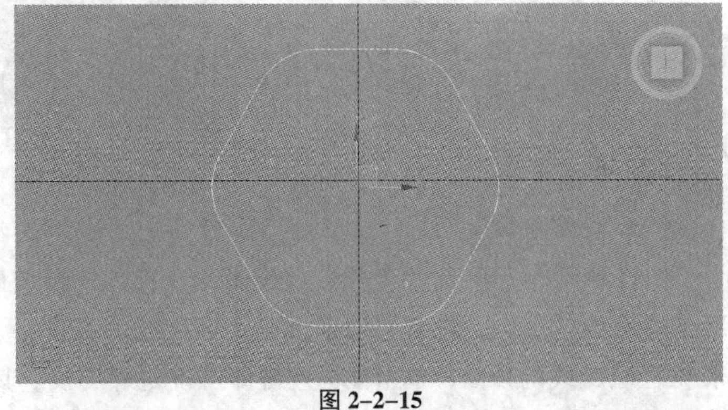

图 2-2-15

5. 创建星形和文本

（1）创建星形：单击 [星形] 按钮，在前视图中按住鼠标左键，拖动到适当位置松开鼠标并再次单击鼠标左键。此时，在各视图中都可以看到绘制出的星形，如图 2-2-16 所示。

在星形的“参数”卷展栏中增加了 [扭曲: 0.0] 选项，通过调整它的

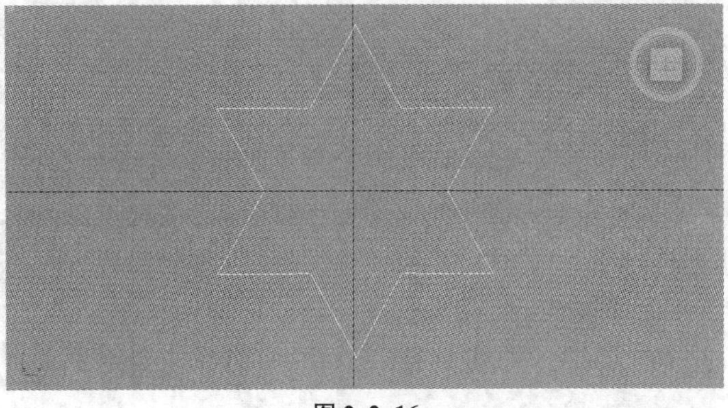

图 2-2-16

值可以改变星形的形状，参数设置如图 2-2-17 所示，效果如图 2-2-18 所示。

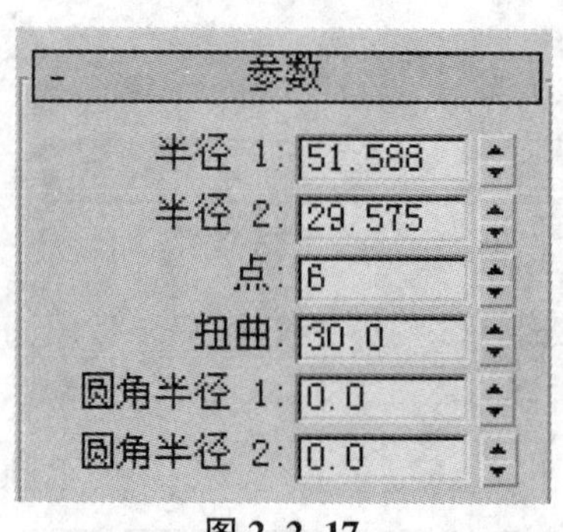


图 2-2-17

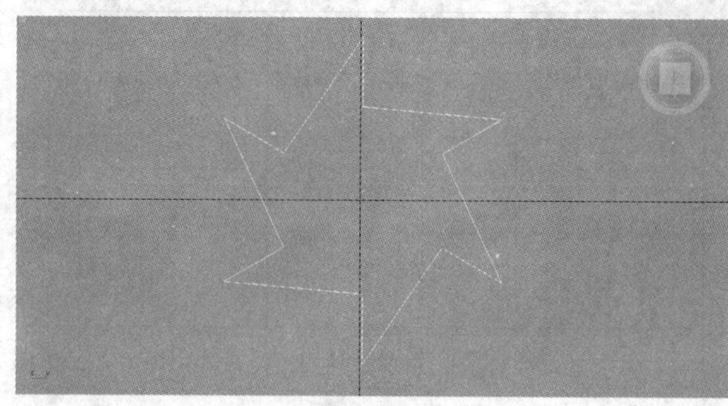

图 2-2-18

（2）创建文本：单击 文本 按钮，在文本栏中输入文字，然后用鼠标在视图的适当位置单击即可。例如在文本栏中输入“神话”，设置参数如图 2-2-19 所示，然后在前视图中单击鼠标，效果如图 2-2-20 所示。

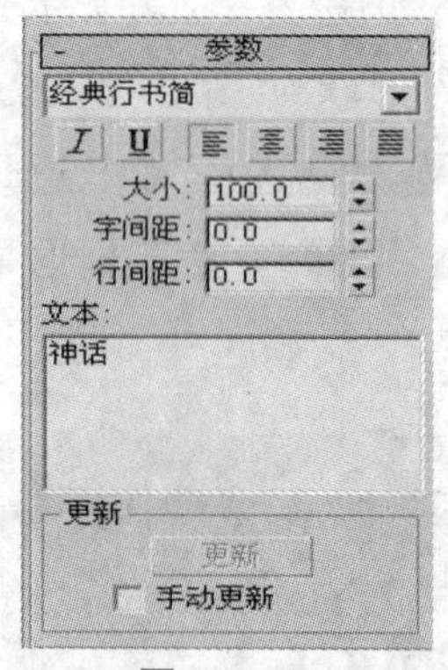


图 2-2-19

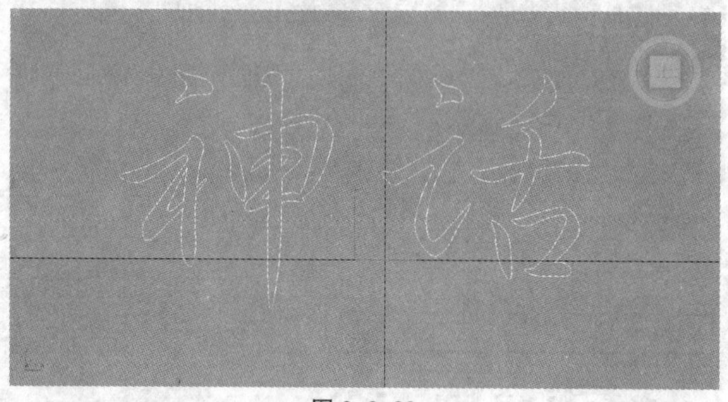

图 2-2-20

6. 创建螺旋线

创建螺旋线：单击 螺旋线 按钮，在视图中按住鼠标左键拖动到适当位置，此时就创建出了螺旋线的底圆，接着移动鼠标确定螺旋线的高度，再次单击鼠标左键，然后继续移动鼠标来确定螺旋线的顶圆，单击鼠标左键即可确定螺旋线。其参数设置如图 2-2-21 所示，效果如图 2-2-22 所示。

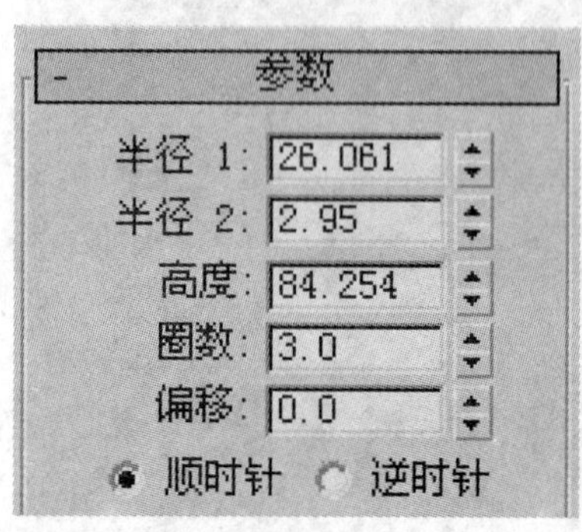


图 2-2-21

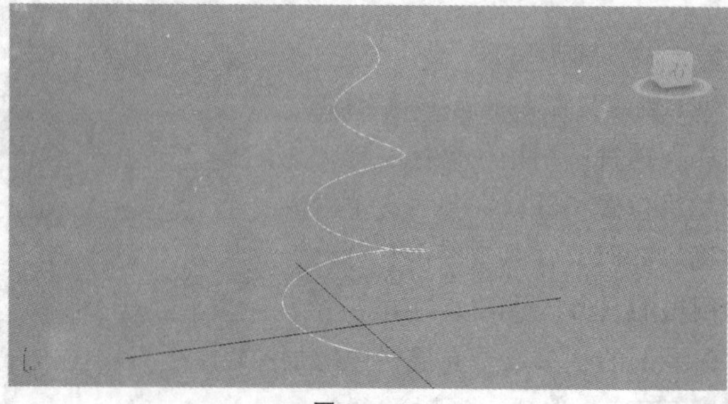

图 2-2-22

在螺旋线的“参数”卷展栏中，除了可以调整它的半径、高度以外，还可以调整它的圈数、偏移和旋转方向。其中偏移的值介于-1~1，当大于0时向上偏移，小于0时向下偏移。调整其参数如图2-2-23所示，效果如图2-2-24所示。

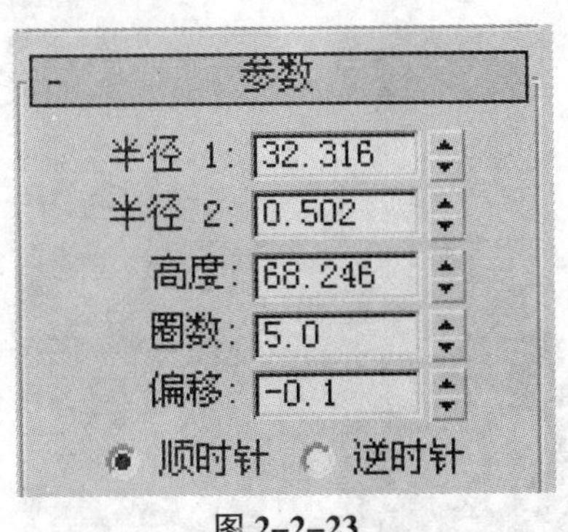


图 2-2-23

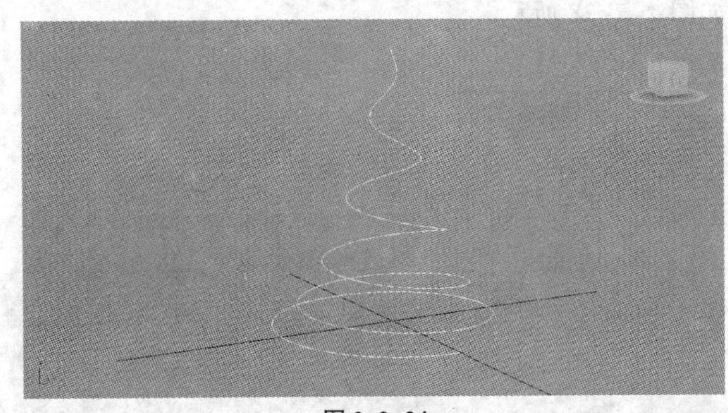

图 2-2-24

在参数面板中可以看到它的圈数被调整为 圈数: 5.0 ，偏移值被调整为 偏移: -0.1 。若选中 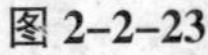 单选按钮，则螺旋线的旋转方向发生改变，效果如图2-2-25所示。

（二）由二维模型创建三维模型

1. 挤出

“挤出”编辑修改器能够为二维图形增加厚度，使二维图形产生底面和侧面，生成参数化几何体。在3Ds Max中，编辑修改器的用途十分广泛。其中，最常用到的操作就是增厚二维图形，以生成棱角鲜明的几何体。

（1）在顶视图中用“矩形”工具绘制一个二维矩形，如图2-2-26所示。

图 2-2-25

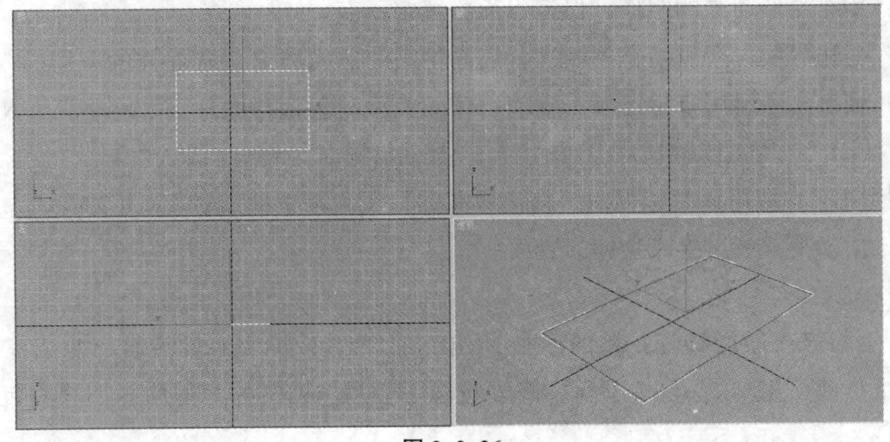

图 2-2-26

（2）在“修改”面板中，单击“修改器列表”下拉表，找到“挤出”命令，点击打开，弹出“挤出”命令参数栏，如图 2-2-27 所示。

（3）在“数量”参数栏中输入一个数值，即可将原本的二维矩形挤出成一个三维的长方体，如图 2-2-28 所示。

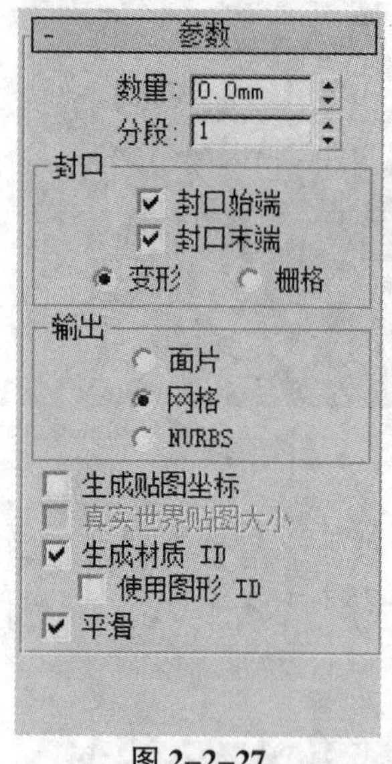


图 2-2-27

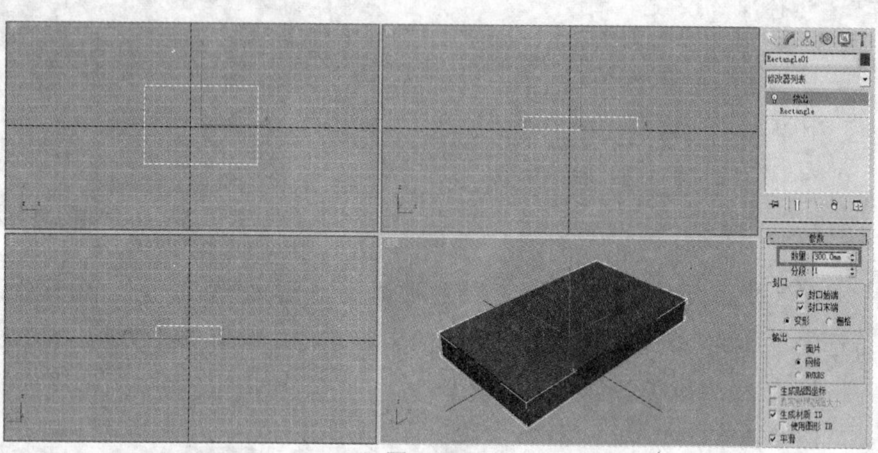

图 2-2-28

（4）“挤出”参数栏主要参数的概念：

“数量”：设置挤出的深度。

“分段”：设置挤出方向的分段数。如果要对挤出的物体变形，则应根据变形的需要，适当将分段数数值增大。

“封口”：该选项组中的参数可用来封闭挤出物体，包括“封口始端”和“封口末端”。

“封口始端”：在挤出对象始端生成一个平面。

“封口末端”：在挤出对象末端生成一个平面。

“变形”：用于变形动画的制作，保证点面数恒定不变。

“栅格”：对边界线进行重新排列处理，以最精简的点面数来获取优秀的造型。

“输出”：输出选项组用来指定挤出生成物体的类型，包括“面片”、“网格”、“NURBS”。

“生成材质 ID”：将不同的材质 ID 指定给挤出对象侧面与封口。

“使用图形 ID”：启用该复选框时，挤出对象的材质由挤出曲线的 ID 值决定。

“平滑”：用来平滑挤出生成物体的表面。

2. 车削

“车削”编辑修改器能够使二维图形和 NURBS 曲线沿一根中心轴旋转，生成三维几何体，是常用的二维形建模工具之一。“车削”修改器常用于制作轴对称几何体，如啤酒瓶、高脚杯、陶瓷罐等。

在“修改”面板中，单击“修改器列表”下拉表，找到“车削”命令，点击打开，弹出

“车削”命令参数栏，如图 2–2–29 所示。

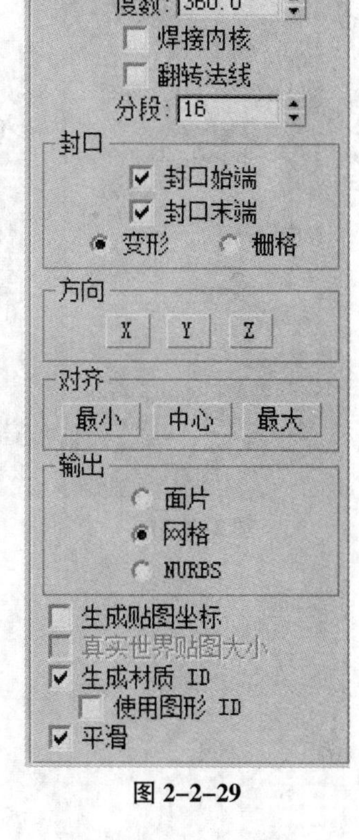


图 2–2–29

参数栏主要参数的概念：

“度数”：确定对象绕轴旋转的角度，360 度为完整的环形，小于 360 度为不完整的扇形。

“焊接内核”：通过将旋转轴中的顶点焊接来简化网格，得到结构更精确精简和平滑无缝的模型。如果要创建一个变形目标，禁用该选项。

“翻转法线”：将模型表面的法线方向反转。

“分段”：设置旋转圆上的分段数目。如果要对旋转生成物体变形，则应根据变形需要，适当增大分段数数值。

“封口”：如果设置的车削对象的“度数”小于 360 度，可控制是否在车削对象内部创建封口。

“封口始端”：封口设置的度数小于 360 度的车削对象的始点，并形成闭合图形。

“封口末端”：封口设置的度数小于 360 度的车削的对象终点，并形成闭合图形。

“变形”：不进行面的精简计算，以便用于变形动画的制作。

“栅格”：进行面的精简计算，不能用于变形动画的制作。

“方向”：在该选项组中设置旋转中心轴的方向。

“X/Y/Z”：分别设置不同的轴向。

“对齐”：设置图形与中心轴的对齐方式。

“最小/中心/最大”：分别将曲线的内边界、中心和外边界与中心轴对齐。

“输出”：该选项组可用来设置旋转对象的类型，包括“面片”、“网格”和“NURBS”单选按钮。

“面片、网格、NURBS”：分别生成面片、网格、NURBS 类型的物体。

## 四、二维图形建模实例——欧式花瓶建模

（1）在前视图中绘制一条曲线，作为车削的截面线，如图 2–2–30 所示。

（2）选中曲线，进入“修改”面板中，单击 修改器列表 ，在下拉列表中选中“车削”命令。

（3）在“车削”命令参数面板中，设置参数，如图 2–2–31 所示。

（4）得到花瓶模型，如图 2–2–32 所示。

图 2–2–30

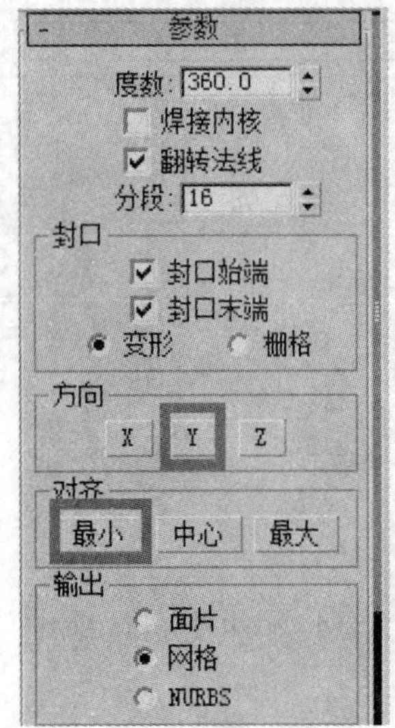
参数
度数: 360.0
焊接内核
翻转法线
分段: 16
封口
封口始端
封口末端
变形
栅格
方向
X
Y
Z
对齐
最小
中心
最大
输出
面片
网格
NURBS

图 2-2-31

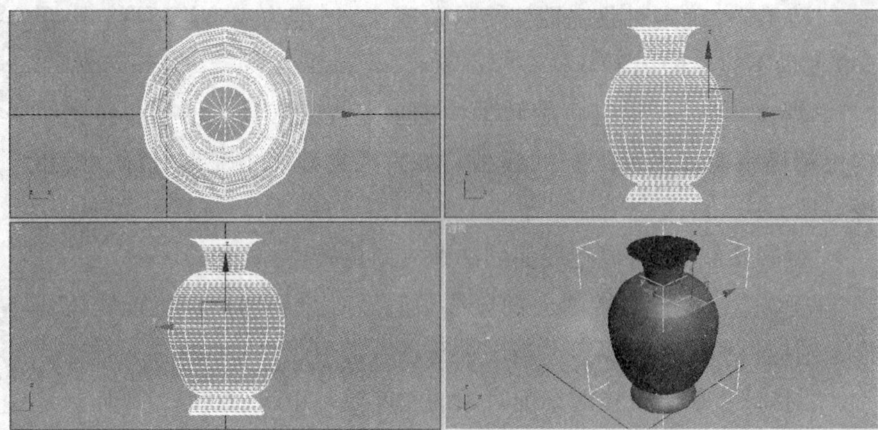

图 2-2-32

# 任务二　沙发模型创建

## 一、项目任务书

| 项目任务名称 | 沙发模型创建 | 项目任务编号 | |
|---|---|---|---|
| 任务完成时间 | | | |
| 任务学习目标 | 1. 认知目标：<br>了解 3Ds Max 软件中三维模型的修改工具<br>2. 技能目标：<br>掌握 3Ds Max 软件中三维模型的修改工具的使用 | | |
| 任务内容 | 掌握 3Ds Max 软件中三维模型的修改工具的使用技巧 | | |
| 项目完成验收点 | 能熟练运用 3Ds Max 软件中三维模型的修改工具完成复杂模型的创建 | | |
| 完成项目任务情况分析与反思： | | | |

## 二、项目教学实施流程与步骤

### （一）项目教学实施流程

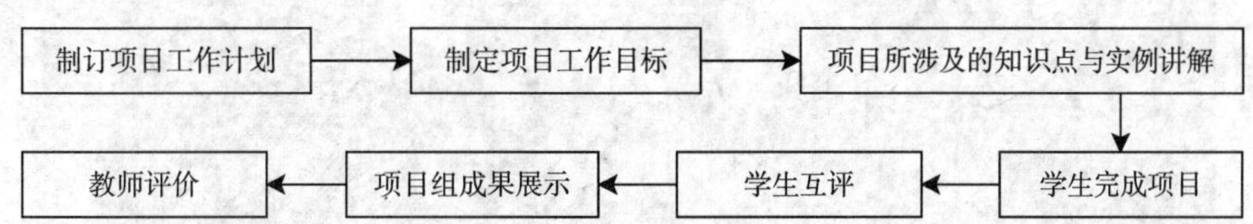


### （二）项目实施步骤及进度

（1）教师讲解项目所涉及的基本知识，并通过实例讲解该任务的实施方法。

（2）学生上机独立完成任务。

（3）学生进行成果展示与汇报。

（4）教师对学生轮流点评并与学生共同给出成绩。

## 三、三维模型修改工具知识点

1. FFD 修改器

此修改器在项目一/简单模型建模/电扇模型的创建中已有讲解，这里就不再重复介绍了。

2. 弯曲修改器

弯曲修改器可以将当前选定对象围绕指定的轴向产生弯曲变形的效果。该项修改器常用于制作管道或人体弯腰等效果。

（1）当为三维模型添加了“弯曲”修改器后，“修改”面板中将会出现该项修改器的编辑参数，如图 2-2-33 所示。

下面介绍一下主要参数的概念：

“角度”：该参数用于控制弯曲的角度。

“方向”：该参数用于设置弯曲相对于水平面的方向。

“弯曲轴”：该选项组中的 X/Y/Z 单选按钮用于指定弯曲的轴向，默认设置为 Z 轴。

“限制”：选择“限制”选项组中的“限制效果”复选框，将限制约束应用于弯曲效果。“上限”参数用于设置从弯曲中心到物体上部弯曲约束边界的距离值，超出此边界弯曲不再影响几何体；“下限”用于设置从弯曲中心到物体底部弯曲约束边界的距离值，超出此边界弯曲不再影响几何体。该功能可以使对象产生局部弯曲效果，该功能常用于设置吸管、水龙头等对象。

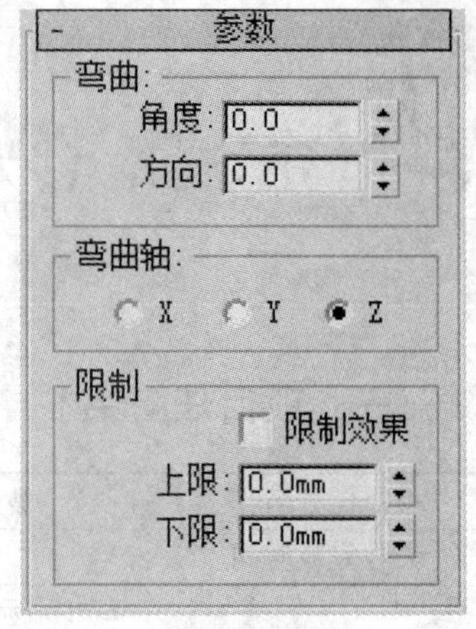


图 2-2-33

（2）弯曲实例：

a. 在顶视图中创建一个圆柱体，其效果如图 2-2-34 所示。

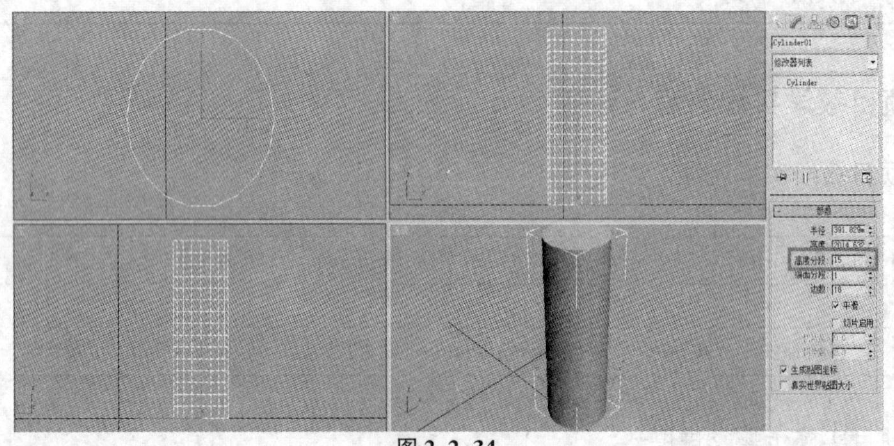

图 2-2-34

注意：创建模型时，在将要做弯曲的那个轴向上必须进行分段，才可以做出弯曲效果。

b. 打开“弯曲”修改器，在其参数栏中设置参数，最终圆柱体的弯曲效果如图 2-2-35 所示。

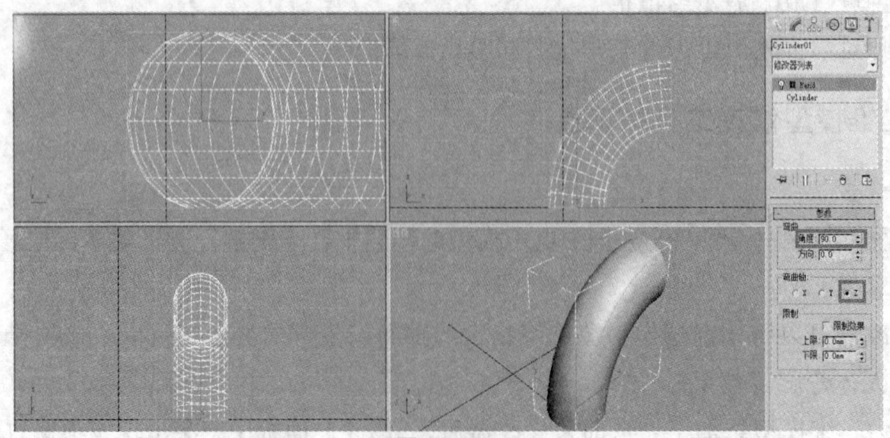

图 2-2-35

3. 锥化修改器

锥化修改器通过缩放对象的两端产生锥化效果，一端放大而另一端缩小。也可以在两组轴上控制锥化的量和曲线。

当为对象添加了“锥化”修改器后，“修改”面板中将会出现该项修改器的编辑参数。如图 2-2-36 所示。

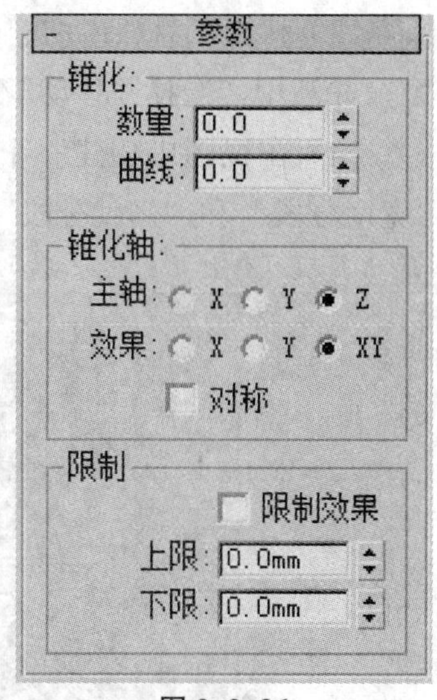


图 2-2-36

下面介绍一下主要参数的概念：

“锥化”：该选项组中的“数量”参数用于设置产生锥化的程度，“曲线”参数控制 Gizmo 的侧面应用的曲率。

“锥化轴”：该选项组中的“主轴”选项右侧的 X/Y/Z 单选按钮，用来指定进行锥化操作的轴向；“效果”选项用于表示主轴上的锥化方向的轴或轴对，影响轴可以是剩下两个轴的任意一个，或者是它们的合集；当选择“对称”复选框，围绕主轴产生对称锥化效果。

## 四、三维模型修改工具实例——沙发模型的创建

（1）在左视图中创建一个“长度”为 1000、“宽度”为 3000 的椭圆，如图 2-2-37 所示。

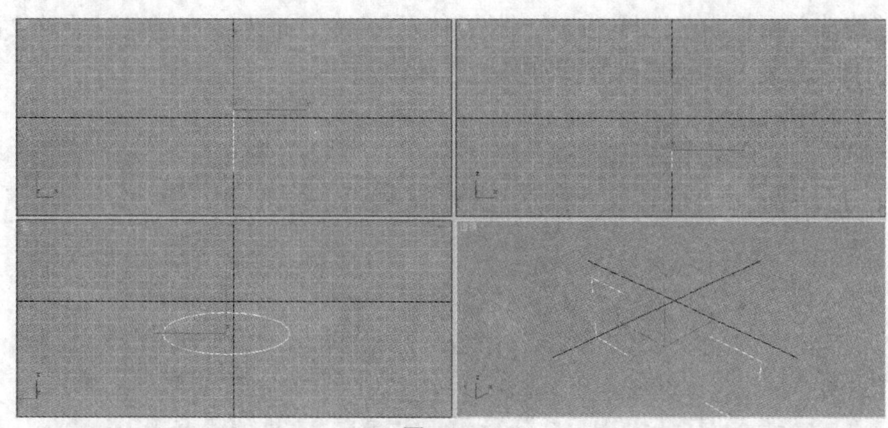

图 2-2-37

（2）在“修改”面板中利用“挤出”将椭圆变为三维模型，挤出数量为 3000，如图 2-2-38 所示。

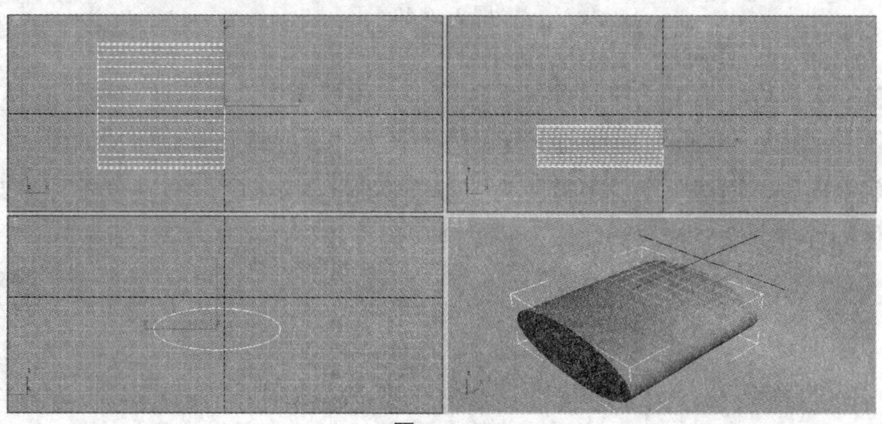

图 2-2-38

（3）利用工具栏中的“选中并旋转”工具，在视图中按住“Shift”键同时旋转复制一个模型，并利用“选择并移动”工具调整两个模型的位置。

（4）在视图中创建一个“长度”为 300、“宽度”为 2000、“高度”为 400，“长度分段”、“宽度分段”和“高度分段”均为 5 的长方体，如图 2-2-39 所示。

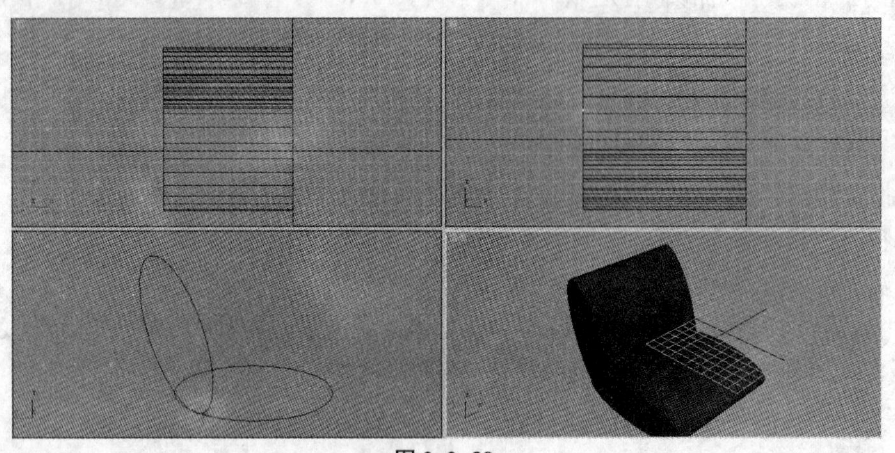

图 2-2-39

（5）在“修改”面板中，选择“FFD（长方体）”命令，进入“控制点”子对象，利用“选择并移动”工具，对长方体进行修改，如图 2-2-40 所示。

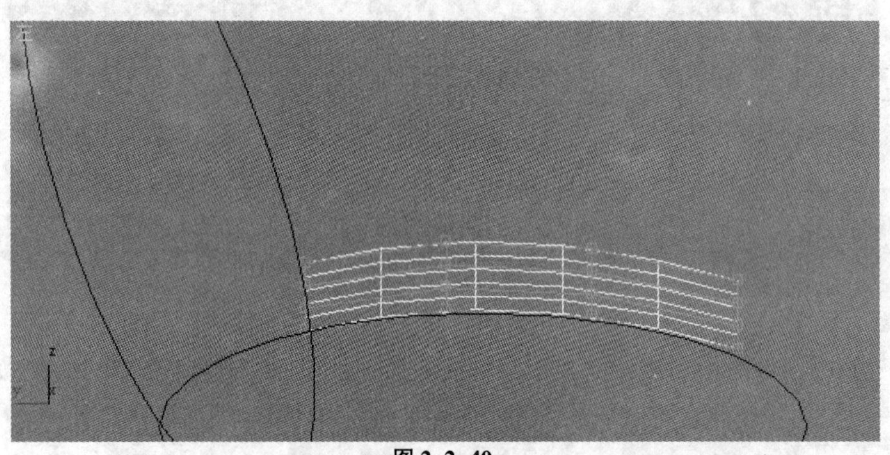

图 2-2-40

（6）调整好了以后，退出“控制点”子对象，在顶视图中选择修改过的长方体，利用“选择并移动”工具，按住“Shift”键移动，复制一个长方体，并调整其位置，如图 2-2-41 所示。

（7）在前视图中，创建一个“半径”为 50、“高度”为 3000、“高度分段”为 5 的圆柱体。用修改长方体同样的方法，修改圆柱体，并复制，最终效果如图 2-2-42 所示。

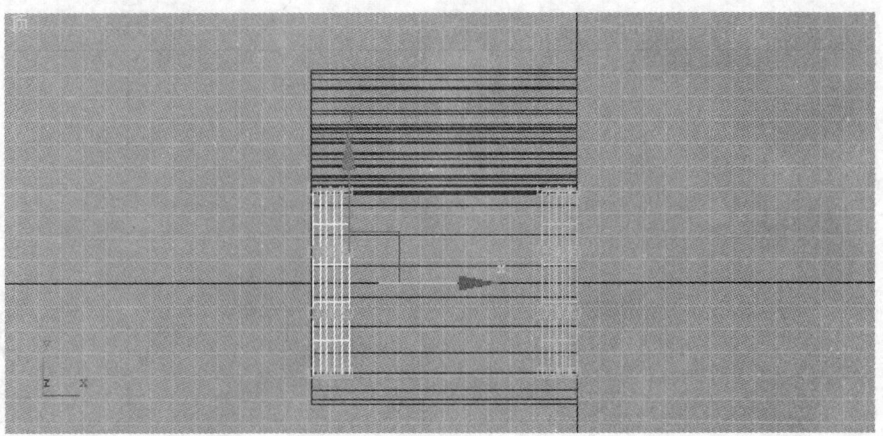

图 2-2-41

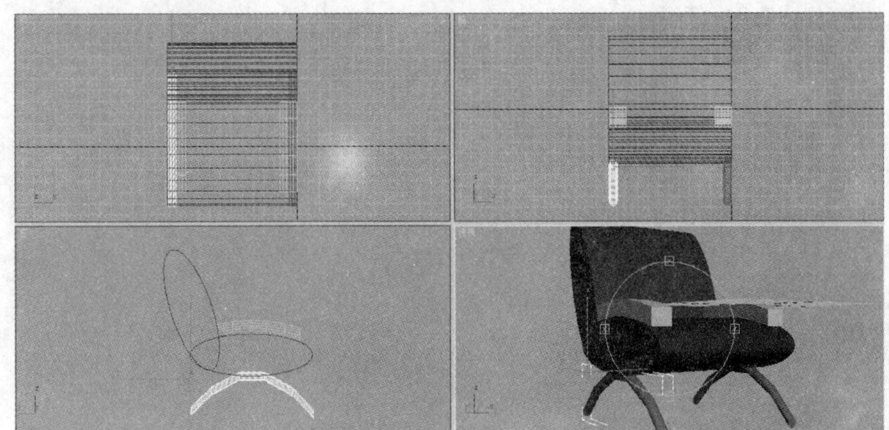

图 2-2-42

# 项目三

# 高级模型绘制

## 任务一　餐桌模型创建

### 一、项目任务书

| 项目任务名称 | 餐桌模型创建 | 项目任务编号 | |
|---|---|---|---|
| 任务完成时间 | | | |
| 任务学习目标 | 1. 认知目标：<br>①了解 3Ds Max 软件中多边形建模工具<br>②了解 3Ds Max 软件中多边形建模工具创建模型的方法<br>2. 技能目标：<br>掌握 3Ds Max 软件中利用多边形建模工具创建模型的方法 | | |
| 任务内容 | 1. 熟悉 3Ds Max 软件中多边形建模工具<br>2. 掌握 3Ds Max 软件中多边形建模工具创建模型的方法 | | |
| 项目完成验收点 | 能熟练运用 3Ds Max 软件中多边形建模工具 | | |
| 完成项目任务情况分析与反思： | | | |

### 二、项目教学实施流程与步骤

（一）项目教学实施流程

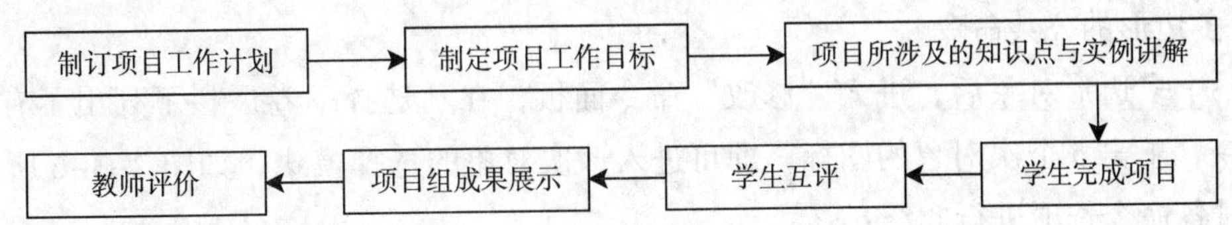


（二）项目实施步骤及进度

（1）教师讲解项目所涉及的基本知识，并通过实例讲解该任务的实施方法。

（2）学生上机独立完成任务。

（3）学生进行成果展示与汇报。

（4）教师对学生轮流点评并与学生共同给出成绩。

## 三、多边形工具建模知识点

### （一）将三维模型转化成多边形对象

（1）在视图中的选择对象右击，在弹出的快捷菜单中选择“转换为”→“转换为可编辑多边形”选项，该对象被塌陷为多边形对象，如图 2-3-1 所示。

（2）选择要塌陷的对象后，进入“修改”命令面板，在修改堆栈栏列表中右击，在弹出的菜单中选择“可编辑多边形”选项，该对象被塌陷为多边形对象，如图 2-3-2 所示。

（3）选择要塌陷的模型，进入“修改”面板，在“修改器列表”下拉列表中选择“编辑多边形”命令，如图 2-3-3 所示。

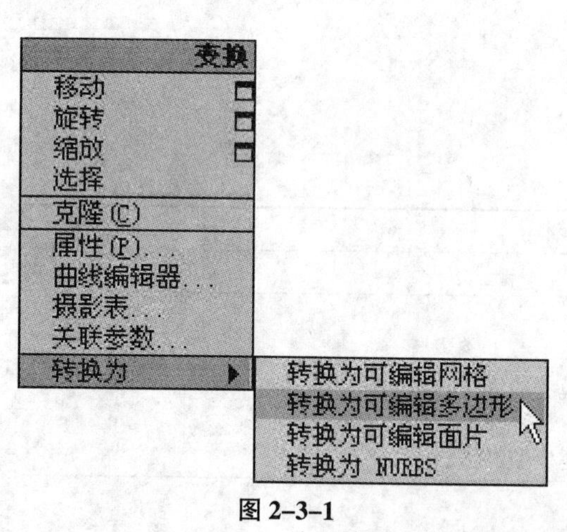


图 2-3-1

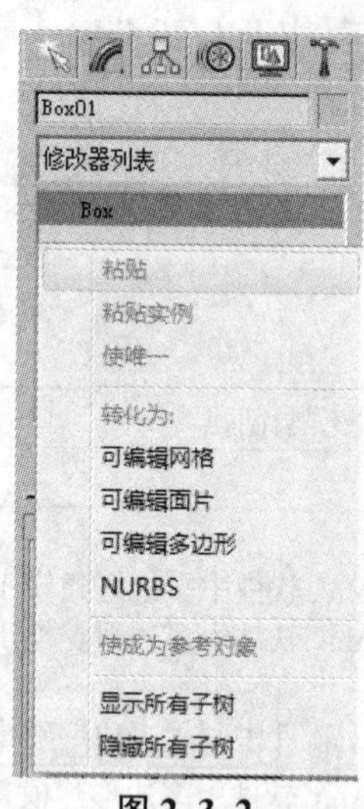


图 2-3-2

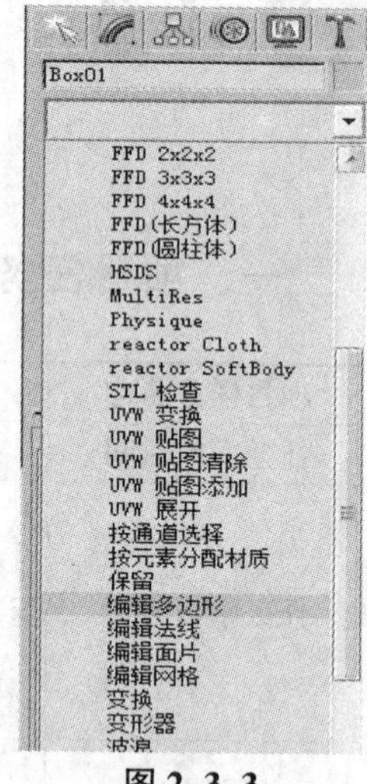


图 2-3-3

### （二）多边形的次对象

（1）将三维模型塌陷为多边形之后，多边形对象共出现有 5 种次对象类型，分别为“顶点”、“边”、“边界”、“多边形”和“元素”。因为多边形建模是以多边形来定义基础面的，所以在次对象中没有了网格对象中的“面”次对象层，取而代之的是“边界”次对象层，如图 2-3-4 所示。

（2）图 2-3-5 为多边形的五种次对象类型。

### （三）多边形的公共命令

选择一个多边形对象后，进入“修改”命令面板，在“选择”卷展栏下列出了有关次对象选择的命令，单击 5 个次对象的图标，即可进入该次对象的选择模式，如图 2-3-6 所示。

以下对各命令选项进行介绍：

（1）“按顶点”：启用该复选框时，只有通过选择所用的顶点，才能选择子对象。单击顶点时，将选择使用该选定顶点的所有子对象。

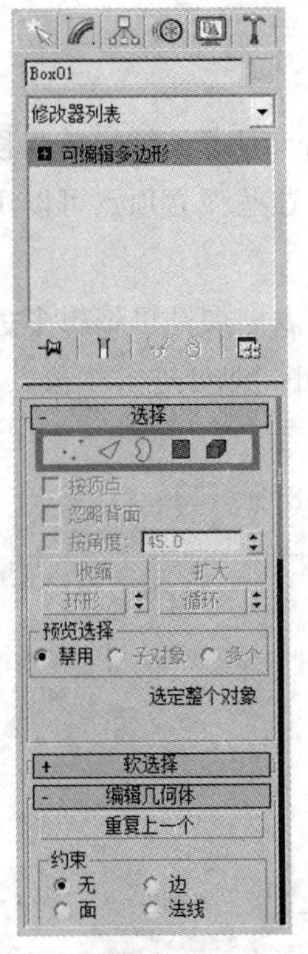


图 2-3-4

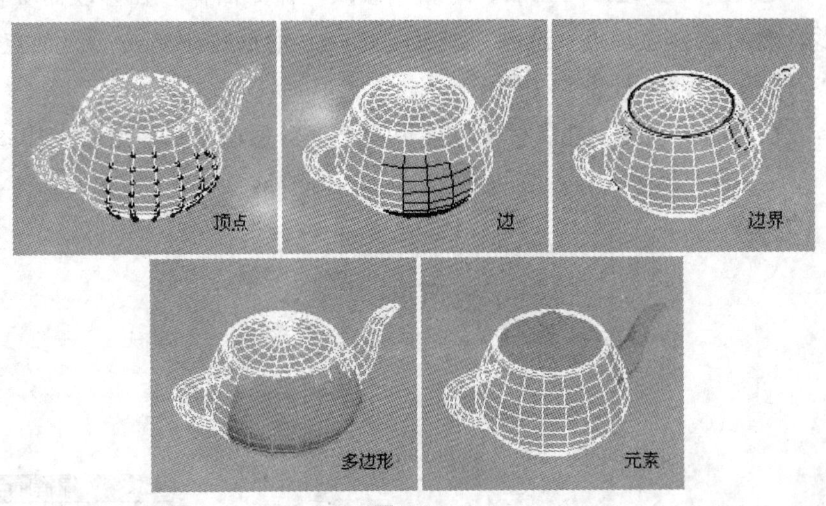


图 2-3-5

图 2-3-6

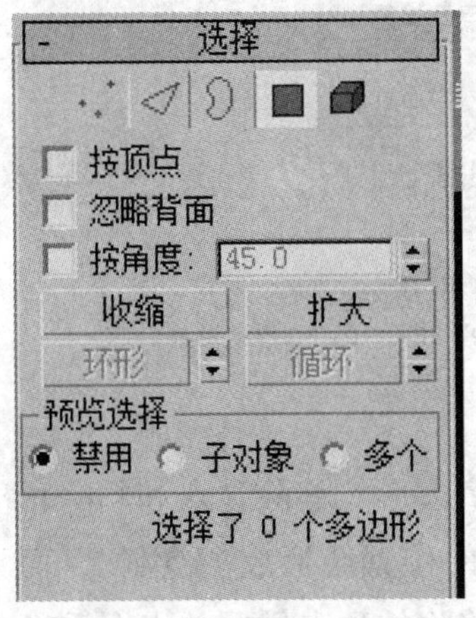

（2）“忽略背面”：启用该复选框后，在选择次对象时，不会对模型背面的次对象产生影响。

（3）“按角度”：启用并选择某个多边形时，该软件也可以根据复选框右侧的角度设置选择邻近的多边形。该值可以确定要选择的邻近多边形之间的最大角度。例如，如果单击长方体的一个侧面，且角度值小于 90.0，则仅选择该侧面，因为所有侧面相互呈 90 度角。但如果角度值为 90.0 或更大，将选择所有长方体的所有侧面。

（4）“收缩”：通过取消选择最外部的子对象缩小子对象的选择区域。如果无法再减小选择区域，将会取消选择其余的子对象。

（5）“扩大”：该命令的功能与“收缩”命令功能相反，选择次对象后，单击“扩大”按钮，选择范围将朝所有可用方向外侧扩展选择区域。

（6）“环形”：通过选择与选定边平行的所有边来扩展边选择。选择次对象后，单击“环形”按钮，所有与所选次对象平行的次对象都将被选择。该命令仅适用于边和边界选择。

（7）“循环”：尽可能扩大选择区域，使其与选定的边对齐。选择次对象后，单击“循环”按钮，将沿被选择的次对象形成一个环形的选择集。“循环”仅适用于边和边界选择，且只能通过 4 路交点进行传播。

(四) 各次对象常用命令

1. 编辑"顶点"次对象

在多边形对象中，顶点是非常重要的，顶点可定义组成多边形的其他子对象的结构。当移动或编辑顶点时，它们形成的几何体也会受影响。顶点也可以独立存在，这些孤立顶点可以用来构建其他几何体，但在渲染时，它们是不可见的。

选择一个多边形对象后，进入"修改"命令面板，在修改器堆栈栏列表中展开可编辑多边形，然后选择"顶点"选项，或在"选择"卷展栏中单击 (顶点) 按钮，即可进入"顶点"次对象层级，如图 2-3-7 所示。

在"编辑顶点"卷展栏中包含了用于编辑顶点的一些命令，如图 2-3-8 所示。

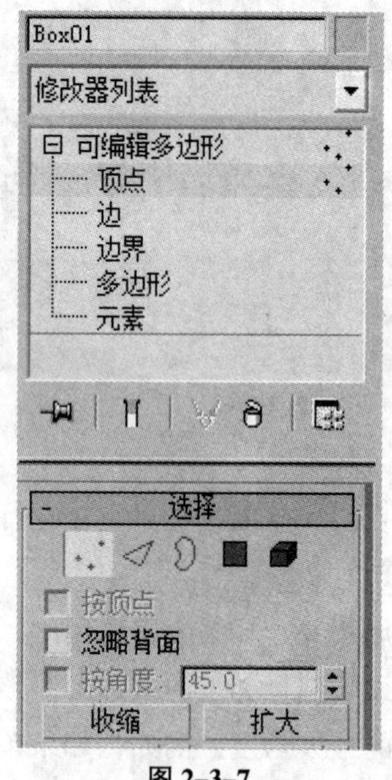


图 2-3-7

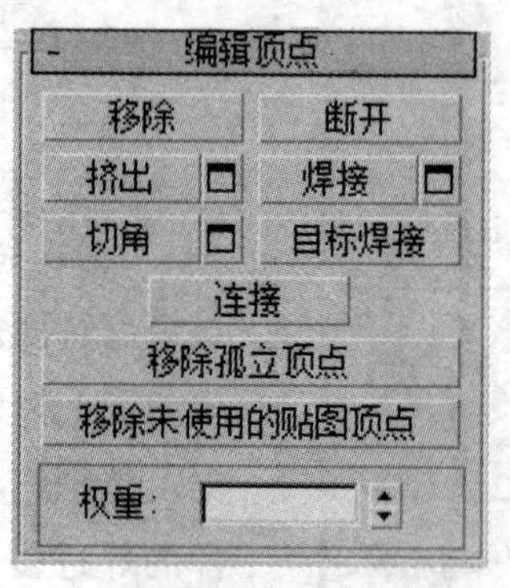


图 2-3-8

以下对这些命令进行介绍：

(1)"移除"：将当前选择的顶点移除，并组合使用这些顶点的多边形。移除顶点和删除顶点是不同的，删除顶点后，与顶点相邻的边界和面会消失，在顶点的位置会形成"空洞"，而执行移除顶点操作仅使顶点消失，不会破坏对象表面的完整性，被移除的顶点周围的点会重新进行结合。

(2)"断开"：在与选定顶点相连的每个多边形表面上，均创建一个新顶点，这可以使多边形的转角相互分开，使它们不再共享同一顶点，每个多边形表面在此位置都会拥有独立的顶点。如果顶点是孤立的或者只有一个多边形使用，则顶点不会受影响。

(3)"挤出"：激活该按钮后，可以在视图中通过手动方式对选择的顶点进行挤出操作。将鼠标移至某个顶点，当鼠标指针变为挤出图标后，垂直拖动鼠标时，可以指定挤出的范围；水平拖动鼠标时，可以设置基本多边形的大小。选定多个顶点时，拖动任何一个，也会同样地挤出所有选定顶点。当"挤出"按钮处于激活状态时，可以轮流拖动其他顶点，进行挤出操作。

再次单击“挤出”按钮或在当前视图中右击，以便结束操作，如图 2-3-9 所示。

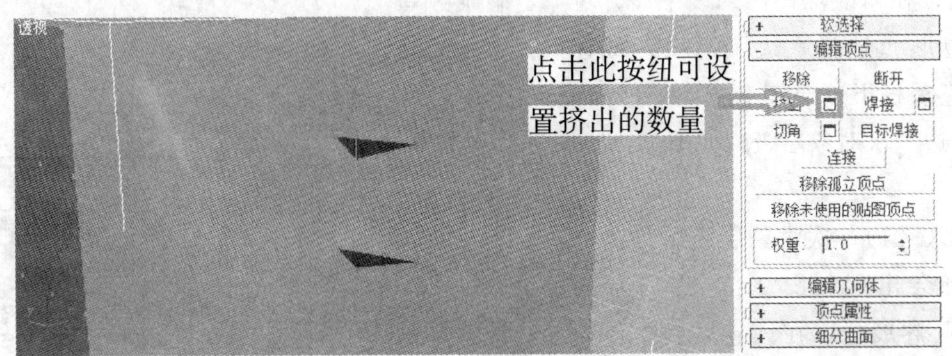


图 2-3-9

（4）“焊接”：用于顶点之间的焊接操作，在视图中选择需要焊接的顶点后，单击该按钮后，在阈值范围内的顶点将焊接到一起。如果选择的顶点没有焊接到一起，可单击“焊接”按钮右侧的□“设置”按钮，打开“焊接顶点”对话框，如图 2-3-10 所示。

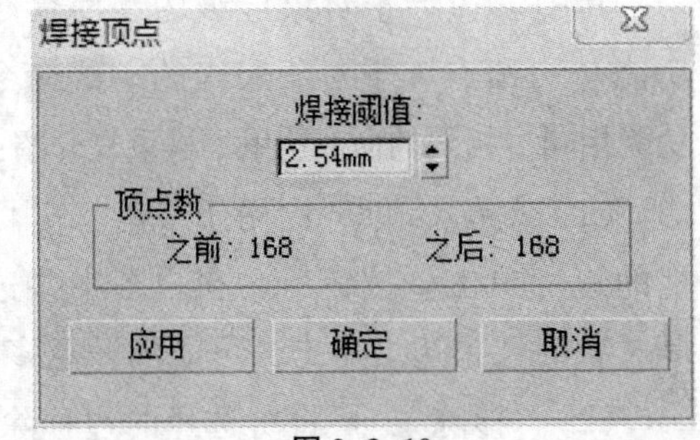


图 2-3-10

“焊接阈值”：在该数值框中可指定焊接顶点之间的最大距离，在该距离范围内的顶点将被焊接到一起。

（5）“切角”：单击该按钮后，在选择的顶点上拖动鼠标，会对其进行切角处理。

（6）“目标焊接”：可以选择一个顶点，并将它焊接到目标顶点。单击该按钮后，将光标移动到要焊接的一个顶点上，单击并拖动鼠标会出现一条虚线，移动到其他附近的顶点时单击鼠标，此时，第一个顶点将会移动到第二个顶点的位置，从而将这两个顶点焊接在一起。

（7）“连接”：在一对被选择的顶点之间创建新的边界。选择一对顶点，单击“连接”按钮，顶点间会出现新的边，如图 2-3-11 所示。

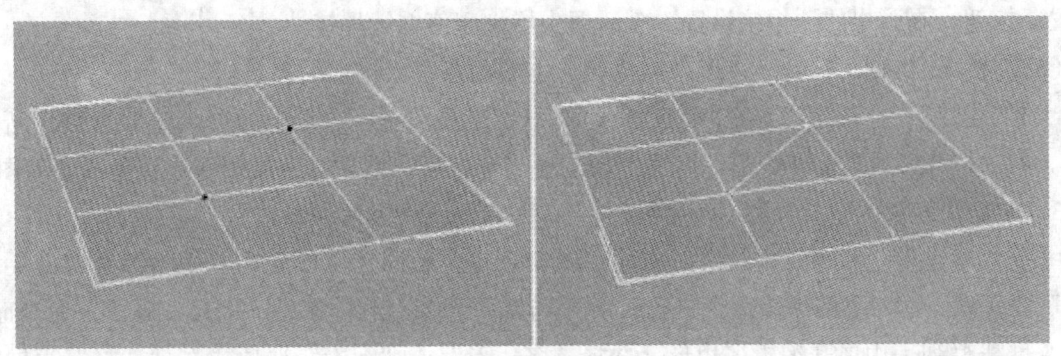

图 2-3-11

（8）“移除孤立顶点”：单击该按钮后，将会把所有孤立的顶点删除，不管该顶点是否被选择。

2. 编辑“边”次对象

边是连接两个顶点的直线，它可以形成多边形的边。边不能由两个以上的多边形共享。当选择一个多边形对象后，进入“修改”命令面板，在修改堆栈栏列表中展开可编辑多边形，选择“边”选项，或在“选择”卷展栏下单击“边”按钮，即可进入“边”次对象层级，如图 2-3-12 所示。

当进入“边”次对象层级后，命令面板中将会出现如图 2-3-13 所示的“编辑边”卷展栏，在该卷展栏中包含了特定于编辑边的命令。

其中“边”子对象层级的一些命令功能与“顶点”子对象层级的一些命令功能相同，相同的命令这里不再重复介绍：

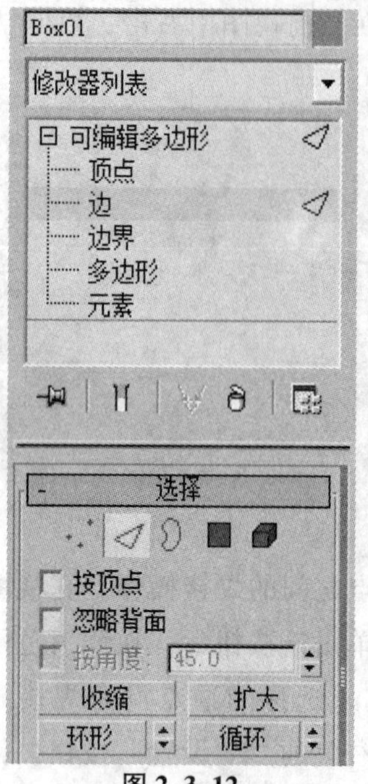


图 2-3-12

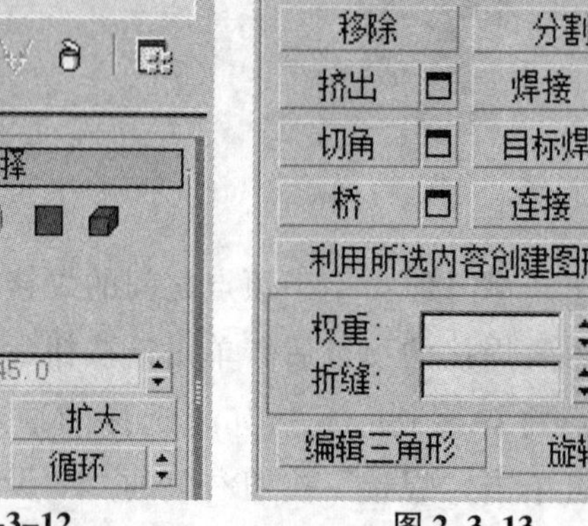


图 2-3-13

（1）“插入顶点”：用于手动细分可视的边。单击该按钮后，在视图中多边形对象的某条边上单击，可添加任意多的点，右击鼠标或再次单击该按钮可结束当前操作。

（2）“移除”：可将所选择的边移除。选择一条或多条边后，单击“移除”按钮，所选的边将被移除。

（3）“分割”：沿着选定边分割网格。该命令只有对分割后的边进行移动时才能看出效果。

（4）“挤出”：单击该按钮后，在视图中通过手动方式对选择边进行挤出操作。该命令与“顶点”次对象层级下的“挤出”命令作用相同，选择边会沿着法线方向在挤出的同时创建出新的多边形表面。

（5）“焊接”：对指定阈值范围内的选择边进行焊接。在视图中选择需要焊接的边后，单击该按钮，在阈值范围内的边会焊接到一起。如果选择的边没有被焊接到一起，可单击右侧的（设置）按钮，在弹出的“焊接设置”对话框中增大阈值继续焊接。

（6）“桥”：可创建新的多边形来连接对象中的两条边或选定的多条边。

（7）“连接”：在选定边对之间创建新边，只能连接同一多边形上的边，连接不会让新的边交叉。如果选择四边形的 4 个边，然后单击“连接”按钮，则只能连接相邻边，生成菱形图案。

3. 编辑“多边形”、“元素”次对象

由于“多边形”和“元素”次对象的编辑命令完全相同，所以在本节中将综合对有关“多边形”、“元素”次对象的编辑命令进行讲解。选择一个多边形对象后，进入“修改”命令面板，在修改堆栈栏列表中展开编辑多边形，选择“多边形”或“元素”选项或在“选择”卷展栏下单击“多边形”或“元素”按钮，即可进入（多边形）或（元素）次对象层级。

如图 2-3-14 所示，当进入“多边形”、“元素”次对象层级后，命令面板中出现的“编辑多边形”和“编辑元素”卷展栏。

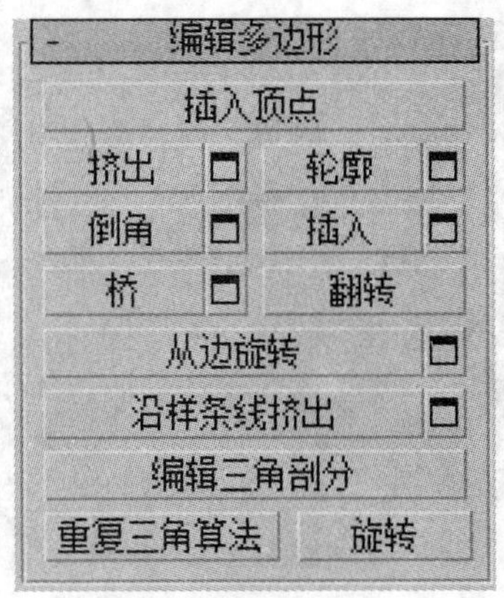


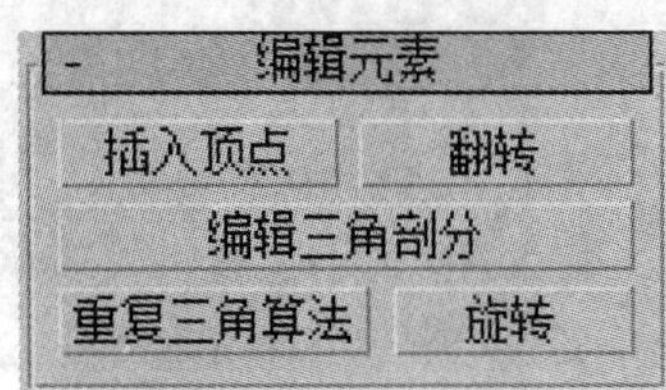


图 2–3–14

以下对这些命令进行介绍：

（1）“挤出”：单击该按钮后，将鼠标指针移至需要挤出的面，单击并拖动鼠标，即可对面执行挤出操作，如图 2–3–15 所示。

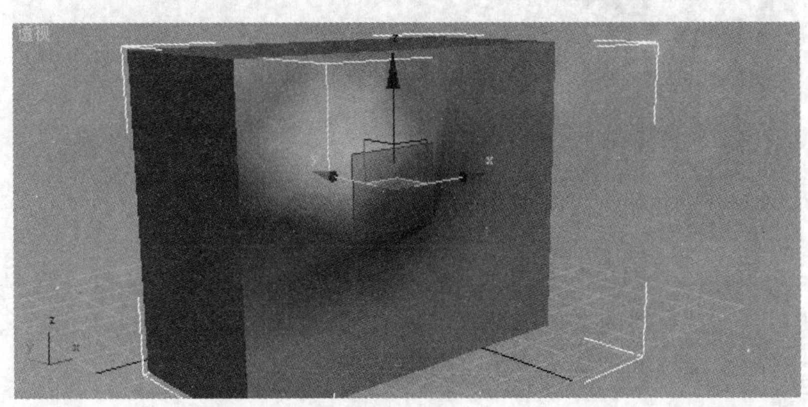

图 2–3–15

同样，如果需要对面进行更为精确的操作，可以选择面后单击“挤出”按钮右侧的“设置”按钮，打开“挤出多边形”对话框，如图 2–3–16 所示。

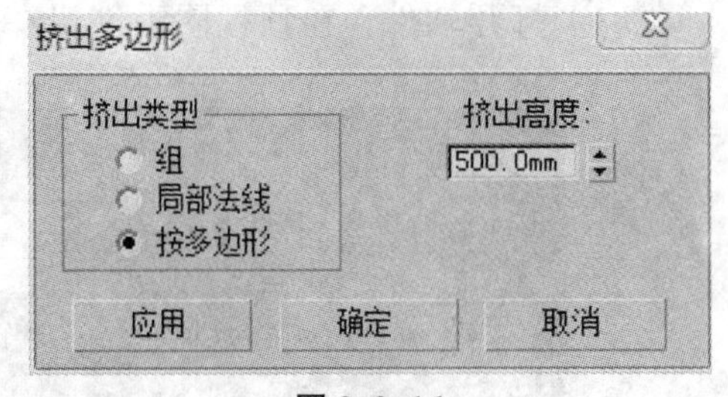


图 2–3–16

（2）“轮廓”：用于增加或减小每组连续的选定多边形的外边。单击该按钮后，将鼠标指针移动至被选择的面，向上拖动鼠标可对所选面的轮廓进行放大，向下拖动鼠标可对所选面的轮廓进行缩小。该命令通常用来调整挤出面的大小，如图 2–3–17 所示。

（3）“倒角”：对选择的多边形进行倒角和轮廓处理。单击该按钮，然后垂直拖动任何多边形，以便将其挤出。松开鼠标，然后垂直向上或向下移动鼠标，设置挤出轮廓的大小，使其向外或者向内进行倒角，完毕后单击鼠标完成操作，如图 2–3–18 所示。

图 2-3-17

图 2-3-18

（4）“插入”：可在选择面的内部插入面，也就是对选择多边形进行了没有高度的倒角操作。单击该按钮后，直接在视图中拖动选择的多边形，将会在所选面的内部插入面。其插入面之前与插入面之后的对比效果如图 2-3-19 所示。

## 四、多边形工具建模实例——餐桌的创建

（1）打开软件，在顶视图中创建一个圆柱体，参数如图 2-3-20 所示。

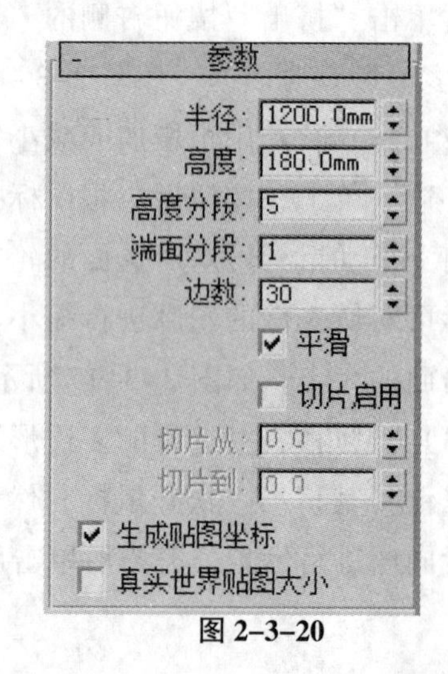

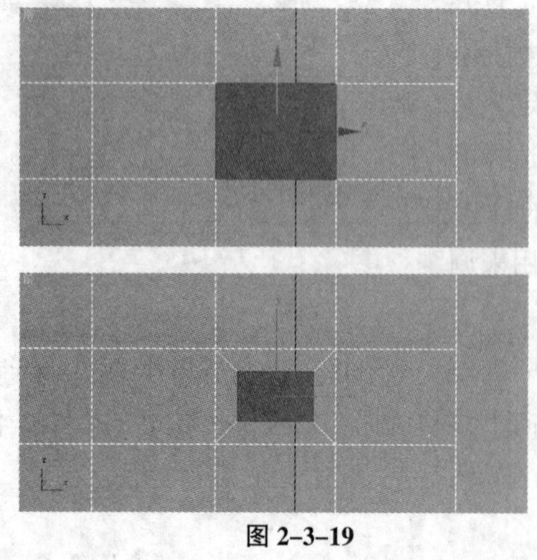

图 2-3-19

- 参数

半径：1200.0mm
高度：180.0mm
高度分段：5
端面分段：1
边数：30
☑ 平滑
☐ 切片启用
切片从：0.0
切片到：0.0
☑ 生成贴图坐标
☐ 真实世界贴图大小

图 2-3-20

（2）选中圆柱体，单击鼠标右键，在弹出的快捷菜单中选择“转换为”→“转换为可编辑多边形”，然后进入“点”次对象，在顶视图选择圆柱体一侧所有的点，利用“选择并移动”工具向外侧拉伸一段距离，如图 2–3–21 所示。

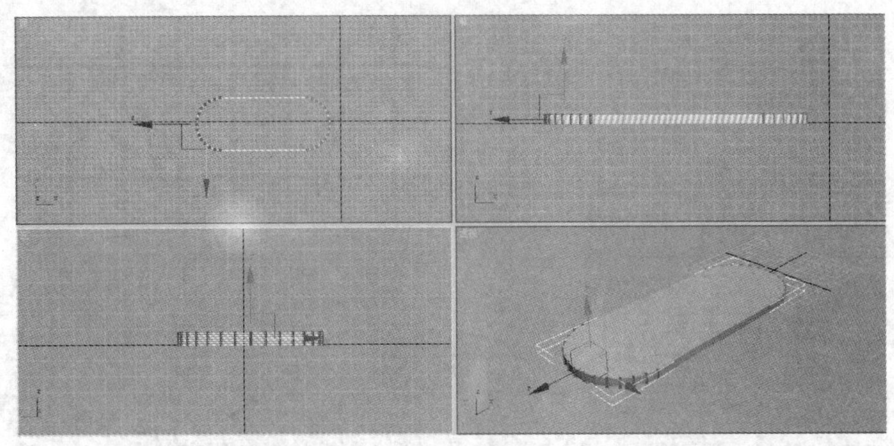

图 2–3–21

（3）退出“点”次对象，进入“多边形”次对象，选择模型的顶面，如图 2–3–22 所示。

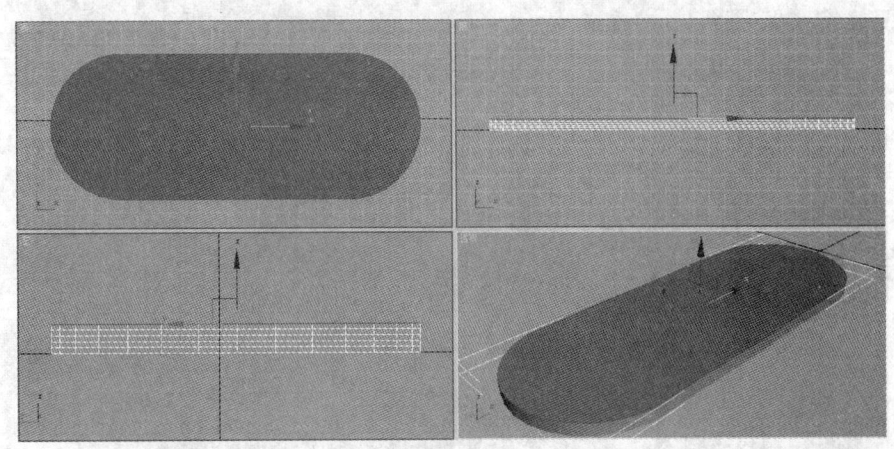

图 2–3–22

（4）对顶面进行“倒角”操作。在“编辑多边形”卷展栏中，单击“倒角”命令右侧的 ◻ 按钮，弹出“倒角多边形”对话框，设置参数如图 2–3–23 所示。单击“确定”，得到桌面的倒角效果，如图 2–3–24 所示。

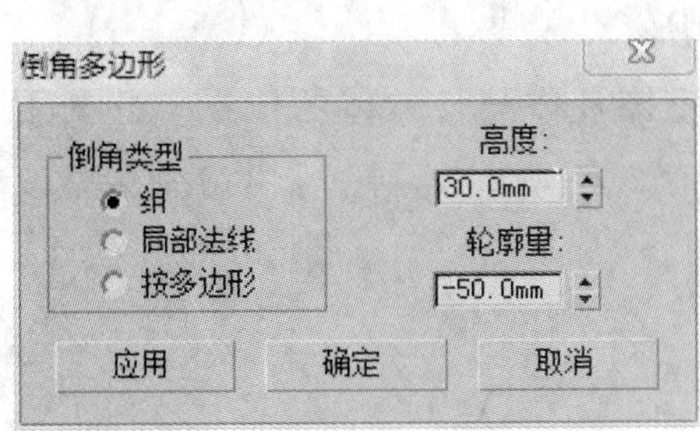


图 2–3–23

图 2–3–24

（5）同样的方法，对模型的底面也进行倒角操作，最终得到餐桌的桌面模型。

（6）在顶视图创建一个长方体，参数如图 2–3–25 所示。利用“对齐”工具，对齐参数如图 2–3–26 所示，调整其与桌面的位置，效果如图 2–3–27 所示。

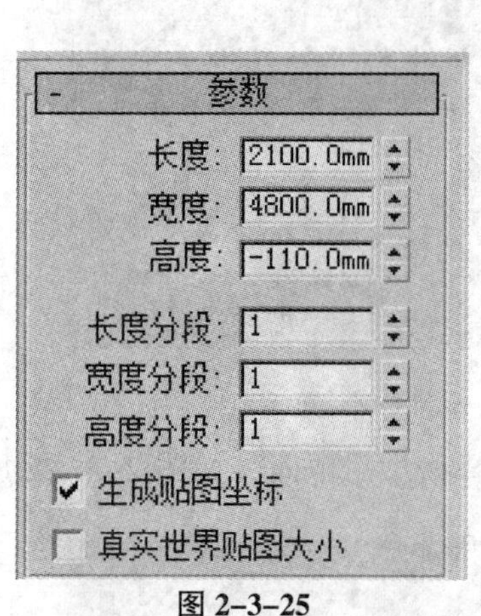


图 2–3–25

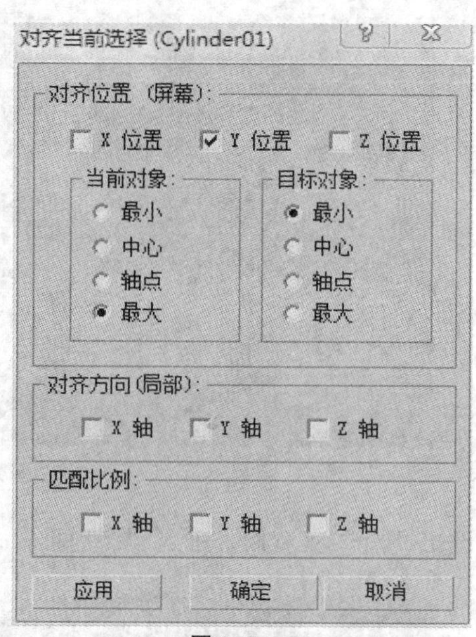


图 2–3–26

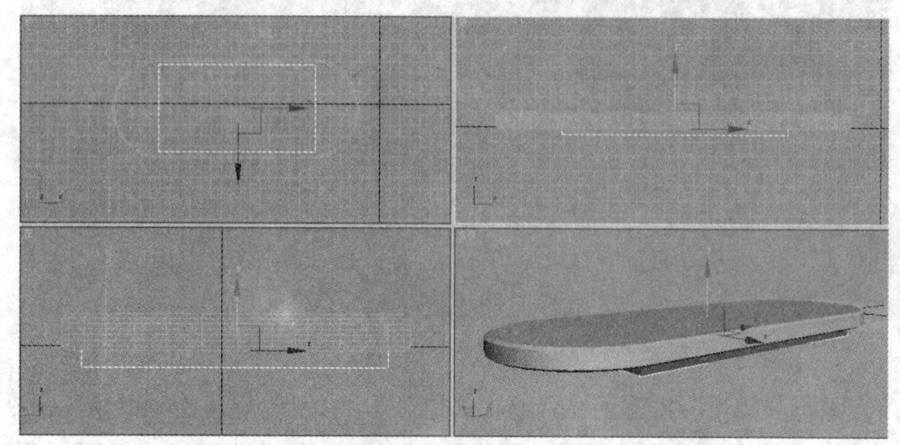

图 2–3–27

（7）在前视图再创建一个圆柱体，参数如图 2–3–28 所示。选中圆柱体，利用“选择并缩放”工具，在左视图中沿 X 轴进行挤压，效果如图 2–3–29 所示。

（8）利用“对齐”工具，参数如图 2–3–30 所示，调整圆柱体与长方体的位置。并利用“选中并移动”工具，按住“Shift”键进行复制，复制模式为“实例”，复制三个并分别调整位置，即可得到餐桌模型，最终效果如图 2–3–31 所示。

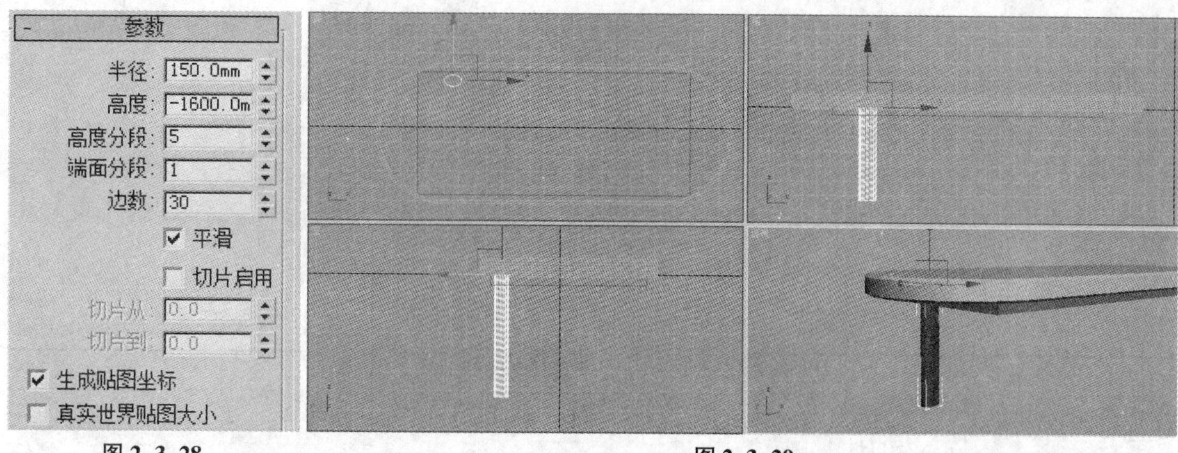


图 2-3-28　　图 2-3-29

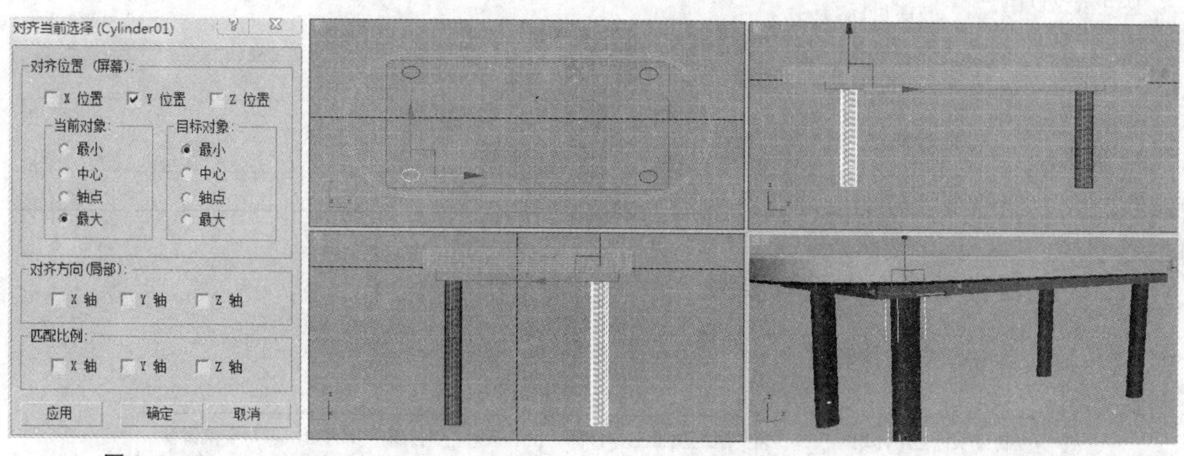


图 2-3-30　　图 2-3-31

# 任务二　会议室模型创建

## 一、项目任务书

| 项目任务名称 | 会议室模型创建 | 项目任务编号 | |
|---|---|---|---|
| 任务完成时间 | | | |
| 任务学习目标 | 1. 认知目标：<br>了解 3Ds Max 软件中创建室内场景的方法<br>2. 技能目标：<br>掌握 3Ds Max 软件中综合利用建模工具创建室内设计场景的方法 | | |
| 任务内容 | 掌握 3Ds Max 软件中综合利用建模工具创建室内设计场景的方法 | | |
| 项目完成验收点 | 能完成会议室模型的创建 | | |
| 完成项目任务情况分析与反思： | | | |

## 二、项目教学实施流程与步骤

### （一）项目教学实施流程

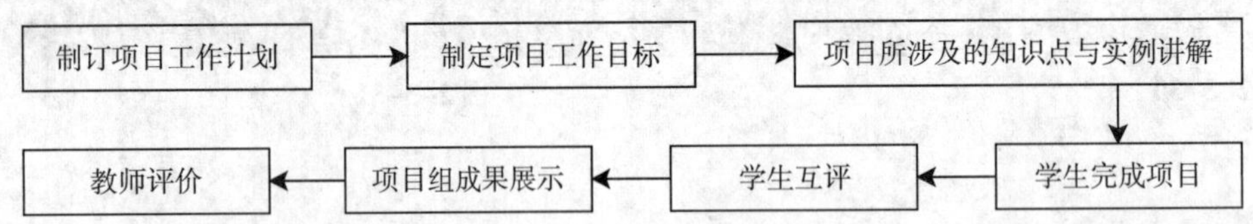


### （二）项目实施步骤及进度

（1）教师讲解项目所涉及的基本知识，并通过实例讲解该任务的实施方法。

（2）学生上机独立完成任务。

（3）学生进行成果展示与汇报。

（4）教师对学生轮流点评并与学生共同给出成绩。

## 三、会议室模型的创建

### （一）设置单位

将系统单位和公制设置为毫米，如图 2-3-32 所示。

### （二）建立平面框架

（1）在顶视图中创建一个 5000 × 8000 × 2800 的长方体，转化为“可编辑多边形”，选中“元素”次对象，点击 翻转 按钮进行翻转。

（2）在“元素”次对象下选中长方体，点击鼠标右键选中“忽略背面”命令，效果如图 2-

3-33 所示。

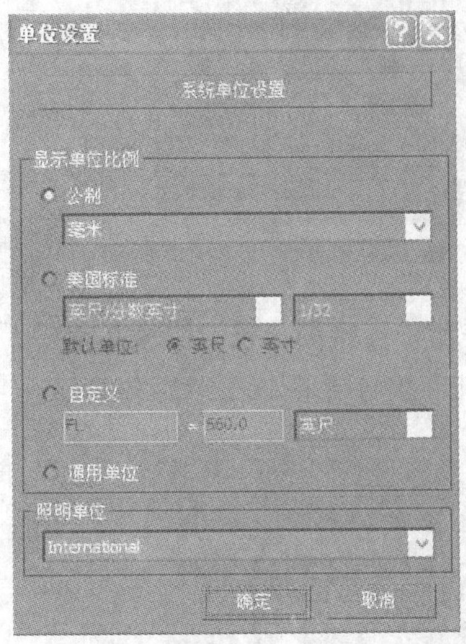


图 2-3-32

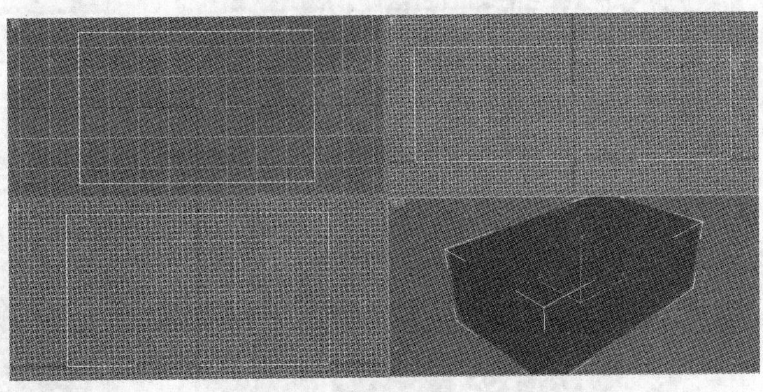

图 2-3-33

（3）进入“多边形”次对象，分别选中长方体的顶面和地面，单击“编辑几何体”卷展栏下的 分离 按钮。将长方体上下面进行分离，分别命名为“天棚”、“地面”，如图 2-3-34 所示。

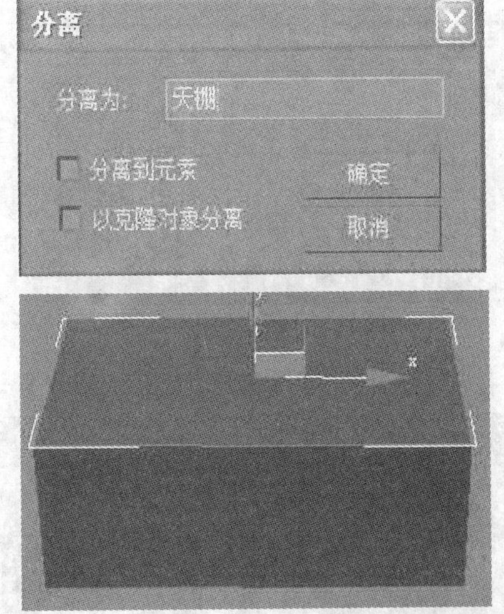


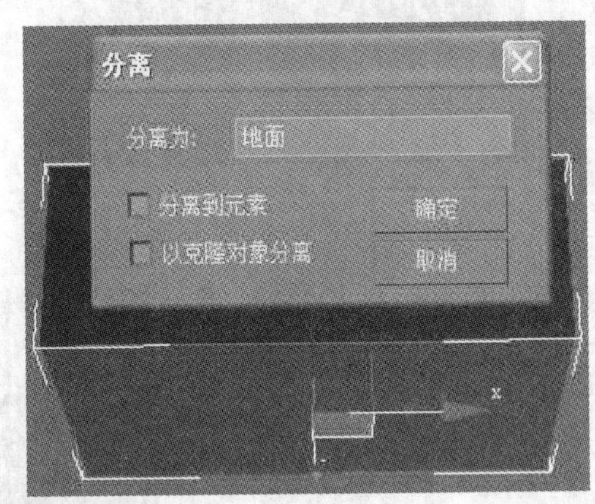


图 2-3-34

（4）退出“多边形”次对象。选择“天棚”，进入“边”次对象。选中“天棚”的两条边，执行“编辑边”卷展栏下“连接边”命令，输入参数如图 2-3-35 所示，其结果如图 2-3-36 所示。

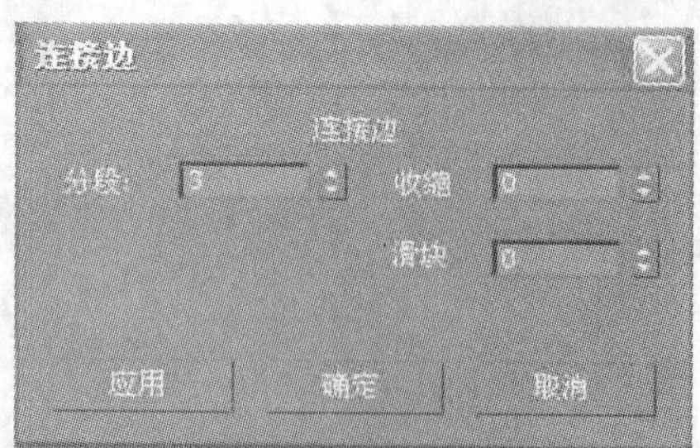


图 2-3-35

图 2-3-36

（5）选择“天棚”横向的 5 条边（原来的 2 条，加上上一步中连接的 3 条，注意必须要 5 条边全部选中才可以继续做连接操作），再次进行连接操作，其参数与结果如图 2-3-37 所示。

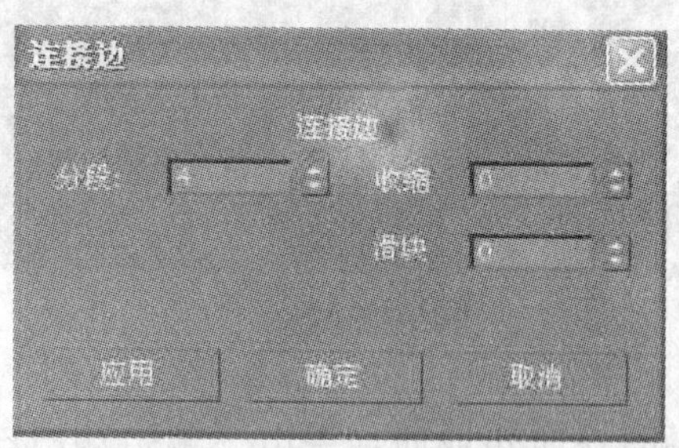


图 2-3-37

（6）选中“天棚”所有的边，执行“编辑边”卷展栏下的“切角边”命令，其参数设置与结果如图 2-3-38 所示。

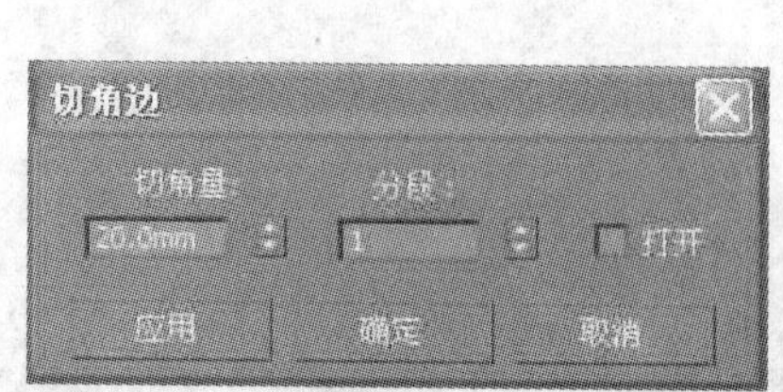


图 2-3-38

（7）在工具栏中打开 按钮，设置捕捉“顶点”，在上一步所分隔出的矩形框中绘制一个“平面”，并利用“选中并移动”工具，按住“Shift”键进行移动复制，复制模式为“实例”，将所有的小方格都用平面填满，并调整其与“天棚”的位置，效果如图 2-3-39 所示。

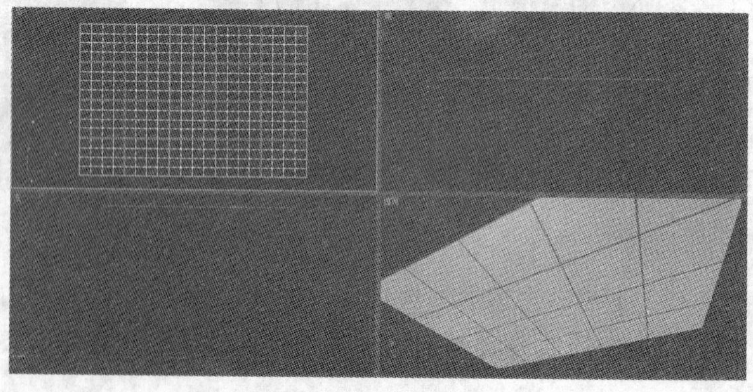

图 2-3-39

（8）打开捕捉，使用矩形工具绘制与顶面相同大小的框线，转换为可编辑样条线，进行“样条线”次对象，选中矩形，执行“轮廓” 轮廓 0.0mm 命令，数量为150。退出“样条线”次对象，执行“挤出”命令，数量为50，得到“吊顶框”，如图2-3-40至图2-3-42所示。

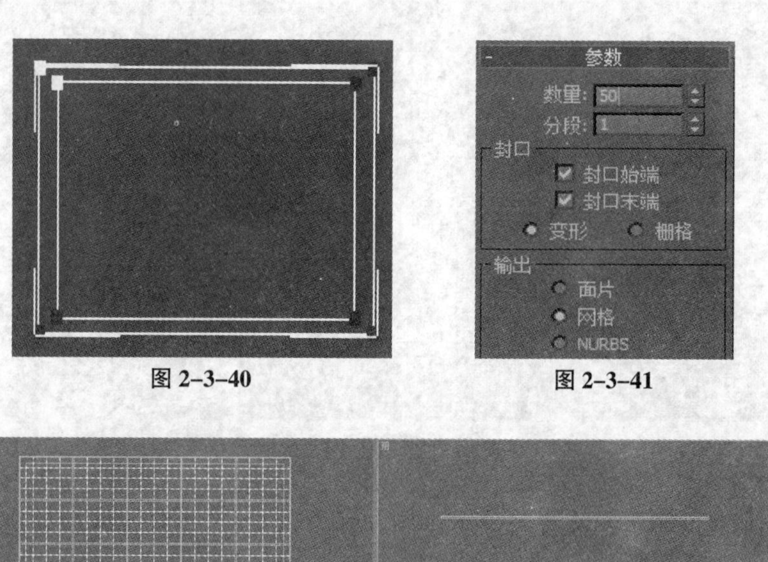


图2-3-40　　图2-3-41

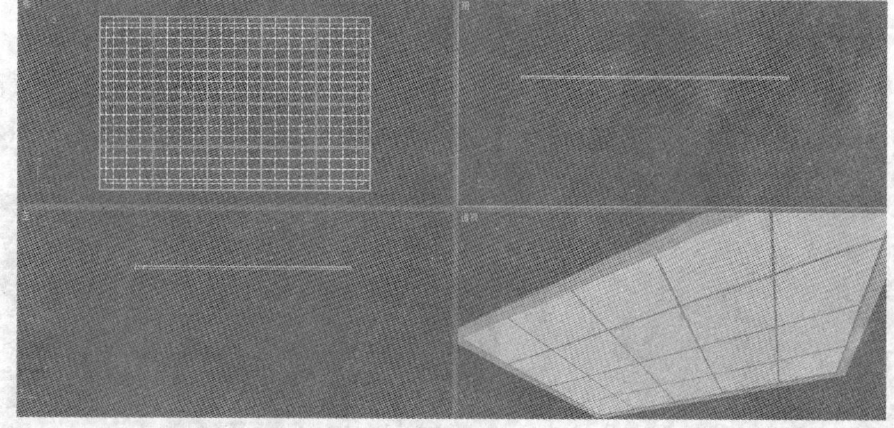

图2-3-42

（9）创建窗子：

a. 选中要编辑窗体的面，使用与第（4）步同样的方法，连接上下两条线，分段为2；再选中新增加的那两条线，再次执行连接命令，分段为2。再进入“多边形”次对象，选中由刚刚新建的四条线围成的多边形，执行“编辑多边形”卷展栏下的挤出命令，挤出高度为-200，再进行分离，得到窗体框架，如图2-3-43所示。

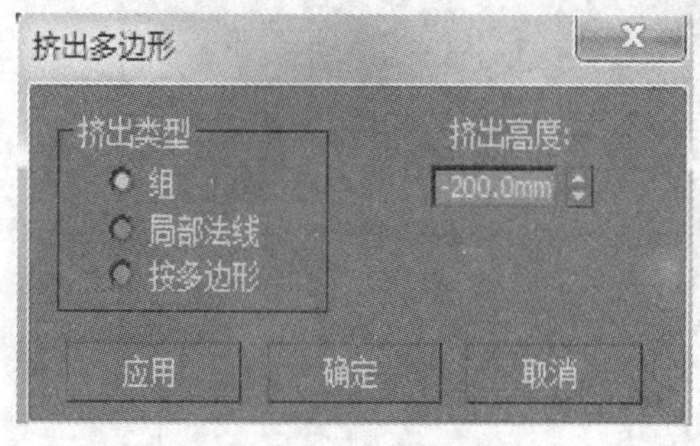


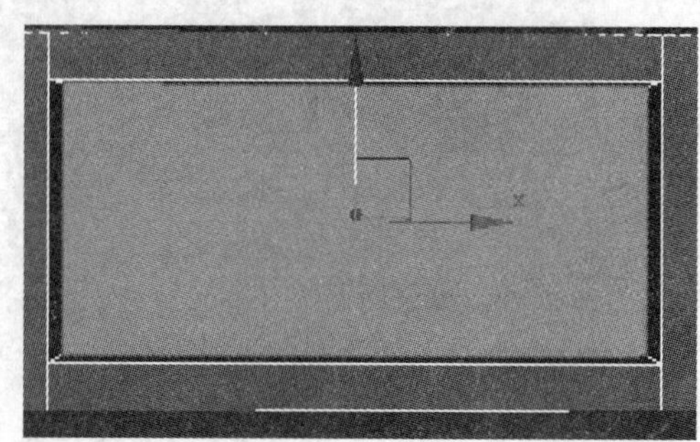

图2-3-43

b. 点击窗体左右两条边，执行连接命令，分段为 1，利用移动工具在视图调整新增边的位置，如图 2-3-44 所示。

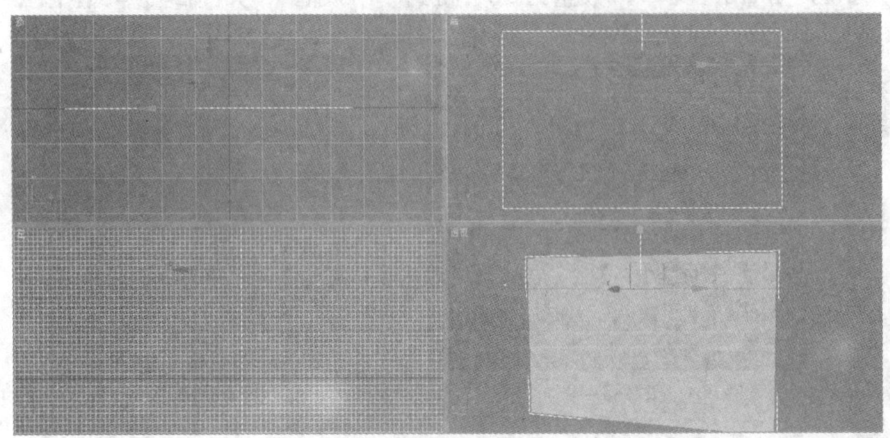

图 2-3-44

c. 选中横向的三条边，再次执行连接命令，分段为 4。点击窗体四周的边，执行切角命令，切角量为 50，点击中间的线，执行切角命令，切角量为 10，如图 2-3-45、图 2-3-46 所示。

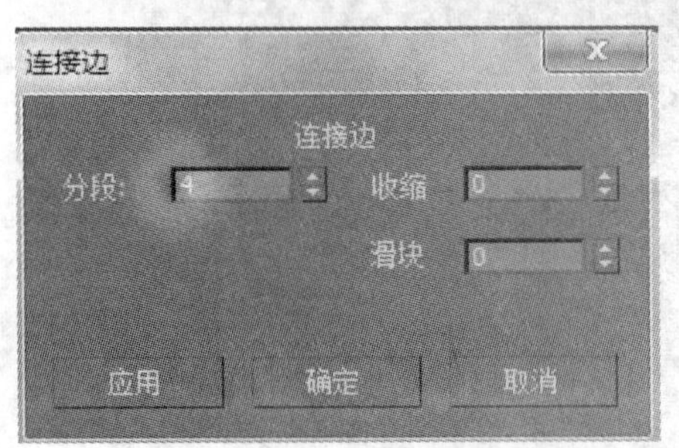


图 2-3-45

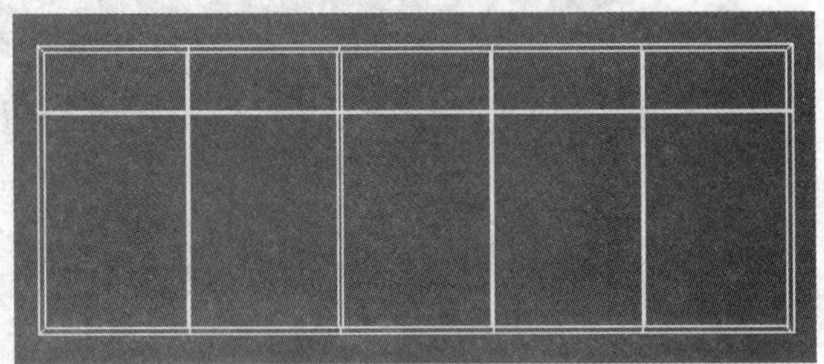

图 2-3-46

d. 进入“多边形”次对象，将窗体中为玻璃的面删除，如图 2-3-47 所示。

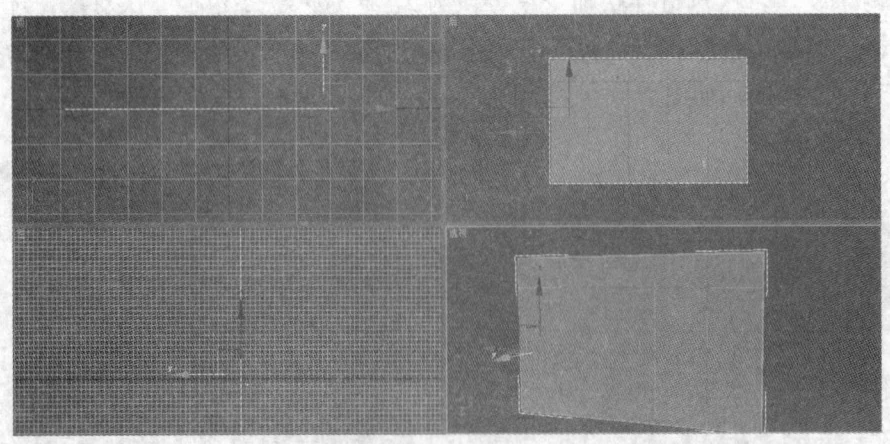

图 2-3-47

（10）在场景中架设一台目标摄像机，调整其位置，如图 2-3-48 所示，渲染后结果如图 2-3-49 所示。

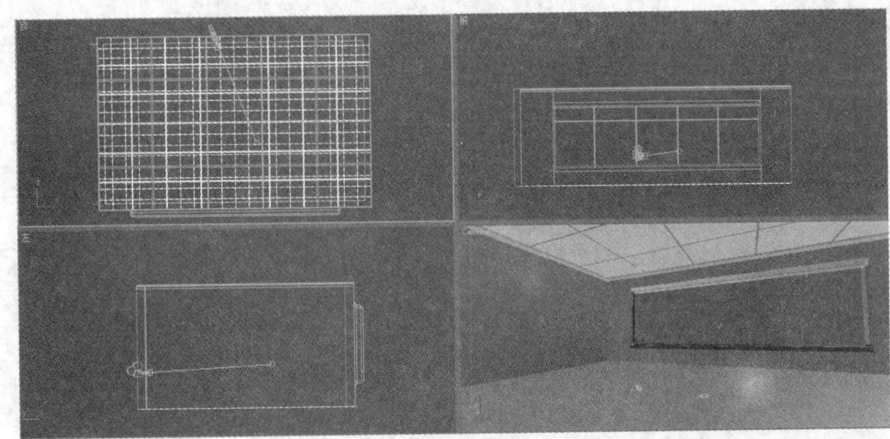

图 2-3-48

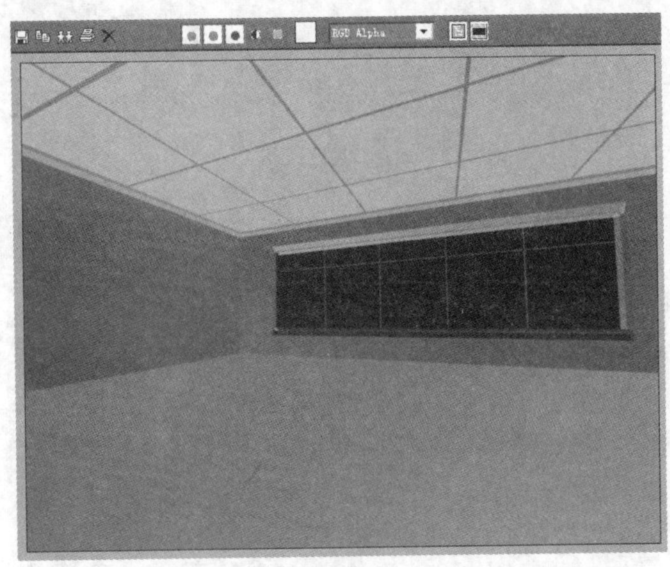

图 2-3-49

（11）至此一个会议室的场景就创建完毕了，在学习了后面的内容之后，我们可以为这个场景合并一些办公用品，再设置材质与贴图，布置灯光，这样就可以得到一张会议室设计效果图了。

# 项目四

# 模型创建实战

## 一、项目任务书

| 项目任务名称 | 模型创建实战 | 项目任务编号 | |
|---|---|---|---|
| 任务完成时间 | | | |
| 任务学习目标 | 1. 认知目标：<br>①理解建模的基本内容<br>②通过实际案例对建模方式进行巩固加强<br>2. 技能目标：<br>掌握 3Ds Max 建模的主要方法 | | |
| 任务内容 | 1. 两室两厅墙体模型创建<br>2. 门窗模型创建<br>3. 各立面空间模型创建<br>4. 家具模型导入与调整<br>5. 摄像机创建与运用 | | |
| 项目完成验收点 | 通过实际案例对建模方式进行巩固加强，掌握 3Ds Max 建模的主要方法 | | |
| 完成项目任务情况分析与反思： | | | |

## 二、项目计划与决策

学生项目组根据项目任务书进行项目实施计划的制订和进行决策。

**项目实施计划书**

| 项目任务与内容 | 学生工作任务 | 教师工作任务 | 实施场所 | 教学时间 | 备注 |
|---|---|---|---|---|---|
| 项目分析及目标、计划制订 | 1. 阅读任务书，理解并明确项目任务<br>2. 复习此次任务中所要用到的以前学过的知识点，为任务的完成打好基础<br>3. 确定项目学习目标，制订项目实施计划 | 1. 布置课题，下发任务<br>2. 复习相关知识 | 机房 | 10 分钟 | |
| 3Ds Max 建模方式的讲解 | 1. 基本知识<br>2. 相关参数 | 多媒体演示教学讲解摄像机的基本知识和相关参数的意义 | 机房 | 20 分钟 | |

续表

| 项目任务与内容 | 学生工作任务 | 教师工作任务 | 实施场所 | 教学时间 | 备注 |
|---|---|---|---|---|---|
| 3Ds Max 建模方式的应用 | 1. 两室两厅墙体模型创建<br>2. 门窗模型创建<br>3. 各立面空间模型创建<br>4. 家具模型导入与调整<br>5. 摄像机创建与运用 | 以两室两厅室内空间的创建为实例讲解 | 机房 | 20 分钟 | |
| 学生上机实训，完成任务 | 按要求完成任务目标 | 给学生解惑答疑 | | 25 分钟 | |
| 学生互评 | 成果展示，学生相互评价，总结项目实施成果，给出评定成绩 | 1. 给学生解惑答疑<br>2. 组织管理好纪律 | 机房 | 8 分钟 | |
| 教师讲评 | 根据教师的讲评进行项目实施反思 | 1. 选取部分学生作品进行评价<br>2. 找出问题，进行归纳，如何做得更好<br>3. 成果归档 | | 7 分钟 | |
| 合计 | | | | 90 分钟 | |

## 三、项目教学实施流程与步骤

### （一）项目教学实施流程

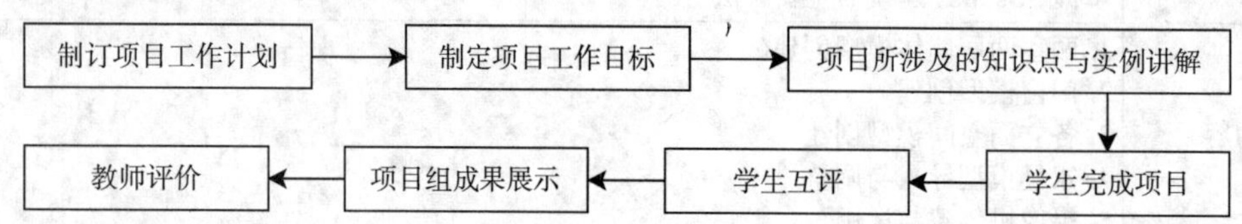


### （二）项目实施步骤及进度

（1）教师讲解项目所涉及的基本知识，并通过实例讲解该任务的实施方法。

（2）学生上机独立完成任务。

（3）学生进行成果展示与汇报。

（4）教师对学生轮流点评并与学生共同给出成绩。

## 四、模型创建实战

### （一）两室两厅墙体模型创建

（1）启动 3Ds Max 软件，将单位设置为毫米。

（2）导入 AutoCAD 文件。

a. 单击菜单栏中的“文件”/“导入”命令，弹出“选择要导入的文件”对话框，在“文件类型”右侧下拉列表框中选择 AutoCAD 图形（*DWG，*DXF）格式，在列表框中选择对应的 AutoCAD 文件，单击 打开(O) 按钮，如图 2-4-1 所示。

b. 在弹出的“AutoCAD DWG/DXF 导入选项”对话框中单击 确定 按钮，如图 2-4-2 所示。

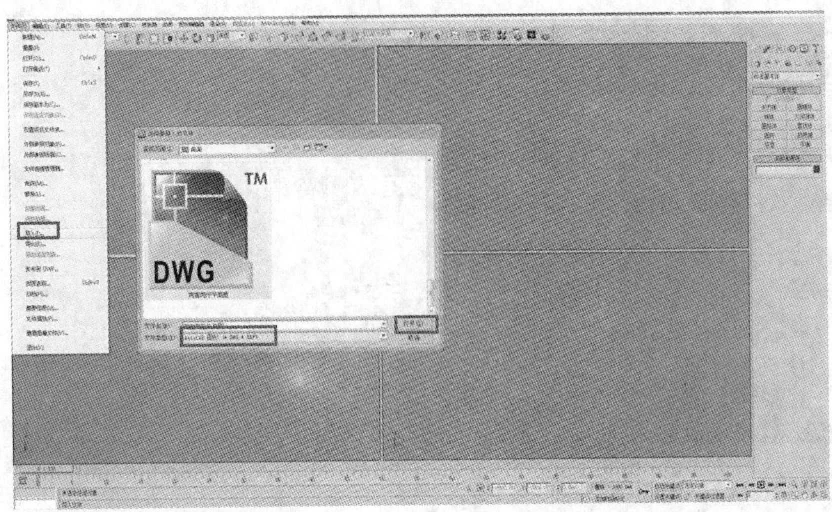

图 2–4–1

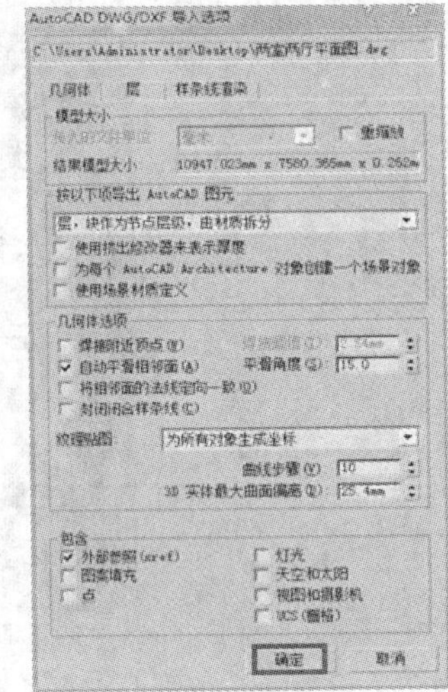

图 2–4–2

c. 选择导入的 CAD 文件，将其移动到原点“0，0”的位置。如图 2–4–3 所示。

d. 选择 CAD 文件，右击鼠标，在弹出的对话框中选择“冻结当前选择”命令，如图 2–4–4 所示。

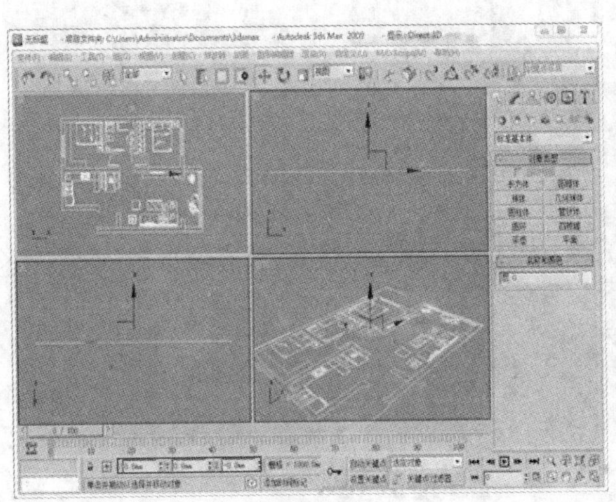

图 2–4–3

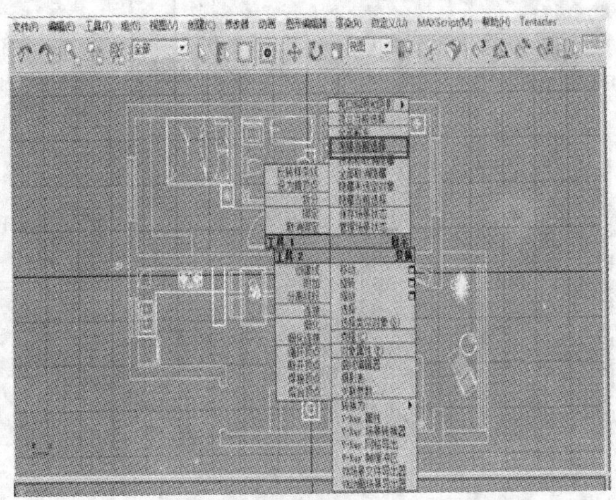

图 2–4–4

e. 单击菜单栏中的“自定义”/“自定义用户界面”命令，在弹出的“自定义用户界面”对话框中选择“颜色”选项卡，在“元素”右侧的下拉列表中选择“几何体”，在下面的列表框中选择“冻结”选项，单击颜色右边的色块，在弹出的“颜色选择器”中调整便于观察的颜色，单击 立即应用颜色 按钮，如图 2–4–5 所示。

f. 右击 2.5（2.5 维捕捉）按钮，在弹出的“栅格和捕捉设置”对话框中设置“捕捉”及“选项”选项卡参数，如图 2–4–6 所示。

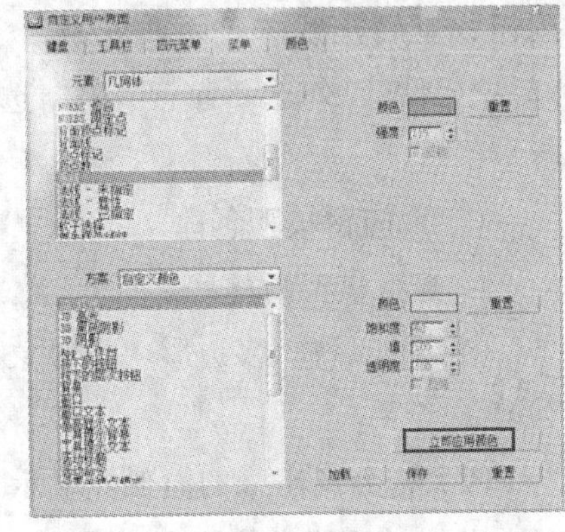

图 2–4–5

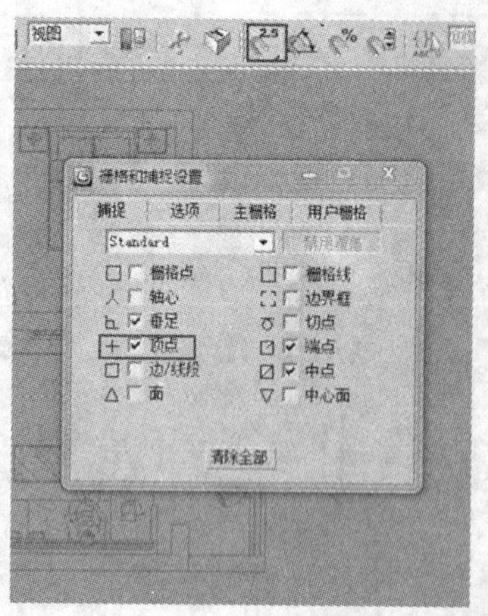


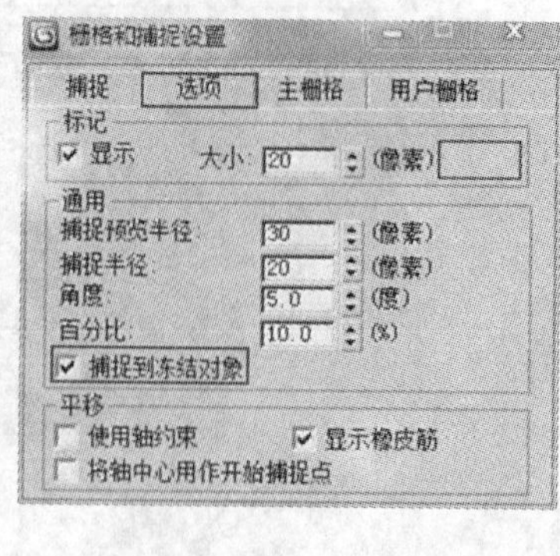


图 2–4–6

g. 单击（创建）/（图形）/ 线 按钮，在顶视图绘制墙体内部封闭图形，如图 2–4–7 所示。

h. 为所绘制图形执行“挤出”命令，“数量”设置为 2650。如图 2–4–8 所示。

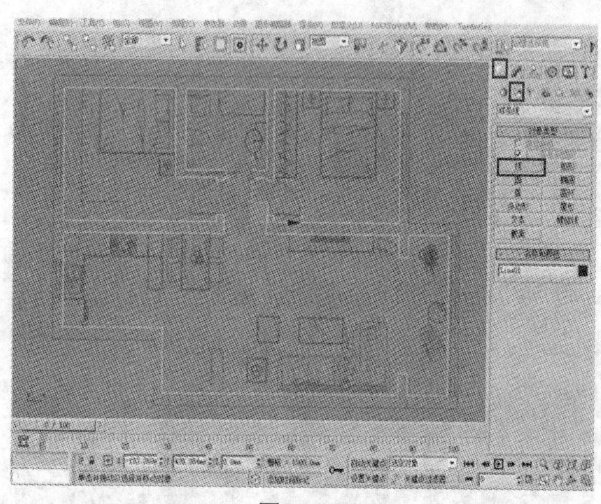

图 2–4–7

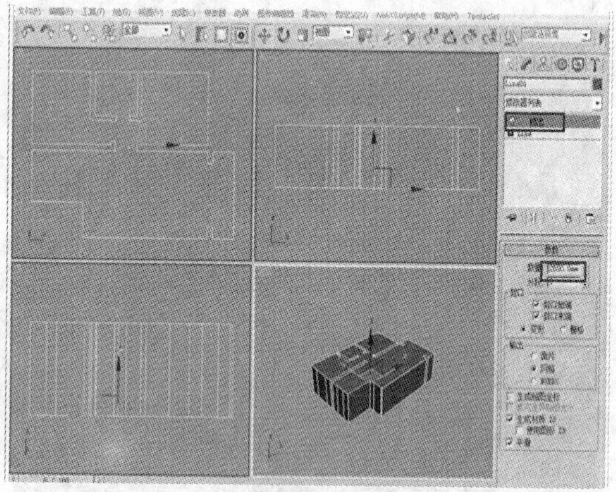

图 2–4–8

i. 将几何体转换为可编辑多边形，进入（元素）子对象层级，选择几何体，单击 翻转 按钮，翻转法线。关闭“元素”子对象层级，选择几何体，右击鼠标，在弹出的菜单中选择“对象属性”，勾选“背面消隐”选项，进入多边形子对象层级，勾选“忽略背面”，如图 2–4–9 所示。

（二）门窗模型创建

1. 窗框模型创建

（1）进入（多边形）子对象层级，在透视图中选择阳台的墙面，将其分离，如图 2–4–10 所示。

（2）将分离出来的面孤立显示，进入（边）子对象层级，选择垂直的两条边，右击鼠标，在弹出的对话框中选择连接按钮，设置分段数为 2，如图 2–4–11 所示。

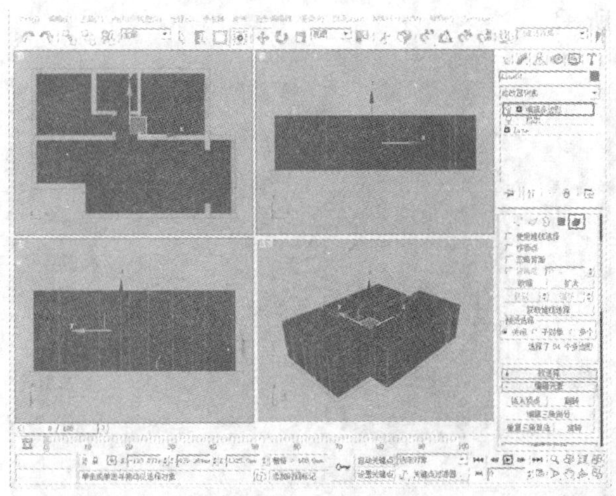
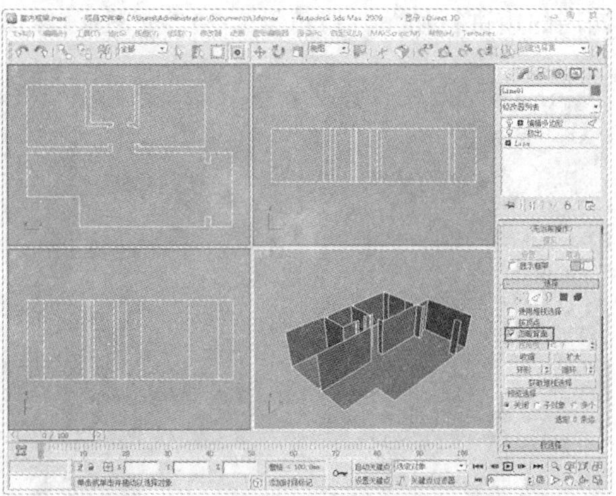

图 2-4-9

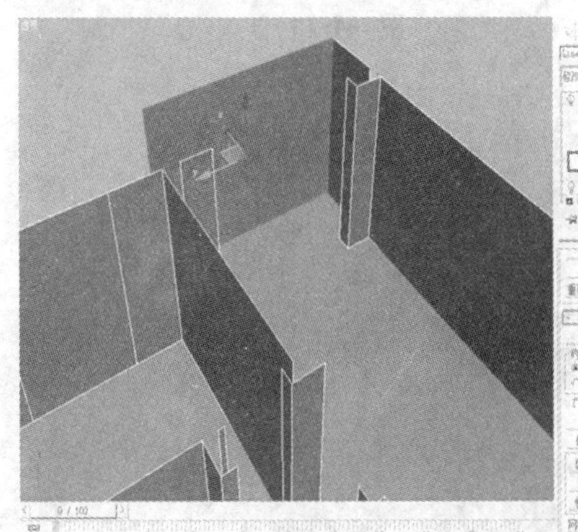

图 2-4-10

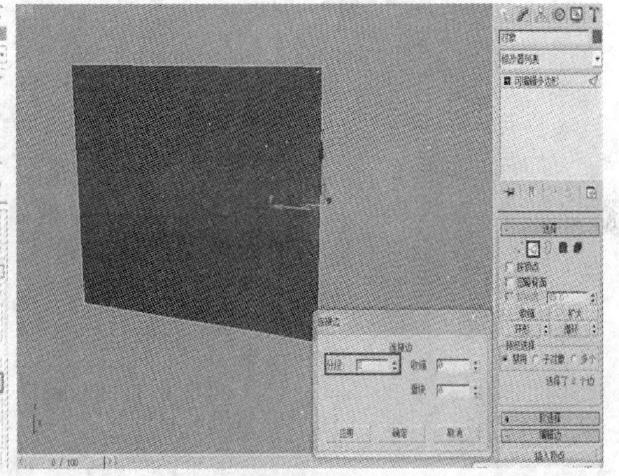

图 2-4-11

（3）进入■（多边形）子对象层级，选择中间的面，右击鼠标，在弹出的对话框中选择挤出按钮，将挤出高度设置为 240，如图 2-4-12 所示。

（4）进入∴（顶点）子对象层级，在前视图中选择上面一排顶点，右击“选择并移动”按钮，在弹出的对话框中设置“绝对：世界”选项组下 Z 的数值为 2400，下方顶点高度为 620，如图 2-4-13 所示。

（5）进入■（多边形）子对象层级，将挤出的面分离，制作窗框，如图 2-4-14 所示。

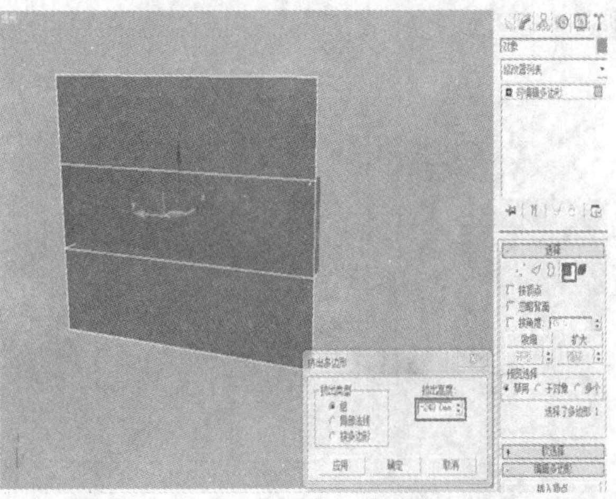

图 2-4-12

（6）进入◁（边）子对象层级，水平增加一条边，垂直方向增加三条边，如图 2-4-15 所示。

（7）选择增加的段数，右击鼠标，选择“切角”按钮，设置切角量为 30。用同样的方式将四周的边进行切角，切角量为 70，如图 2-4-16 所示。

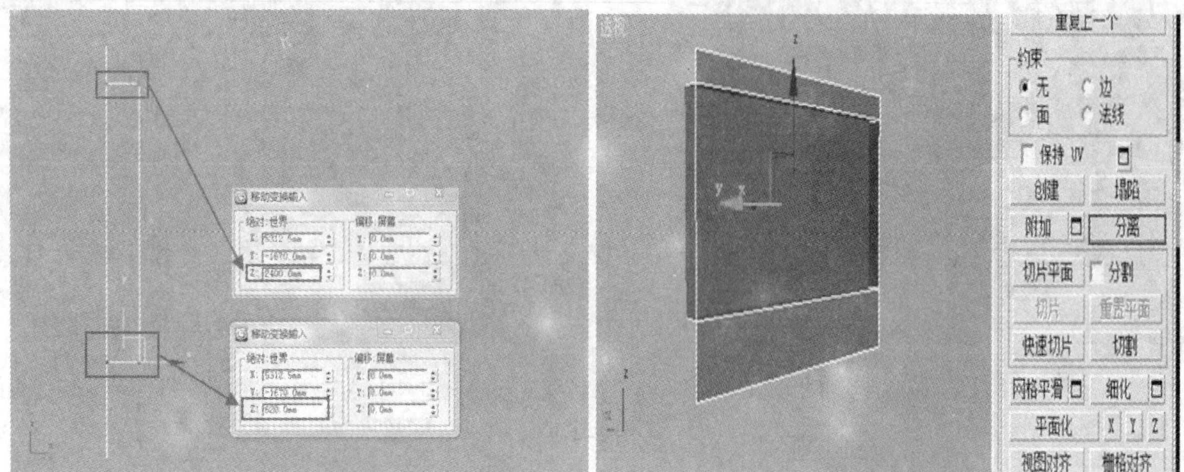


图 2-4-13　　　　　　　　图 2-4-14

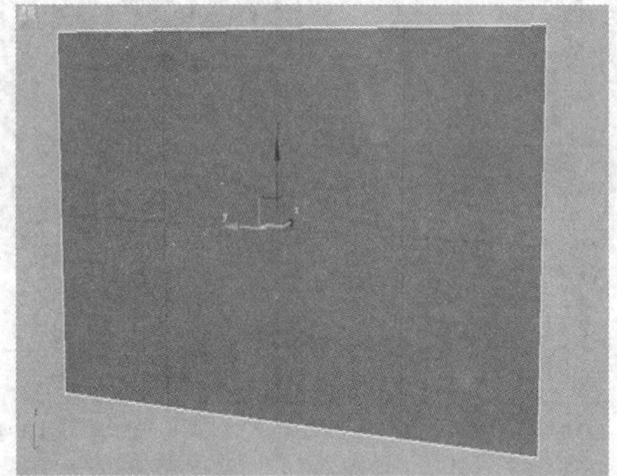

图 2-4-15

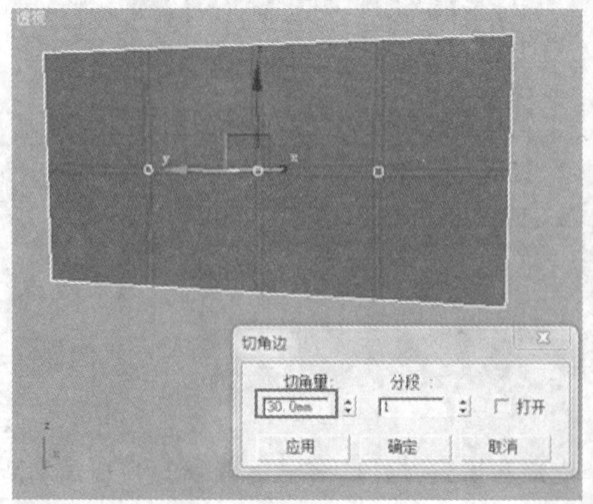


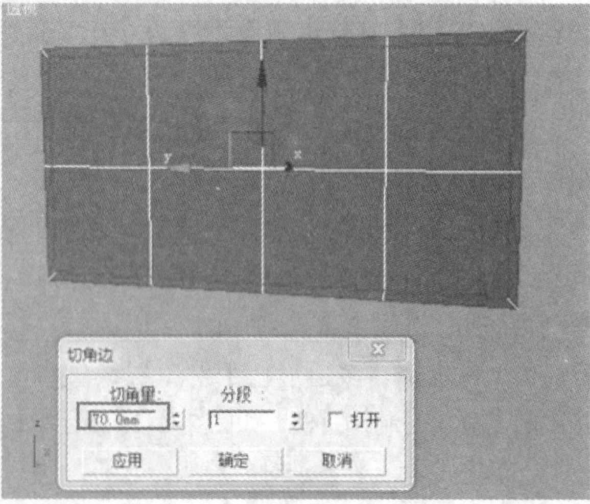


图 2-4-16

（8）进入（多边形）子对象层级，选择中间的 8 个面，执行“挤出”命令，挤出高度为 -60，将挤出的面删除。进入（点）子对象层级，选择中间一排所有点，移动其位置，如图 2-4-17 所示。

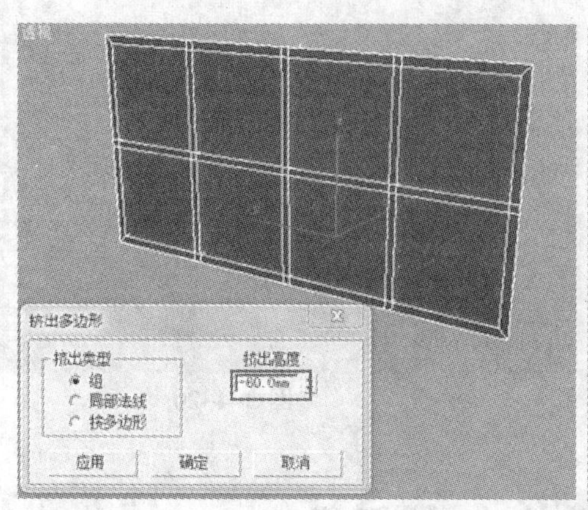


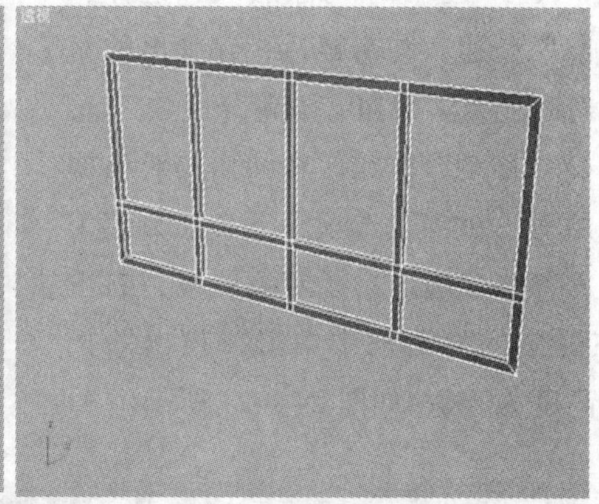

图 2-4-17

（9）关闭孤立显示对话框，将窗框移动到适当的位置，如图 2-4-18 所示。

（10）进入（边）子对象层级，选择阳台墙体垂直方向的两条边，右击鼠标，单击（连接）按钮，设置分段数为 1，将“绝对：世界”的 Z 轴高度设置为 2400。进入（多边形）子对象层级，执行挤出命令，再进入（顶点）子对象层级，单击（2.5 维捕捉）开关，将其捕捉到合适的位置，如图 2-4-19 所示。

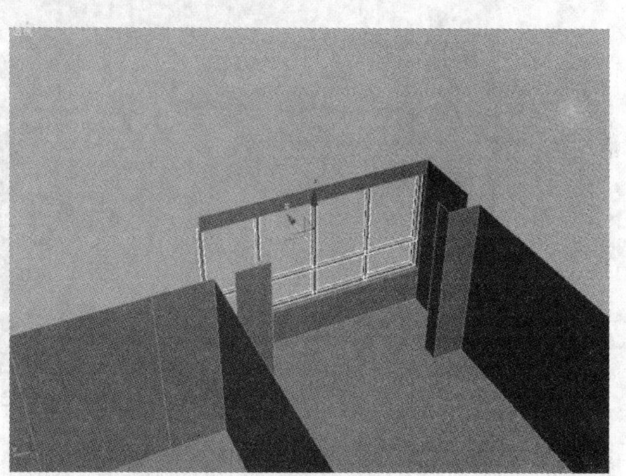

图 2-4-18

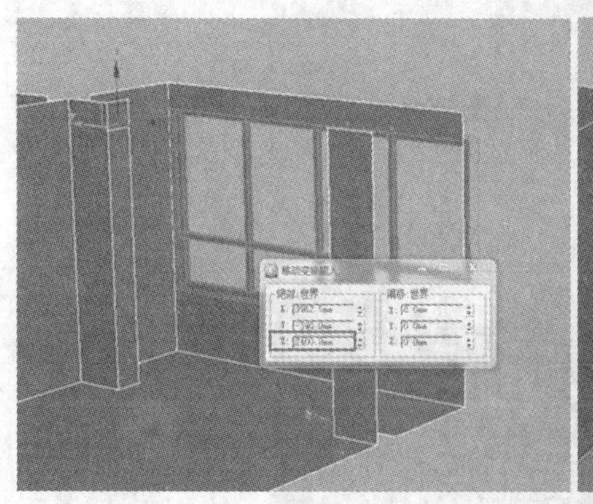

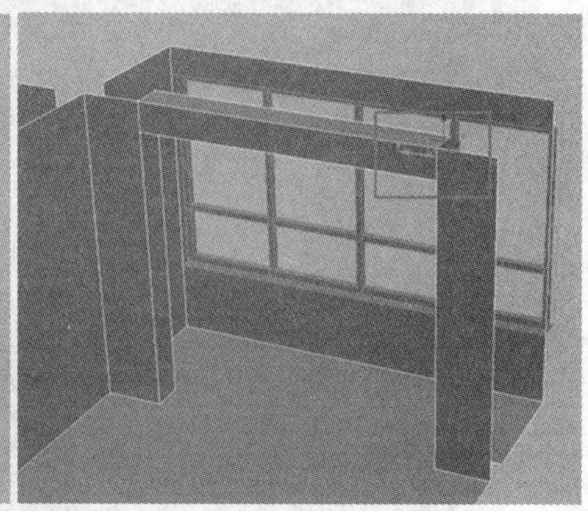

图 2-4-19

（11）用同样的方式制作出厨房窗框，如图 2-4-20 所示。

图 2-4-20

2. 门模型创建

（1）进入 (边) 子对象层级，选择入口垂直方向两条边，右击鼠标，在弹出的对话框中单击“连接”按钮，设置分段数为 1，右击“选择并移动”按钮，在弹出的对话框中设置“绝对：世界”选项组下 Z 的数值为 2400，进入 (多边形) 子对象层级，右击鼠标，在弹出的对话框中单击“挤出”按钮，挤出高度为-60，如图 2-4-21 所示。

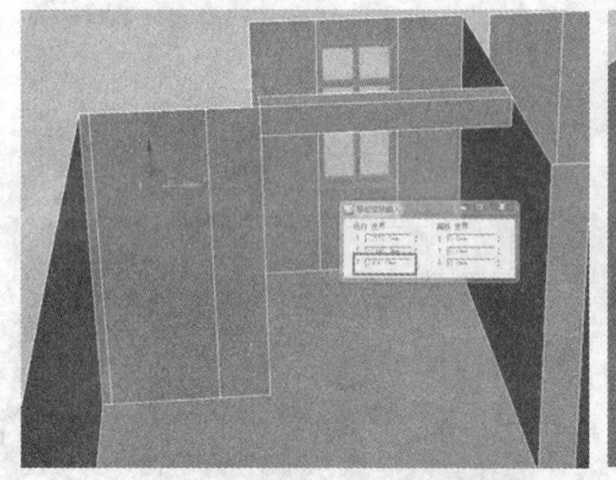

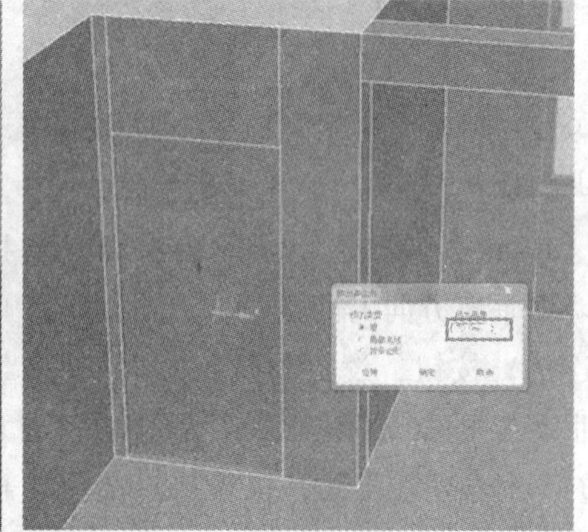

图 2-4-21

（2）在顶视图用“线”命令绘制图形，如图 2-4-22 所示。

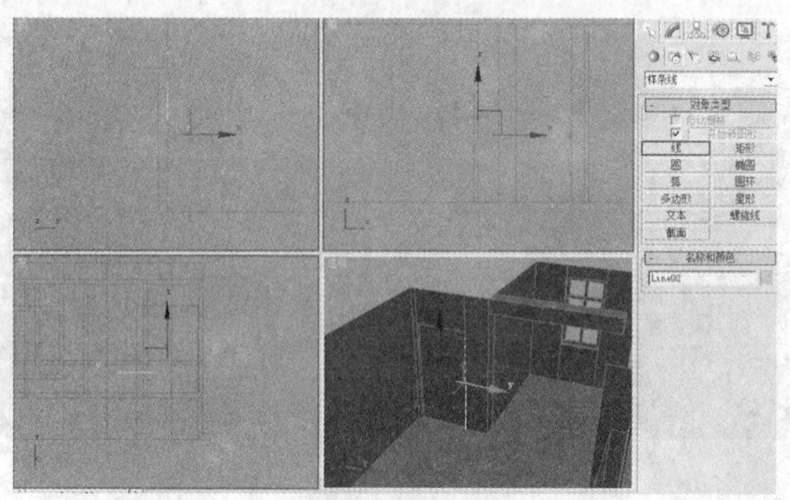

图 2-4-22

（3）进入（样条线）子对象层级，点击所绘制的线段，设置轮廓量为 60，如图 2-4-23 所示。

（4）关闭“样条线”子对象层级，为图形增加“挤出”命令，挤出数量为 10，如图 2-4-24 所示。

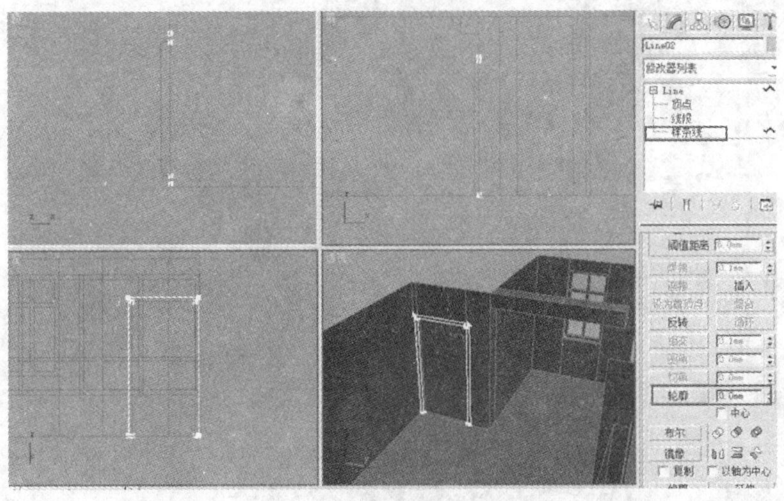

图 2-4-23

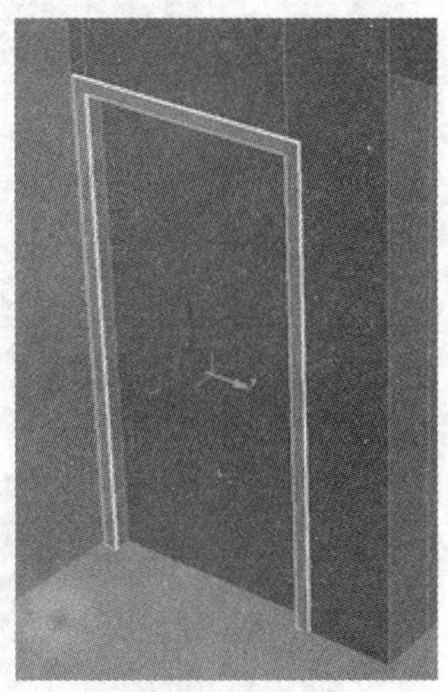

图 2-4-24

（5）复制绘制的门套，将其放置适合位置。如图 2-4-25 所示。

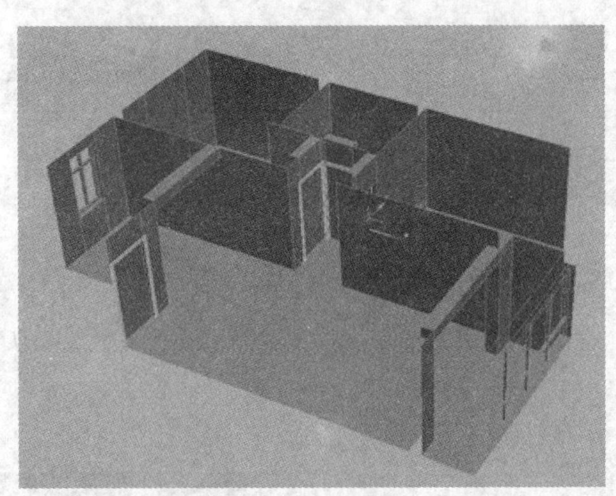

图 2-4-25

（6）用同样的方式绘制出吊顶，将其位置移动到合适的高度，如图 2-4-26 所示。

（7）选择吊顶，为其增加“编辑多边形”命令，修改其形状，如图 2-4-27 所示。

（8）选择墙体，进入（多边形）子对象层级，选中所有多边形，单击切片平面，右击“选择并移动”按钮，在弹出的对话框中设置“绝对：世界”选项组下 Z 的数值为 100，单击切片。选择相应多边形，右击鼠标，在弹出的对话框中单击“挤出”按钮，设置挤出高度为 10，如图 2-4-28 所示。

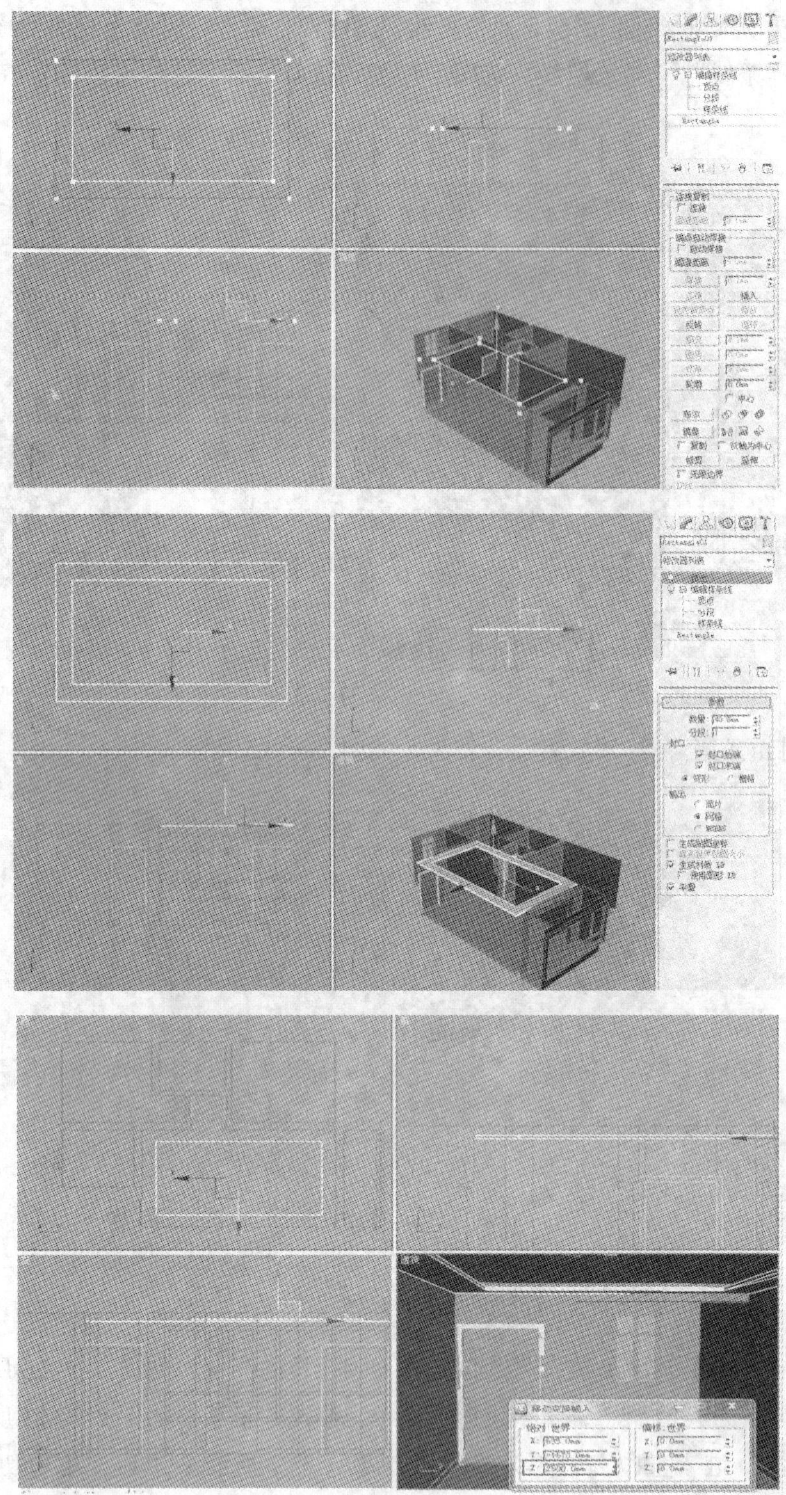

图 2-4-26

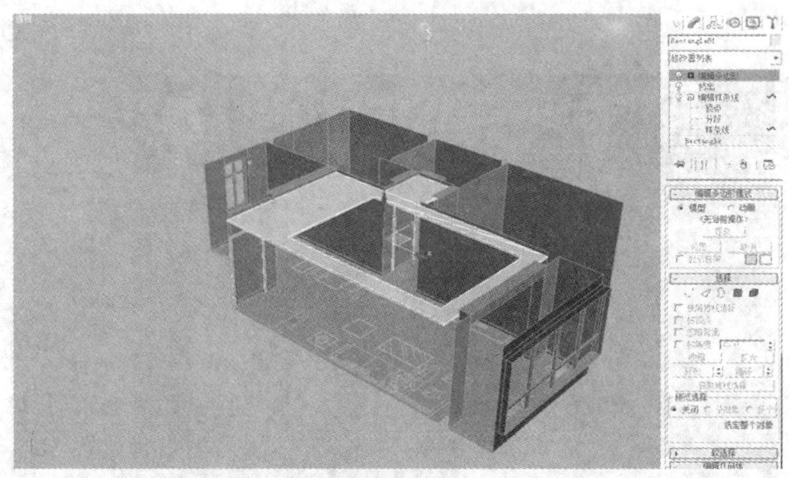

图 2-4-27

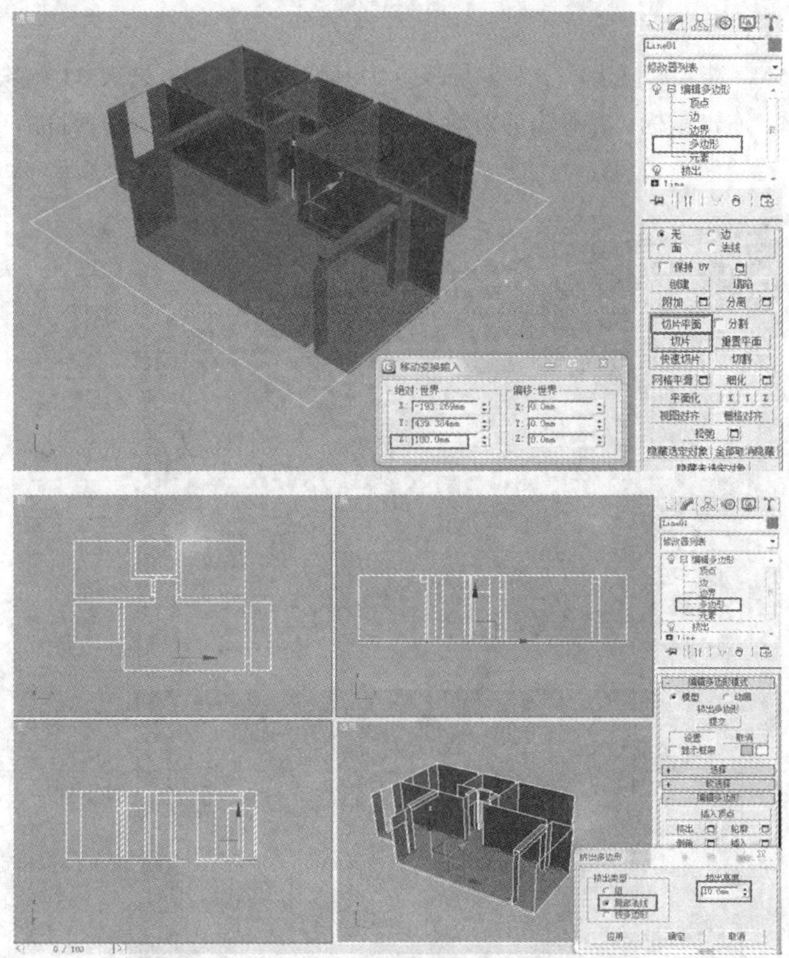

图 2-4-28

（三）各立面空间模型创建

（1）选择厨房梁，进入 ◁（边）子对象层级，为其增加 1 条边，进入 ■（多边形）子对象层级，选择多边形，右击鼠标，在弹出的对话框中单击“挤出”按钮，设置挤出高度为 2400，如图 2-4-29 所示。

图 2-4-29

（2）选择墙体，进入 ◁（边）子对象层级，为其增加 1 条边，进入 ■（多边形）子对象层级，选择多边形，右击鼠标，在弹出的对话框中单击“挤出”按钮，设置挤出高度为 10，如图 2-4-30 所示。

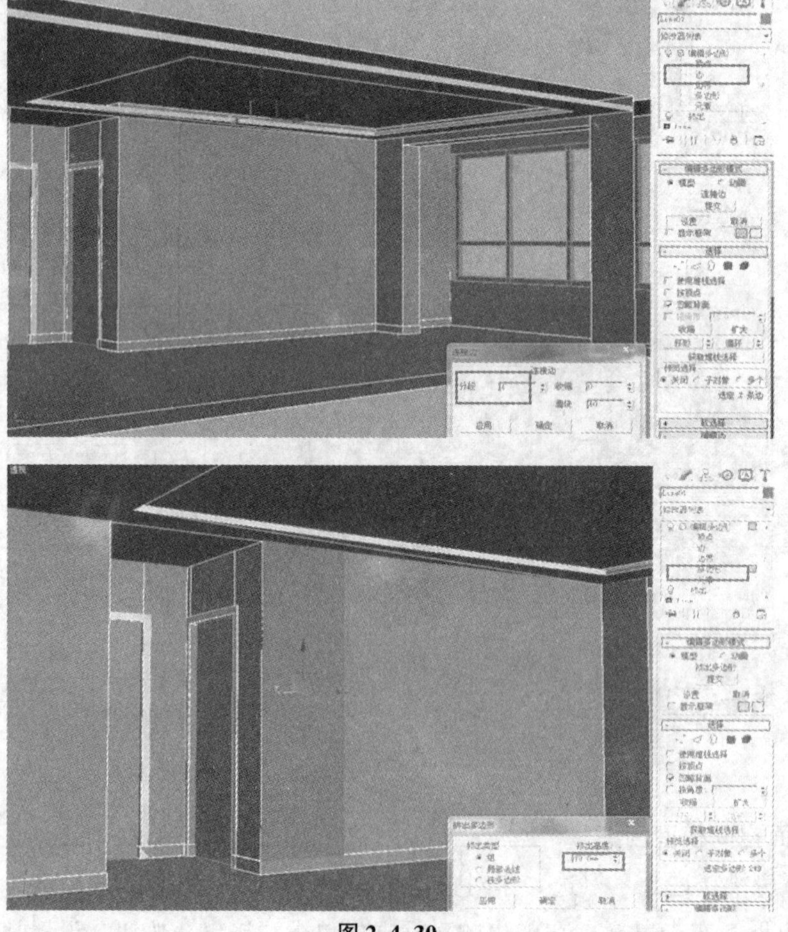

图 2-4-30

（3）选择墙体，进入 ◁（边）子对象层级，为其增加 8 条边，右击鼠标，在弹出的对话框中单击“切角”按钮，设置切角量为 40，如图 2-4-31 所示。

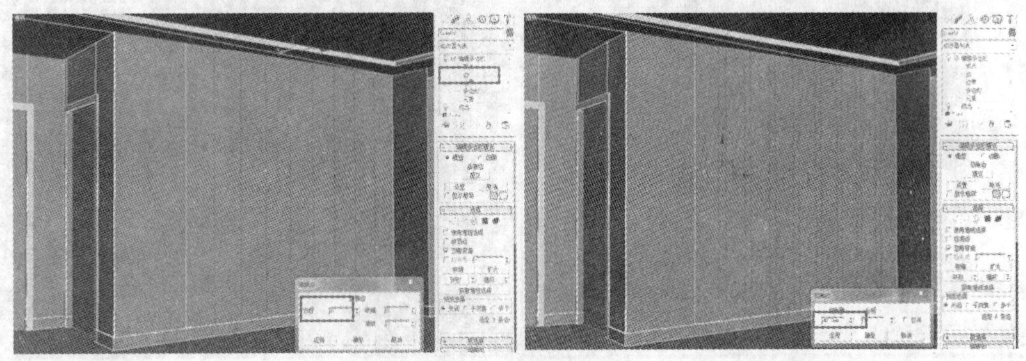

图 2-4-31

（4）进入 ■（多边形）子对象层级，选择相应的多边形，右击鼠标，在弹出的对话框中单击“挤出”按钮，设置挤出高度为 20，如图 2-4-32 所示。

图 2-4-32

（四）家具模型导入与调整

单击菜单栏中的“文件”/“合并”命令，在弹出的“合并文件”对话框中选择对应的文件，单击按钮。移动家具到合适位置，如图 2-4-33 所示。

（五）摄影机创建与运用

（1）单击“创建”命令面板中的 （摄影机）按钮，在顶视图拖动鼠标创建目标摄影机。在前视图将摄影机移动到高度 1300 左右。激活透视图，按下 C 键，将透视图转换成摄影机视图，如图 2-4-34 所示。

（2）修改“镜头”为 20mm，调整摄影机角度到合适位置，如图 2-4-35 所示。

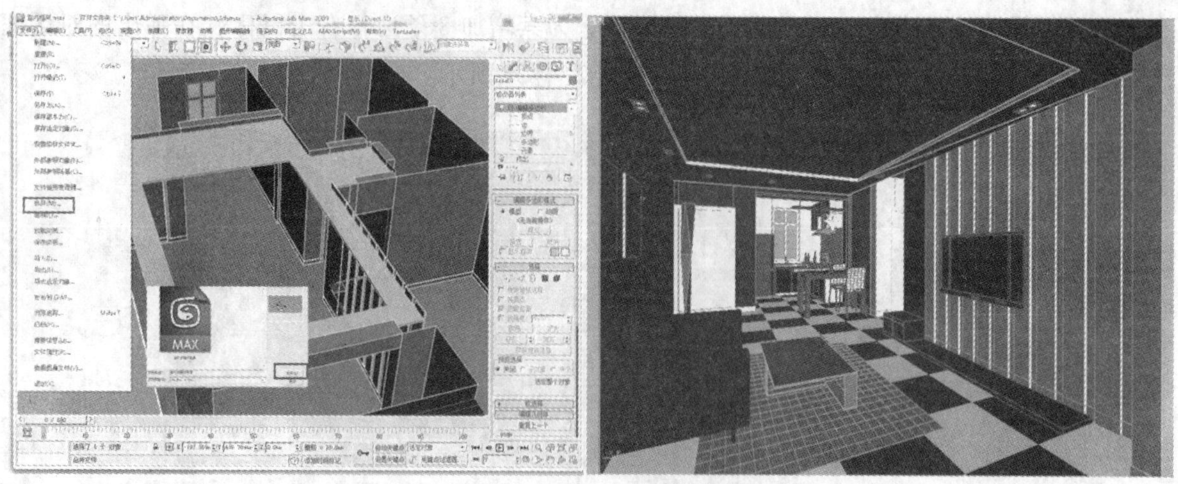

图 2-4-33

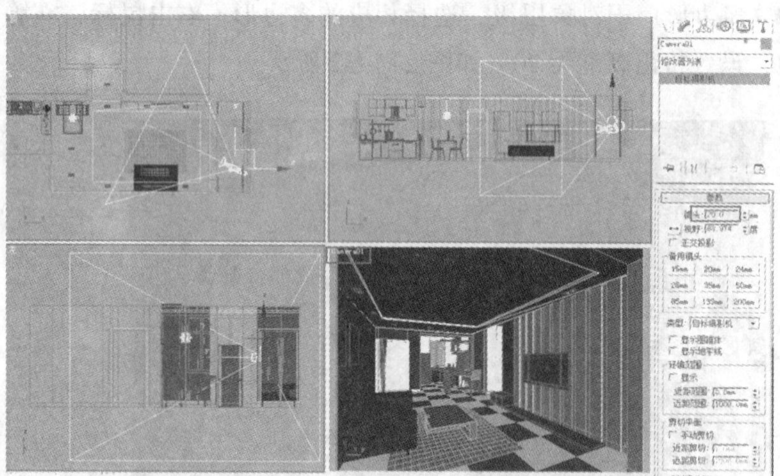

图 2-4-34

图 2-4-35

# 第三篇　材质创建

# 项目一

# 材质创建基础

## 任务一　材质面板认识

### 一、项目任务书

| 项目任务名称 | 材质面板认识 | 项目任务编号 | |
|---|---|---|---|
| 任务完成时间 | | | |
| 任务学习目标 | 1. 认知目标：<br>①了解 3Ds Max 软件中材质编辑器的打开<br>②了解 3Ds Max 软件中材质编辑器面板的组成<br>2. 技能目标：<br>掌握 3Ds Max 软件中材质编辑器面板中相关参数的概念 | | |
| 任务内容 | 1. 熟悉 3Ds Max 软件中材质编辑器面板的组成<br>2. 掌握 3Ds Max 软件中材质编辑器面板中相关参数的概念 | | |
| 项目完成验收点 | 掌握 3Ds Max 软件中材质编辑器面板中相关参数的概念 | | |
| 完成项目任务情况分析与反思： | | | |

### 二、项目教学实施流程与步骤

#### （一）项目教学实施流程

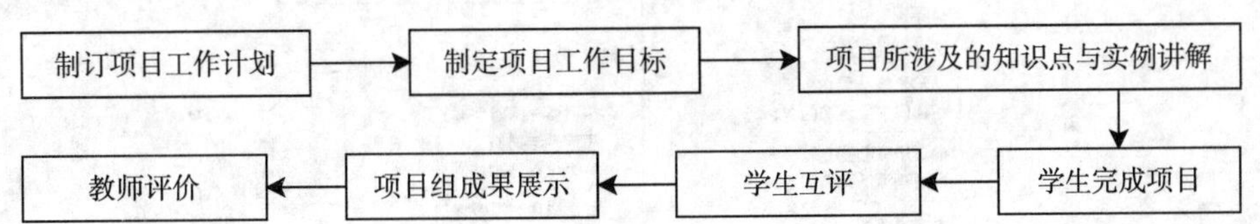

（二）项目实施步骤及进度

（1）教师讲解项目所涉及的基本知识，并通过实例讲解该任务的实施方法。

（2）学生上机独立完成任务。

（3）学生进行成果展示与汇报。

（4）教师对学生轮流点评并与学生共同给出成绩。

## 三、材质面板认识

### （一）打开材质编辑器

在主工具栏中单击 （材质编辑器）按钮，就可打开“材质编辑器”。为了便于更好地掌握“材质编辑器”，我们将“材质编辑器”分为菜单栏、工具栏、示例窗和参数区 4 个部分，如图 3-1-1 所示。

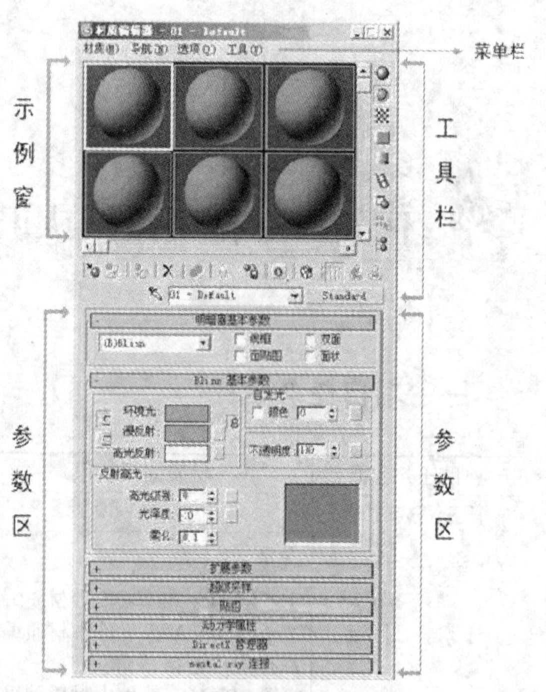


图 3-1-1

### （二）材质面板认识

1. 菜单栏

“材质编辑器”菜单栏出现在“材质编辑器”窗口的顶部，它提供了另一种调用各种材质编辑器工具的方式。其中“导航”菜单提供了“获取材质”、“从对象选取”和“放置到库”等一些常用的命令；“材质”菜单提供导航材质层次的工具；“选项”菜单提供了一些附加的工具和显示选项；“工具”菜单提供了“渲染贴图”和“按材质选择对象”等工具，如图 3-1-2 所示。

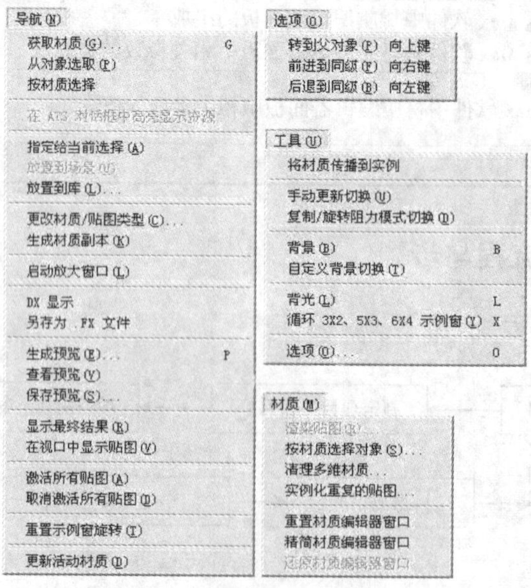


图 3-1-2

2. 示例窗

（1）窗口类型。示例窗用于预览材质和贴图效果，每个窗口可以预览单个材质或贴图。材质可分为“热材质”和“冷材质”两种类型，当材质类型不同时，示例窗拐角处的形态也就不同。如图 3-1-3 所示，左图为“热”材质指定给场景，但没有指定给当前选定的对象，中图为“热”材质应用于当前选定的对象，右图为“冷”材质，处于活动状态，但没有指定给场景。

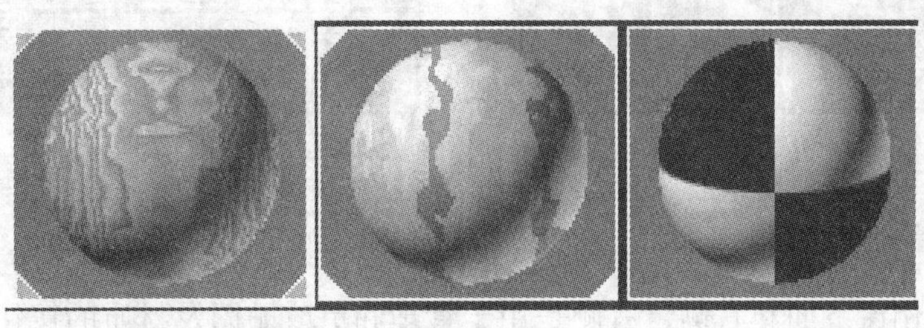

图 3-1-3

（2）右键菜单。在激活的材质示例窗上右击鼠标，可以弹出一个快捷菜单，如图 3-1-4 所示。

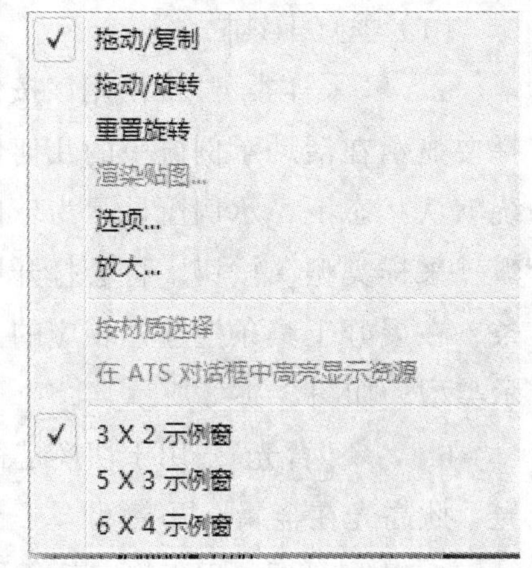


图 3-1-4

下面对这些快捷菜单作一简单介绍：

“拖动/复制”：该选项为默认的设置模式，支持示例窗中的拖动复制操作。

“拖动/旋转”：选择该选项后，在示例窗中拖动鼠标，可以转动示例球，便于观察其他角度的材质效果。在示例球内旋转是在三维空间上进行的，而在示例球外旋转则是在垂直于视平面方向进行的，配合“Shift”键可以在完成水平或垂直方向上锁定旋转。如果用户使用的是三键鼠标，可以在“拖动/复制”模式下按鼠标中键来执行旋转操作，而不必在菜单中选择。

“重置旋转”：恢复示例球默认的角度方位。

“选项”：选择该项后，将打开“材质编辑器选项”对话框，主要是控制有关编辑器自身的属性。

“放大”：可将当前材质以一个放大的示例窗显示，它独立于编辑器，以浮动框的形式存在，这有助于更清楚地观察材质效果。

“3 × 2 示例窗”、“5 × 3 示例窗”、“6 × 4 示例窗”：用来设定示例窗的显示布局，材质示例窗中一共有 24 个小窗，当以 6 × 4 方式显示时，它可以完全显示出来，只是比较小，如果以 5 × 3 或 3 × 2 方式显示时，可以使用手形拖动窗口或拖动滚动条，显示出隐藏在内部的其他示例窗，图 3-1-5、图 3-1-6、图 3-1-7 为示例窗的 3 种显示方式。

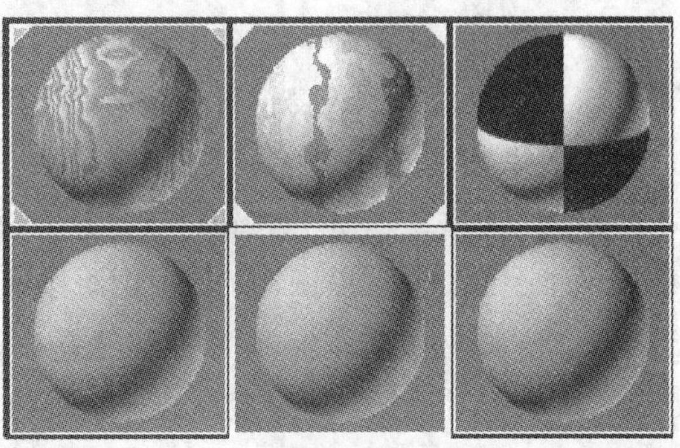

图 3-1-5

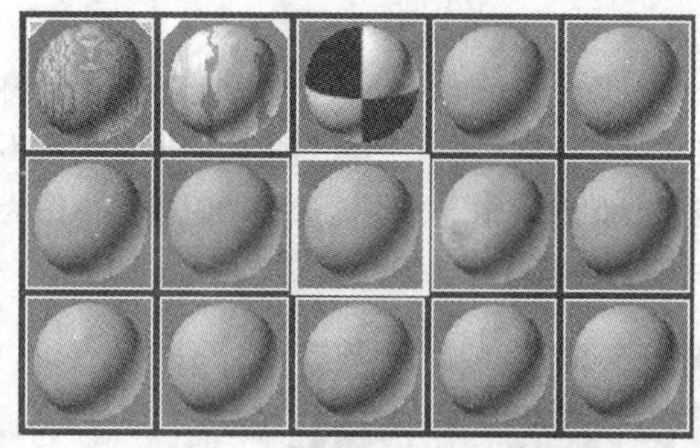

图 3-1-6

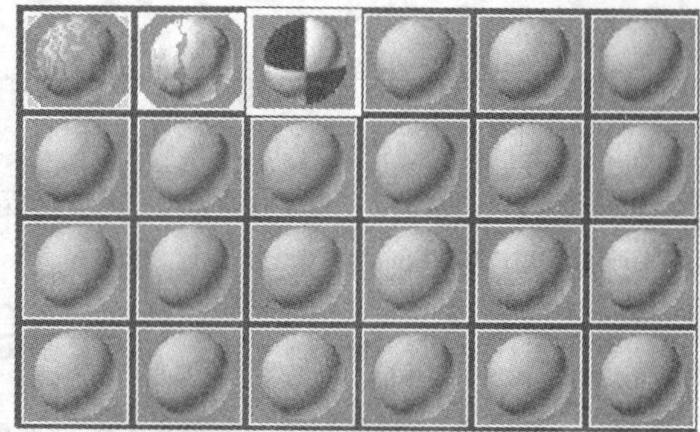

图 3-1-7

3. 工具栏

工具栏位于示例窗下面和右侧，右侧是用于管理和更改贴图及材质的按钮，为了帮助记忆，将位于示例窗下面的工具栏称为水平工具栏，把示例窗右侧工具栏称为垂直工具栏。

（1）垂直工具栏。

a. "采样类型"：使用该按钮可以选择要显示在活动示例窗中的几何体。在系统默认状态下，示例窗显示为球体。当按"采样类型"按钮，将会打开展开工具条，在展开工具条上选择相应的几何体显示类型，如图 3-1-8 所示。

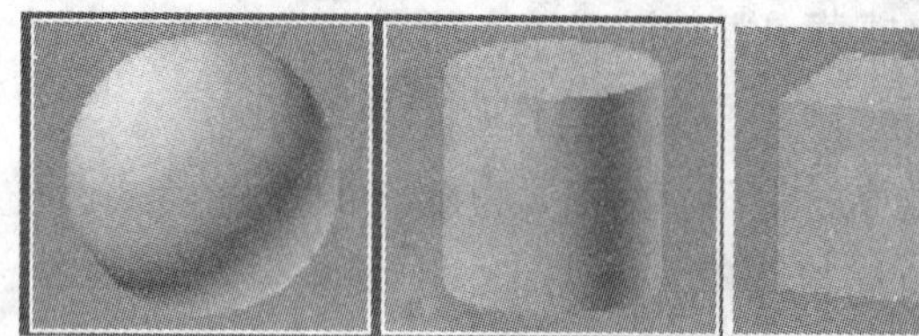

图 3-1-8

b. "背光"：用于切换是否启用背光，使用背光可以查看和调整由掠射光创建的反射高光，此高光在金属上更亮。

c. "背景"：用于将多颜色的方格背景添加到活动示例窗中，该功能常用于观察透明材质的反射和折射效果。也可以使用"材质编辑选项"对话框指定位图用作自定义背景。

d. "采样 UV 平铺"：可以在活动示例窗中调整采样对象上的贴图重复次数，使用该功能可以设置平铺贴图显示，对场景中几何体的平铺没有影响。按住"采样 UV 平铺"按钮，将会打开展开工具条。在工具条上提供了 (1 × 1)、(2 × 2)、(3 × 3)、(4 × 4) 四种贴图重复类型。

e. "视频颜色检查"：用于检查示例对象上的材质颜色是否超过安全 NTSC 和 PAL 阈值。

f. "生成预览"：可以使用动画贴图向场景添加运动。例如，要模拟天空视图，可以将移动的云的动画添加到天窗窗口。该选项可用于在将其应用到场景之前，在"材质编辑器"中试验它的效果。

g. "选项"：单击该按钮可以打开"材质编辑器选项"对话框，如图 3-1-9 所示。该对话框提供了控制材质和贴图在示例窗中的显示方式。

h. "按材质选择"：该项能够选择被赋予当前激活材质的对象。单击该按钮，可以打开"选择对象"对话框，所有应用选定材质的对象在列表中高亮显示。该对话框中不显示被赋予激活材质的隐藏对象。

（2）水平工具栏。

a. “获取材质”：单击该按钮可打开“材质/贴图浏览器”对话框，如图 3-1-10 所示。在该对话框中可以选择材质或贴图。

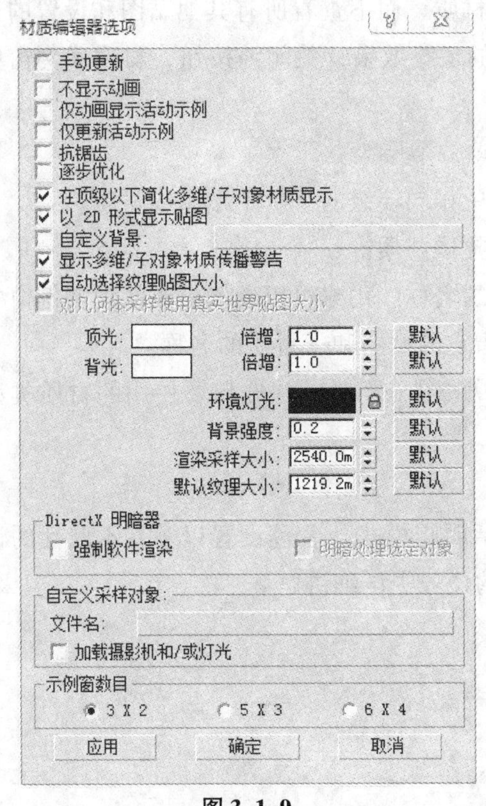

图 3-1-9

图 3-1-10

b. “将材质放入场景”：可以在编辑材质之后更新场景中的材质。

c. “将材质指定给选择对象”：可将活动示例窗中的材质应用于场景中当前选定的对象。

d. “重置贴图/材质为默认设置”：用于清除当前活动示例窗中的材质，使其恢复到默认状态。

e. “复制材质”：通过复制自身的材质生成材质副本，“冷却”当前热示例窗。示例窗不再是热示例窗，但材质仍然保持其属性和名称，可以调整材质而不影响场景中的该材质。如果获得想要的内容，单击“将材质放入场景”按钮，可以更新场景中的材质，再次将示例窗更改为热示例窗。

f. “使唯一”：可以使贴图实例成为唯一的副本，还可以使一个实例化的子材质成为唯一的独立子材质，可为该子材质提供一个新材质名。该命令可以防止对顶级材质实例所做的更改影响“多维/子对象”材质中的子对象实例。

g. “放入库”：可将选定的材质添加到当前库中。单击该按钮后，可打开“放置到库”对话框，如图 3-1-11 所示，在该对话框中输入材质的名称，单击“确定”按钮，完成操作。

图 3-1-11

h. “材质 ID 通道”：按住该按钮打开“材质 ID 通道”。选择相应的材质 ID 通道将其指定给材质，该效果可以被 Video Post 过滤器用来控制后期处理的位置。

i. “在视图中显示贴图”：可以使贴图在视图中的对象表面显示。

j. “显示最终效果”：可以查看所处级别的材质，而不查看所有其他贴图和设置的最终结果。当激活该按钮，材质示例窗中将会显示材质的最终效果；关闭该按钮，材质示例窗中显示所处层级的效果。

k. “转到父对象”：可以在当前材质中向上移动一个层级。

l. “转到下一个同级项”：将移动到当前材质中相同层级的下一个贴图或材质。

m. “从对象拾取材质”：可以在场景中对象上拾取材质。

n. 01 - Default “名称”：该字段显示材质或贴图的名称。用户可以编辑更改活动实例窗中材质的名称，还可以编辑以贴图或材质层次较低层级指定的贴图和子材质的名称。

o. Standard “类型”：单击该按钮可显示材质/贴图浏览器，并选择要使用的材质类型或贴图类型。

4. 参数区

参数区是在 3Ds Max 中使用最频繁的区域，包括明暗模式、着色设置以及基本属性的设置等，参数区中的相关参数概念及设置方法会在后面的任务中详细讲解。

# 任务二　材质参数

## 一、项目任务书

<table>
<tr><td>项目任务名称</td><td>材质参数</td><td>项目任务编号</td><td></td></tr>
<tr><td>任务完成时间</td><td colspan="3"></td></tr>
<tr><td>任务学习目标</td><td colspan="3">1. 认知目标：<br>①了解 3Ds Max 软件中材质编辑器参数区相关参数的概念<br>②了解 3Ds Max 软件中创建材质所使用参数的设置方法<br>2. 技能目标：<br>掌握 3Ds Max 软件中创建材质所使用的相关参数的设置方法</td></tr>
<tr><td>任务内容</td><td colspan="3">1. 熟悉 3Ds Max 软件中材质编辑器面板中参数区的相关参数<br>2. 掌握 3Ds Max 软件中材质编辑器面板中相关参数的概念和设置方法</td></tr>
<tr><td>项目完成验收点</td><td colspan="3">掌握 3Ds Max 软件中材质编辑器面板中相关参数的概念和设置方法</td></tr>
<tr><td colspan="4">完成项目任务情况分析与反思：</td></tr>
</table>

## 二、项目教学实施流程与步骤

### （一）项目教学实施流程

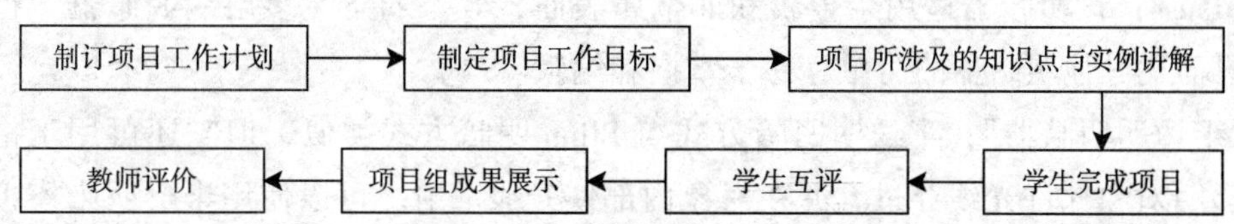


### （二）项目实施步骤及进度

（1）教师讲解项目所涉及的基本知识，并通过实例讲解该任务的实施方法。

（2）学生上机独立完成任务。

（3）学生进行成果展示与汇报。

（4）教师对学生轮流点评并与学生共同给出成绩。

## 三、材质参数

### （一）明暗器基本参数

材质的基本参数聚集在“明暗器基本参数”和“基本参数”两个卷展栏中，这些参数用于设置材质的明暗式、颜色、反光度、透明度等基本参数，如图 3-1-12 所示。

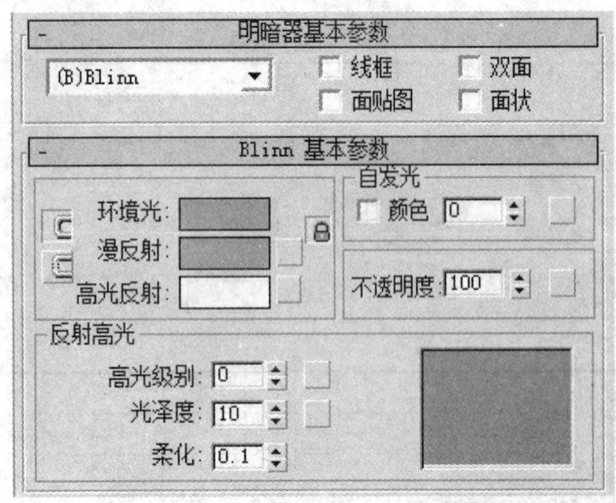


图 3-1-12

1. 材质着色模式

在 3Ds Max 中的“明暗器基本参数”卷展栏中提供了“各向异性”、Blinn、“金属”、“多层”、Oren-Nayar-Blinn、Phong、Strauss 和“半透明明暗器”8 种明暗器类型，它们主要控制材质的反光效果。这 8 种明暗器基本原理如下：

（1）“各向异性”：该项明暗器可以产生椭圆形的高光效果，常用来模拟头发、玻璃或磨砂金属等对象的质感。

（2）Blinn：该项明暗器与“Phong”明暗器具有相同的功能，但拥有比“Phong”明暗器更为柔和的高光，较适用于球体对象。

（3）“金属”：该项明暗器去除了“高光反射”颜色和“柔化”参数值，使“反射高光”与“光泽度”对比很强烈，常用于模拟金属质感的对象。

（4）“多层”：该项明暗器与“各向异性”明暗器效果较为相似，不同之处在于，“多层”明暗模式能够提供两个椭圆形的高光，形成更为复杂的反光效果。

（5）Oren-Nayar-Blinn：该明暗模式具有反光度低、对比弱的特点，适用于无光表面，例如纺织品、粗陶、赤土等对象。

（6）Phong：该明暗器与默认的 Blinn 明暗器相比，具有更明亮的高光，高光部分的形状呈椭圆形，更易表现表面光滑或者带有转折的透明对象，例如玻璃等。

（7）Strauss：该明暗器适用于金属和非金属表面，效果弱于“多层”明暗器，但是 Strauss 明暗器的界面比其他明暗器的简单，易于掌握和编辑。

（8）“半透明明暗器”：半透明明暗方式与 Blinn 明暗方式类似，但它还可用于指定半透明对象。半透明对象允许光线穿过，并在对象内部使光线散射。可以使用半透明来模拟被霜覆盖和被侵蚀的玻璃。

2. 基本参数的设置

当选择“线框”复选框，将清除对象的表面部分，只保留对象的线框结构，用户可以在“扩展参数”卷展栏中设置线框的大小。当选择“双面”复选框，将忽略对象表面的法线，对所有的表面进行双面显示。当选择“面贴图”复选框，可以将材质应用到几何体的每一个面上。如果材质是贴图材质，则不需要贴图坐标，贴图会自动应用到对象的每一个面上。选择“面状”复选框的效果相似于对象清除平滑组的效果，该功能只应用于渲染，对对象本身没有影响，如图 3-1-13 所示。

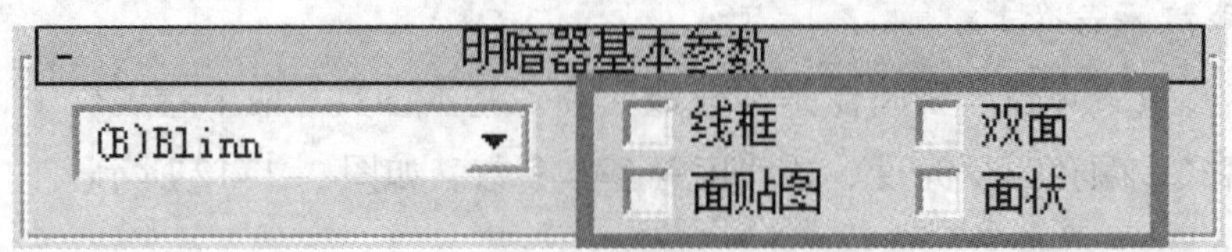


图 3-1-13

（二）材质基本参数

每一种明暗器会有对应的基本参数卷展栏，例如启用 Phong 明暗器类型，“材质编辑器”中将会出现“Phong 基本参数”卷展栏。下面将以 3Ds Max 中系统默认的“Blinn 基本参数”卷展栏来讲述材质的基本参数。

在 3Ds Max 中，Blinn 明暗器下的颜色是由 1“环境光”、2“漫反射”、3“高光反射”三种颜色组成，如图 3-1-14 所示。

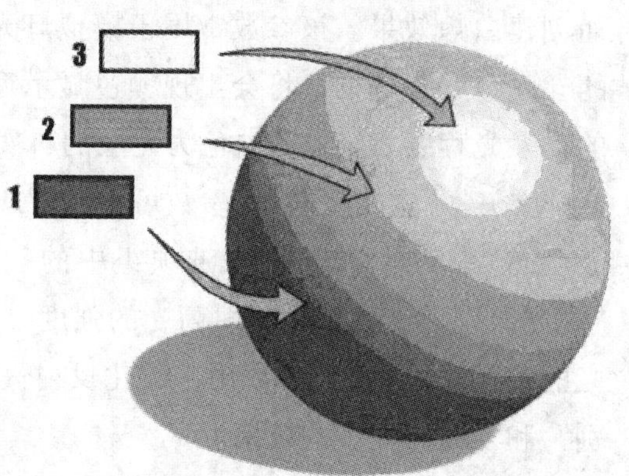

图 3-1-14

（1）“漫反射颜色”：光源照射下对象表现出来的颜色。单击“漫反射”显示窗，在打开的“颜色选择器”对话框中设置漫反射的颜色，如图 3-1-15 所示。单击颜色显示窗右侧的 ▇（无）按钮，在打开的“材质/贴图浏览器”对话框中导入程序贴图和位图来代替漫反射颜色，如图 3-1-16 所示。

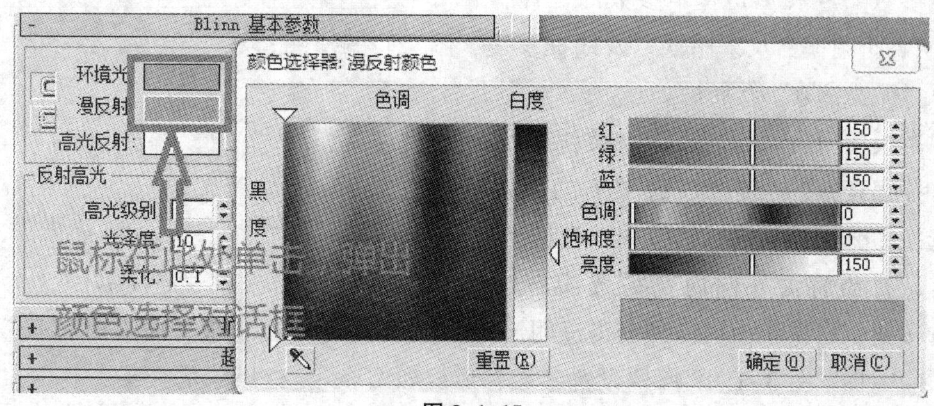

图 3-1-15

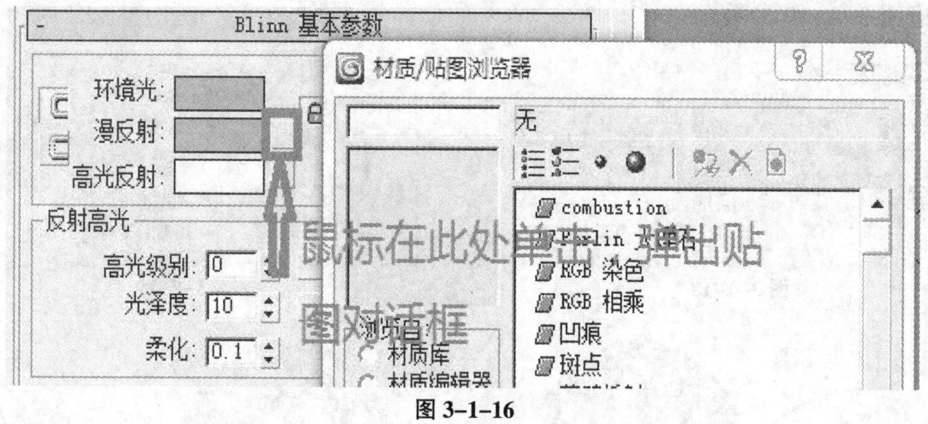

图 3-1-16

（2）“环境光颜色”：位于阴影中的颜色，当由环境光而不是直接光照明时，这种颜色就是对象反射的颜色。默认情况下材质的环境光颜色和其漫反射颜色为锁定状态，更改一种颜色时，另一种颜色会自动更改。用户可关闭环境光和漫反射显示窗左侧的 ▇（锁定）按钮，就可以对环境光进行单独的颜色设置和导入贴图。

（3）“高光反射颜色”：发光对象高亮显示的颜色。

这两种颜色模式选择颜色和贴图的方法与“漫反射颜色”相同。

（4）“自发光”：“自发光”选项组中的“颜色”参数使用漫反射颜色替换曲面上的阴影，从而创建白炽效果。该参数常用于模拟灯光、夜光灯等一些自发光效果。选择“自发光”选项组的“颜色”复选框，将会出现颜色显示窗，读者可以通过调整颜色显示窗的颜色，来确定对象的自发光程度。绝对的白色为完全的自发光效果，而100%黑色没有自发光效果。

（5）“不透明度”：该参数可控制材质是不透明、透明还是半透明。

（6）“反射高光”：该选项组中的三个参数分别用于设置高光大小、强度以及柔化效果。“高光级别”参数控制反射高光的强度，该数值越大，高光将越亮；“光泽度”参数控制反射高光的大小；“柔化”参数用于柔化反射高光效果。右侧的高光曲线图，用于显示调整“高光级别”和“光泽度”的效果。

（三）材质的扩展参数

“扩展参数”卷展栏是基本参数的延伸，它可以控制透明、折射率、反射暗淡以及线框参数，图3-1-17为“扩展参数”卷展栏。

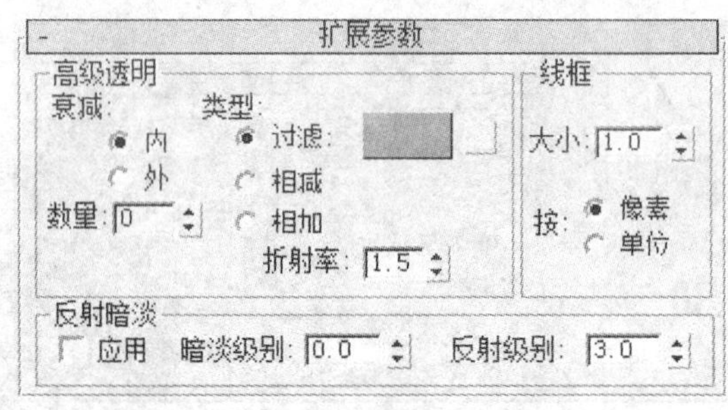


图 3-1-17

（1）“高级透明”：该选项组的参数影响透明材质的不透明度衰减。“衰减”选项下的“内”和“外”单选按钮分别控制衰减的方向。当选择“内”单选按钮，材质将由外向内变得透明；当选择“外”单选按钮，材质将由内向外变得透明。“数量”参数用于指定最外或最内的不透明度的数量。如图3-1-18、图3-1-19所示设置参数，形成如图3-1-20所示的效果，其中左边的球体为向内不透明度衰减的材质效果（对应图3-1-18参数），右边球体为向外不透明度衰减的材质效果（对应图3-1-19参数）。

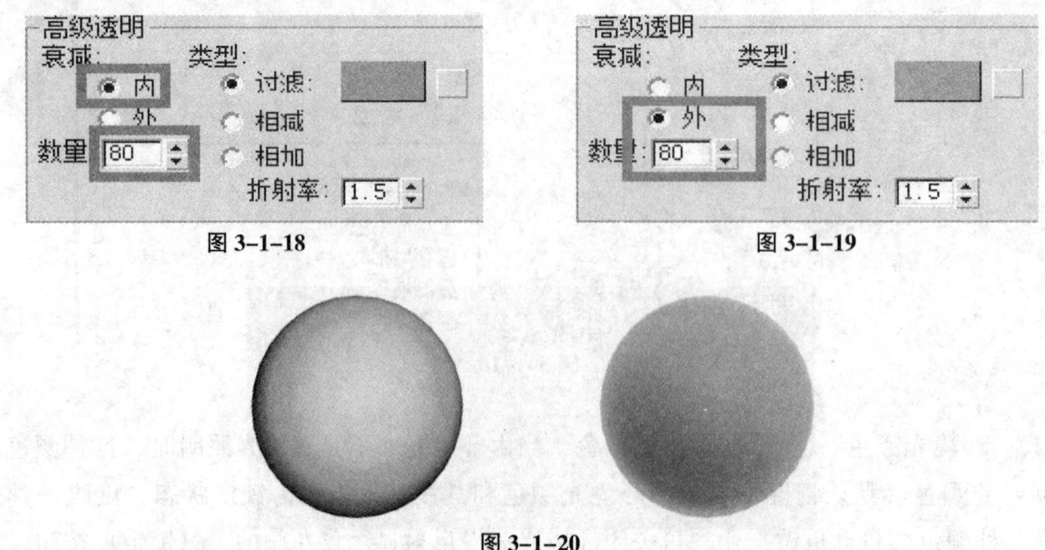


图 3-1-18　图 3-1-19

图 3-1-20

（2）“类型”：该下拉列表栏中的 3 个单选按钮用于选择如何应用不透明度。单击右侧的显示窗可以指定过滤颜色，右侧的“无”按钮可将贴图指定给过滤色通道。当选择“相减”单选按钮，可以从背景颜色中减去材质的颜色，以便使该材质背后的颜色变深。当选择“相加”单选按钮，增加的不透明度通过将材料的颜色添加到背景颜色中，使材料后面的颜色变亮。

（3）“折射率”：设置折射贴图和光线跟踪所使用的折射率（IOR）。IOR 用来控制材质对透射灯光的折射程度。

（4）“线框”：该选项组中的“大小”参数用来设置线框大小。按选项右侧的两个单选按钮用于指定测量线框的方式。选择“像素”单选按钮后，将以像素为单位进行测量。选择“单位”单选按钮时，以 3Ds Max 所设置的单位进行测量。

（5）“反射暗淡”：该选项组的参数设置可以使阴影中的反射贴图显得暗淡。

（四）贴图通道

在“贴图”卷展栏中可以访问和添加不同的贴图类型，如图 3-1-21 所示。单击每一个通道右侧的 None 按钮，就可以为该通道添加位图或者是程序贴图，添加了某一个贴图后，其名称和类型将会显示在 None 按钮上。使用通道左侧的复选框可以启用和禁用贴图，数量参数栏决定该贴图影响材质的程度。在不同的明暗器方式下，材质的贴图通道数目也不相同。

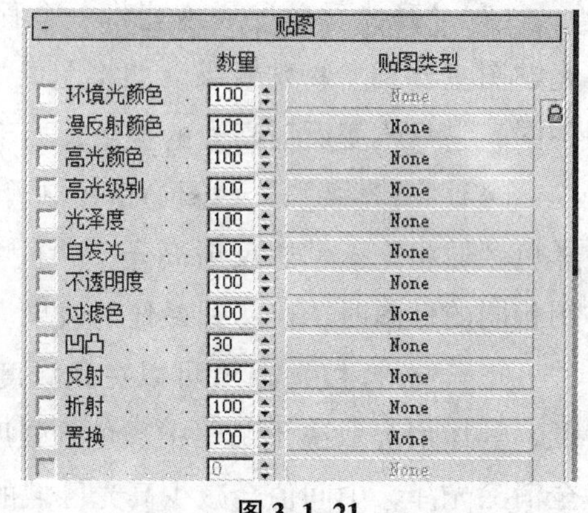

图 3-1-21

注意：任何明暗器基本参数卷展栏中的“无”按钮与“贴图”卷展栏中的 None 按钮是对应的，基本参数卷展栏的“无”按钮只是一种访问贴图的快捷途径。

（1）“环境光颜色”通道可以指定贴图来代替阴影部分的颜色。默认情况下，漫反射贴图也映射环境光组件，因此很少对漫反射和环境光组件使用不同的贴图。

（2）“漫反射颜色”通道是最为常用的通道，它可以使用位图和程序贴图来代替基本参数卷展栏中的“漫反射”颜色显示窗，其效果就像绘画或墙纸贴图对象表面。当该通道的“数量”参数为 100 时，贴图将完全代替漫反射颜色显示窗；当“数量”参数为 0 时，材质将显示漫反射颜色显示窗的颜色，导入的贴图将不起任何作用；而 0~100 的层次与显示窗颜色成比例地进行混合。如图 3-1-22 至图 3-1-24 所示设置，对相同的物体可以得到不同的贴图效果，如图 3-1-25 所示，左边为参数为 0 时的效果（对应图 3-1-22 的参数设置），中间为参数为 50 时的效果（对应图 3-1-23 的参数设置），右边为参数为 100 时的效果（对应图 3-1-24 的参数设置）。

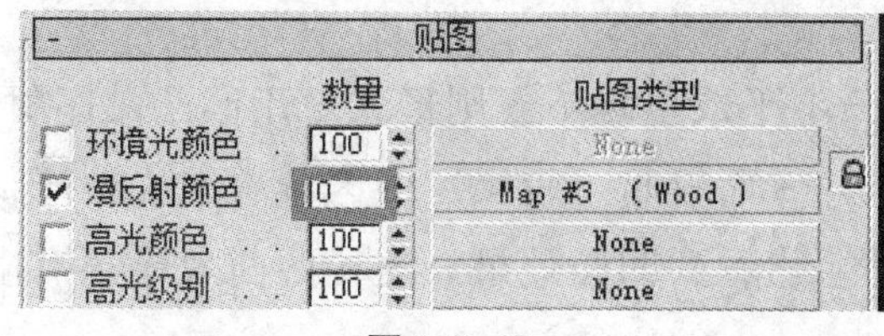

图 3-1-22

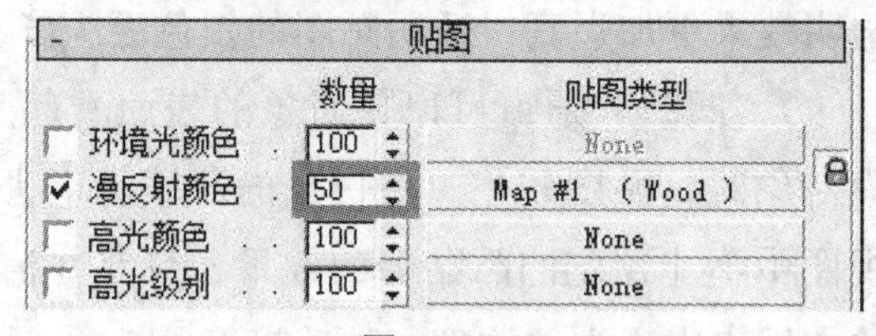

图 3-1-23

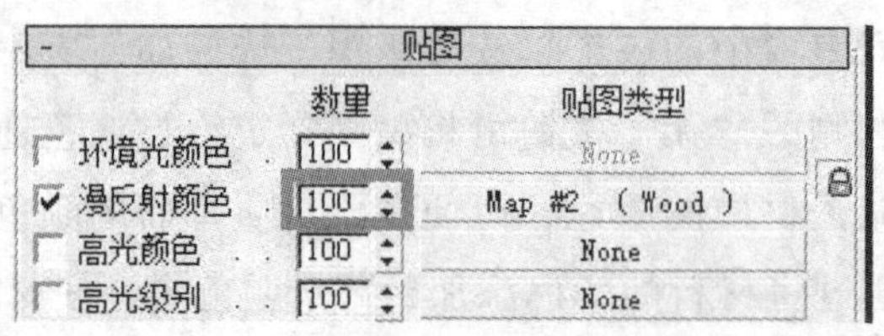


图 3–1–24

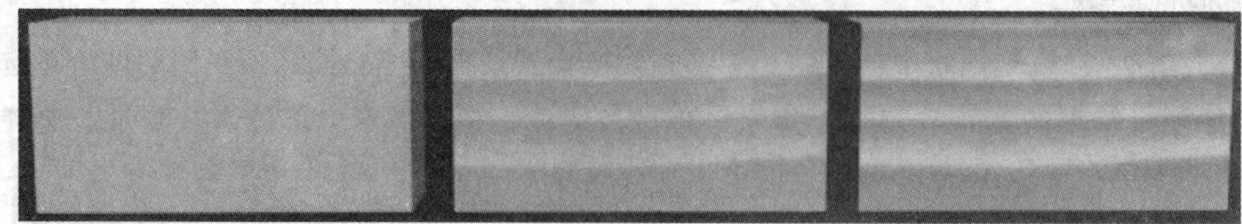

图 3–1–25

（3）“高光颜色”通道能将一个程序贴图或位图作为高光贴图指定至材质的高光区域。高光贴图主要用于特殊效果，如将图像放置在反射中。该通道与“反射高光”或“光泽度”贴图不同，它只改变反射高光的颜色，而不改变高光区的强度和面积。

（4）“高光级别”贴图通道控制着材质高光的强度。贴图中白色区域产生全部的反射高光，黑色区域将完全移除反射高光，并且中间值相应减少反射高光。当该通道与“光泽度”通道使用相同的贴图时，可达到最佳的效果。

（5）“光泽度”通道可以在光泽度中决定曲面的哪些区域光泽度较强，哪些区域光泽度较低，具体情况取决于贴图中颜色的强度。贴图中的黑色区域将产生全面的光泽，白色区域将完全消除光泽，中间值会减少高光区域的大小。

（6）“自发光”通道可以使对象的部分出现自发光。贴图的白色区域渲染为完全自发光，黑色区域将没有自发光效果，不纯黑的区域将会根据自身的灰度值产生不同的发光效果。自发光意味着发光区域不受场景中的灯光影响，并且不接收阴影。

（7）“不透明度”通道可以产生部分透明效果，贴图中 100%黑色将会产生完全的透明效果，而绝对的白色会产生完全不透明效果，中间的灰度值可以产生部分相应的半透明效果。该通道只有将材质变得透明，但不能使透明的材质部分消失，因此所产生的效果类似于明净的玻璃，而不是镂空效果。如果需要使材质产生镂空效果，就需要将“不透明度”通道的贴图复制到“高光颜色”通道。

（8）“过滤色”通道是通过透明或半透明材质（如玻璃）透射的颜色。该贴图基于贴图像素的强度应用透明颜色效果。只有材质具有一定的透明属性，并且“高级透明”选项组中“过滤”透明类型处于选择状态时，“过滤色”贴图通道才会生效，它将为透明贴图区域进行着色，使透明效果更加逼真，透明贴图的颜色更为鲜亮。

（9）“凹凸”通道可以使对象的表面看起来凹凸不平或呈现不规则形状。用凹凸贴图材质渲染对象时，贴图较亮（较白）的区域看上去被提升，而较暗（较黑）的区域看上去被降低。在视图中不能预览凹凸贴图的效果，只有在渲染时才能看到凹凸效果。这种凹凸效果很有限，它通常用来表现木纹纹理、地砖接缝等效果。

（10）“反射”通道可以使对象映射自身和周围环境而产生的反射效果。

（11）“折射”贴图通道通常用来设置具有透明属性的材质产生的折射效果。

（五）贴图类型

前面已经对标准材质的贴图通道进行了详细讲述，下面介绍用于这些通道的贴图设置。使用贴图通常是为了改善材质的外观和真实感，也可以使用贴图创建环境或者创建灯光投射。将贴图与材质一起使用，贴图将为对象几何体添加一些细节而不会增加它的复杂度。当需要为某通道添加贴图时，可以单击该通道右侧的 None 按钮，打开“材质/贴图浏览器”对话框，该对话框提供了 35 种贴图类型供用户选择，如图 3-1-26 所示。

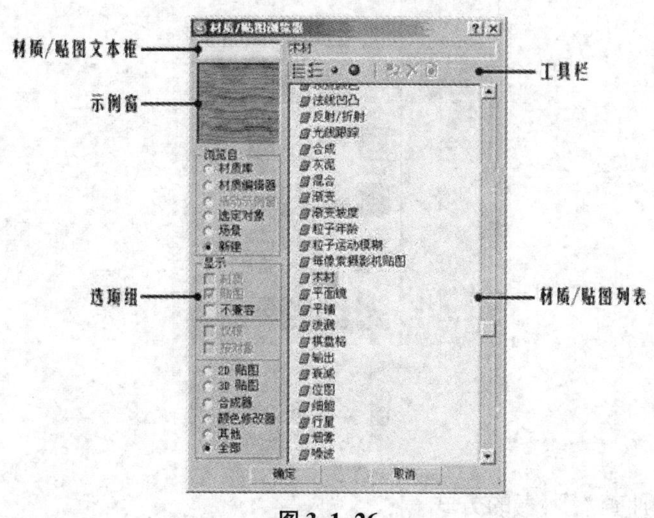


图 3-1-26

1. 贴图对话框的组成

（1）材质/贴图文本框：在该文本框中输入材质名称时，将选择列表中的第一个匹配的文本项，按“Enter”键选择下一个匹配名称，依次类推。

（2）示例窗：用于显示当前选择贴图和材质的缩略图。

（3）工具栏：工具栏共由 7 个按钮组成，前 4 个控制查看列表的方式，另外 3 个用于控制材质库。激活 （查看列表）按钮，材质和贴图以目录形式显示在列表中；激活 （查看列表+图标）按钮，以目录和小图标方式显示材质和贴图；激活 “查看小图标”按钮，材质和贴图以小图标形式显示，在图标上移动鼠标时，会弹出工具提示标签，显示材质或贴图的名称；激活 （查看大图标）按钮，材质和贴图以大图标方式显示。如图 3-1-27 至图 3-1-30 所示为 4

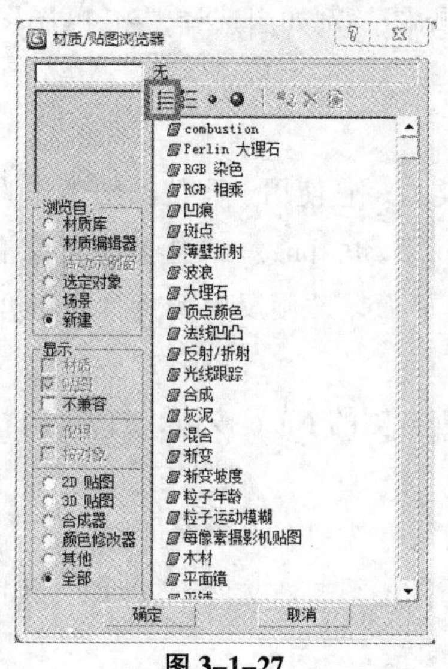

图 3-1-27

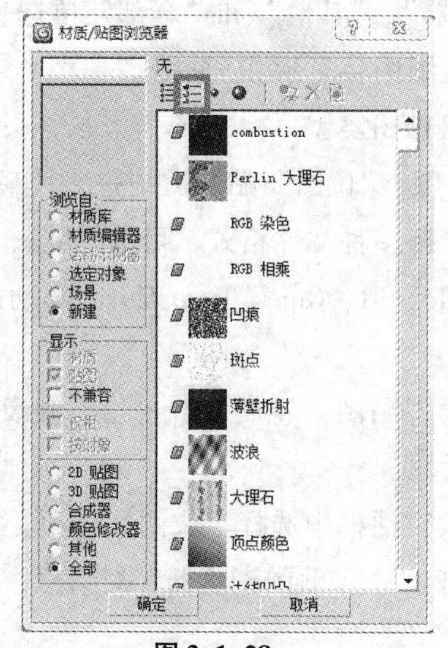

图 3-1-28

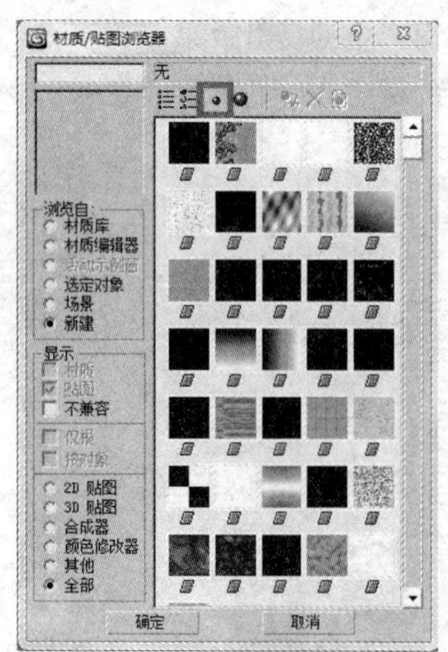


图 3-1-29

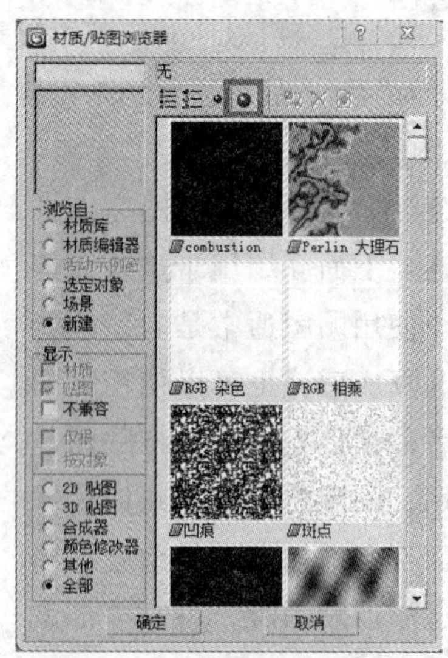


图 3-1-30

种查看列表的方式。

（4）“浏览自”：该选项组中的各个单选按钮用于选择材质/贴图列表中显示的材质来源。“材质库”单选按钮处于选择状态，将会在列表中显示磁盘中材质库文件的内容。“材质编辑器”单选按钮处于选择状态，显示场景中编辑过的材质和贴图。选择“活动示例窗”单选按钮，只显示当前的活动示例窗的内容。选择“选定对象”单选按钮，显示对所选对象应用的材质。选择“场景”单选按钮，显示场景中的对象应用的全部材质。选择“新建”单选按钮，显示材质/贴图类型的集合以创建新材质。

（5）“显示”：该选项组可以过滤列表中的显示内容。“材质”复选框决定列表中是否显示材质。“贴图”复选框决定是否显示贴图。选择“不兼容”复选框，可以显示与当前的活动渲染器不兼容的材质、贴图和明暗器。

（6）“贴图类型”：该选项组位于最底部，选项组中的“2D 贴图”、“3D 贴图”、“合成器”、“颜色修改器”、“其他”和“全部”单选按钮控制显示贴图。例如当选择“2D 贴图”单选按钮时，这时视图中将显示 2D 贴图。

2. 常用贴图类型

（1）位图。“位图”贴图类型是一种最常用的贴图类型，它使用一张位图图像作为贴图。该贴图类型支持多种文件格式，可以是 tga、bmp、psd、jpg、gif、png、tiff 等静态图像格式，也可以是 avi、flc、ifl、Quick Time Movie 等动画文件格式。下面以“漫反射颜色”通道介绍位图的导入方法。

a. 展开“贴图”卷展栏，单击“漫反射颜色”通道右侧的 None 按钮，打开“材质/贴图浏览器”对话框。

b. 在该对话框中选择“位图”选项，然后单击“确定”按钮退出该对话框。

c. 退出“材质/贴图浏览器”对话框，将会打开“选择位图图像文件”对话框，如图 3-1-31 所示。

d. 在该对话框中查找贴图的路径，并选择需要导入的位图文件，最后单击“确定”按钮退出该对话框。

导入需要的位图后，“材质编辑器”中将会出现关于该位图的编辑参数，如图 3-1-32 所示。

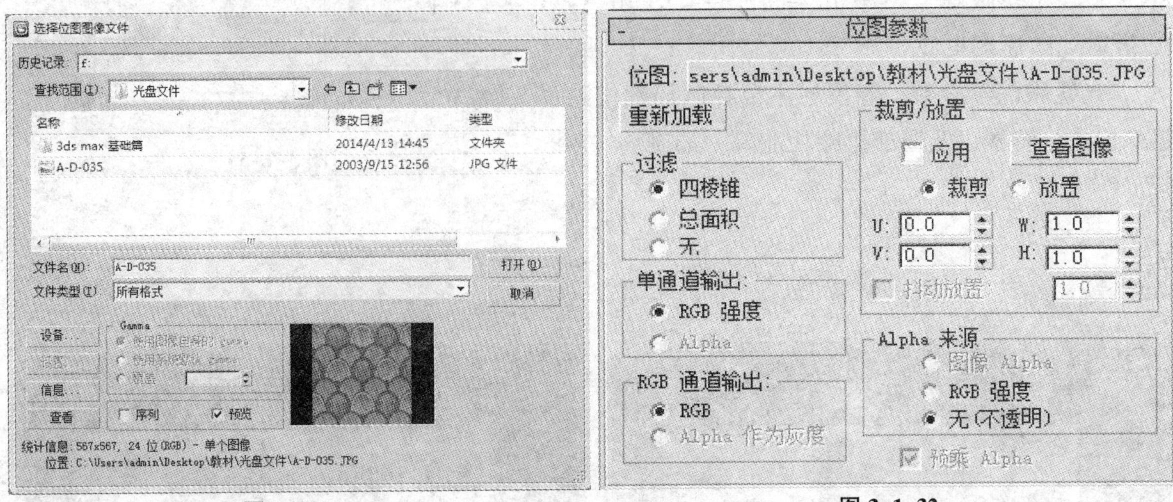


图 3-1-31　　　　图 3-1-32

其中，“位图”选项右侧的按钮用于显示导入贴图的路径和名称，单击该按钮可以直接在“选择位图图像对话框”中更换贴图。“裁剪/放置”选项组的参数设置贴图的裁剪和放置位置。选择“应用”复选框可以启用裁剪或放置设置。单击“查看图像”按钮，将会打开“指定裁剪/放置”窗口，在该窗口中可以直观地进行剪切和放置操作。

e. 打开位图之后，在“坐标”卷展栏中可以对位图的效果进行进一步的调整，如图 3-1-33 所示。

其中，“纹理”和“环境”这两个单选按钮是两种控制贴图应用对象表面的方式，当选择“纹理”单选按钮时，将该贴图作为纹理贴图对表面应用；选择“环境”单选按钮，可以将贴图作为环境贴图。“贴图”下拉列表栏中包含的选项为系统提供的贴图方式。“偏移”在 3Ds Max 中贴图的 U、V、W 相当于对象的 X、Y、Z 坐标轴，U、V 方向的“偏移”参数控制贴图在 U/V 方向的偏移量。“平铺”用于控制贴图的重复次数，如图 3-1-34、图 3-1-35 所示两种不同的设置，就产生了图 3-1-36、图 3-1-37 两种不同的贴图效果。“模糊”选项影响贴图的尖锐程度，影响力较低，主要用于位图的抗锯齿处理。“模糊偏移”选项利用图像的偏移产生大幅度的模糊处理，常用于产生柔化和散焦效果，一般用于反射贴图的模糊处理。

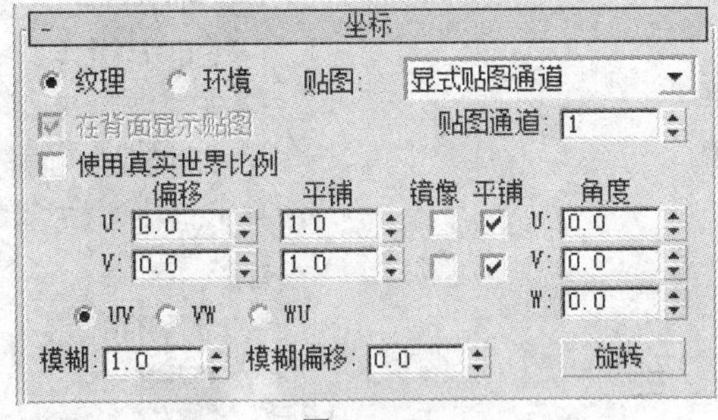


图 3-1-33

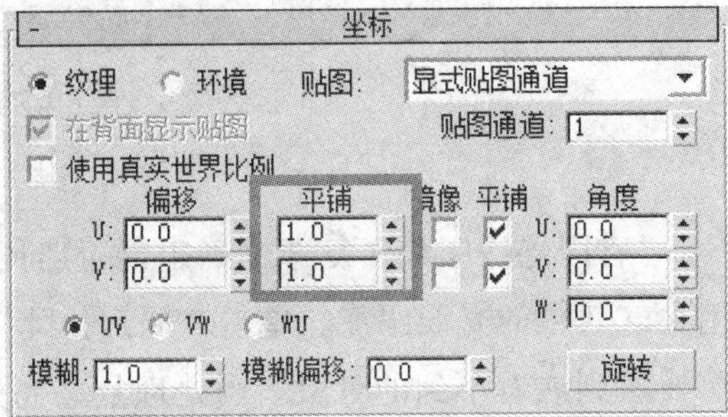


图 3-1-34

（2）光线跟踪贴图。使用“光线跟踪”贴图可以提供全部光线跟踪反射和折射，并且生成的反射和折射比使用“反射/折射”贴图效果更精确，但是使用“光线跟踪”贴图渲染的速度比使用“反射/折射”的速度更慢。

“光线跟踪器参数”卷展栏主要控制局部模式、跟踪模式、背景以及局部排除功能等。如图 3-1-38 所示。

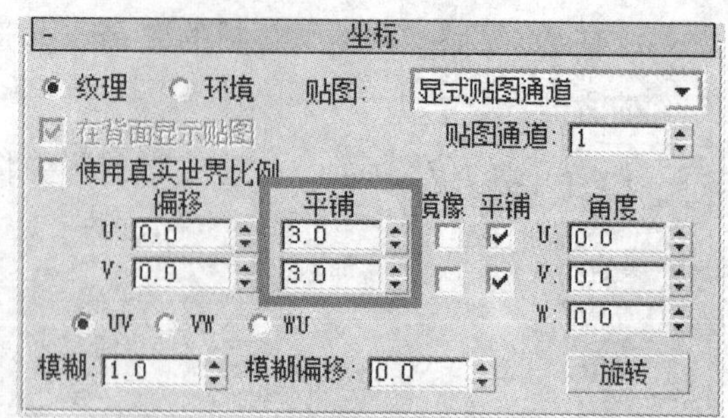

图 3-1-35

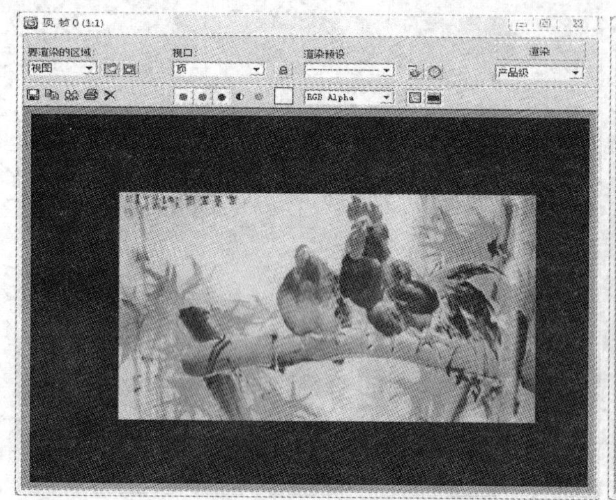
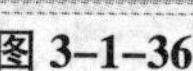
图 3-1-36

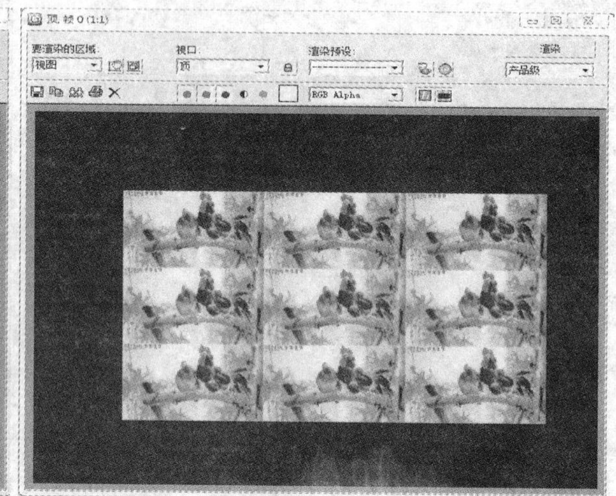
图 3-1-37

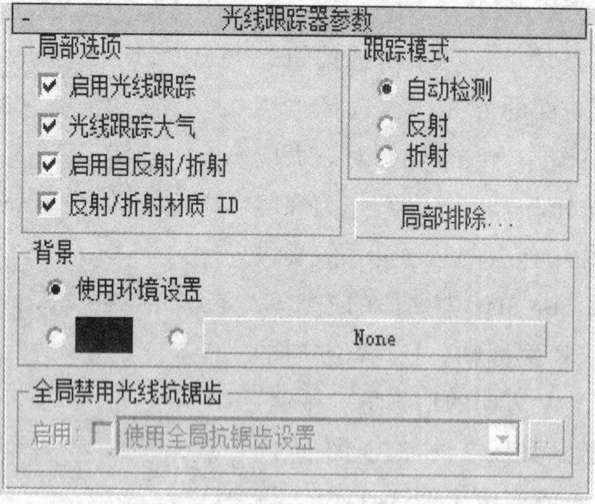

图 3-1-38

“启用光线跟踪”复选框确定是否启用光线跟踪效果。“光线跟踪大气”复选框决定是否启用大气效果的光线跟踪。单击“局部排除”按钮，可以打开“排除/包含”对话框来指定光线跟踪要看到或看不到的对象。当处理复杂场景时，这是很好的优化，实际上所需做的工作只是使对象反射自身或场景中其他一些简单的元素。

（六）创建材质库

3Ds Max 软件的材质编辑功能很强大，基本能制作常见的各种材质。但在现实的工作中，如果一个常用的材质每做一个图都要设置一次就很麻烦，也耽误时间，所以在材质编辑器中就有一个很方便的功能——材质库。我们可以将常用的材质设置好参数之后，把材质保存在材质库中，这样当下次再用到这个材质的时候就可以在材质库中直接调用，而不用又编辑一次，省时省力。

下面就介绍如何将常用的材质放置到材质库中。

（1）打开“材质编辑器”，选择一个材质球。

（2）简单地编辑一个材质，然后在材质编辑器面板单击“放入库”按钮，此时会弹出一个对话框，提示“是否将整个材质/贴图放入库中？”选择“是”，弹出 放置到库 对话框，在此对话框中给要刚刚编辑的材质指定一个名称，如图 3-1-39 所示。

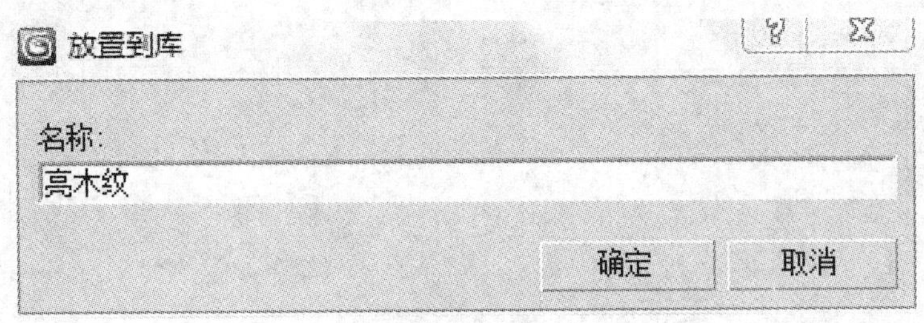

图 3-1-39

（3）单击“确定”，此时编辑的材质就已经被放入到材质库当中了。

下面介绍怎样从材质库当中调用已保存的材质。

（1）选择一个材质球。

（2）在材质编辑器的菜单栏中点击 材质(M) 菜单，在下拉列表中选择“获取材质”命令，弹出 材质/贴图浏览器 对话框。

（3）在 浏览自 栏中选择“材质库”选项，这时就发现先前创建的材质会显示在“材质与贴图列表”中，如图 3-1-40 所示。

（4）在列表中选择需要的材质，双击鼠标即可直接调取该材质使用了。

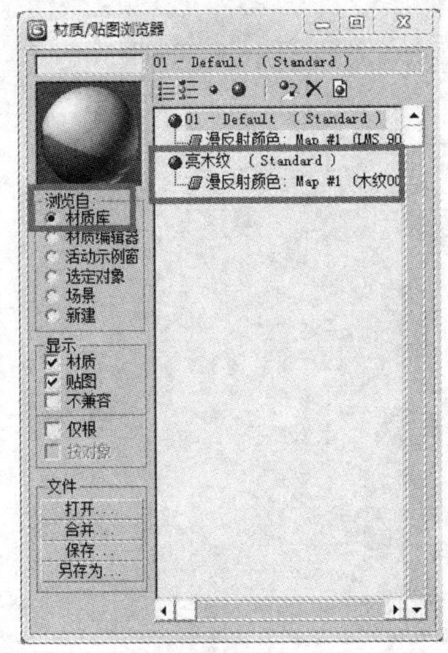

图 3-1-40

# 项目二

# 基础材质创建

## 任务一　金属材质创建

### 一、项目任务书

| 项目任务名称 | 金属材质创建 | 项目任务编号 | |
|---|---|---|---|
| 任务完成时间 | | | |
| 任务学习目标 | 1. 认知目标：<br>了解 3Ds Max 软件中金属材质参数的设置<br>2. 技能目标：<br>掌握 3Ds Max 软件中制作金属材质的方法和技巧 | | |
| 任务内容 | 1. 熟悉 3Ds Max 软件中金属材质参数的设置<br>2. 掌握 3Ds Max 软件中制作金属材质的方法和技巧 | | |
| 项目完成验收点 | 能够创建金属材质 | | |
| 完成项目任务情况分析与反思： | | | |

### 二、项目教学实施流程与步骤

#### （一）项目教学实施流程

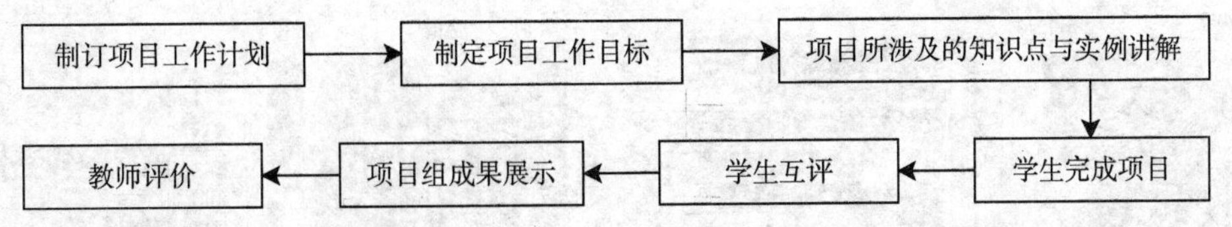


#### （二）项目实施步骤及进度

（1）教师讲解项目所涉及的基本知识，并通过实例讲解该任务的实施方法。

（2）学生上机独立完成任务。

（3）学生进行成果展示与汇报。

（4）教师对学生轮流点评并与学生共同给出成绩。

## 三、金属材质的创建——制作毛巾架

本任务以毛巾架金属材质的制作为实例，讲解 3Ds Max 软件中简单的金属材质的制作方法和技巧。

（1）打开配套光盘中已经制作好的毛巾架模型。

（2）打开材质编辑器，选择一个材质球来制作材质，命名为“金属”，在“明暗器基本参数”中选择“金属”明暗器，如图 3-2-1 所示。

（3）在“金属基本参数”卷展栏中取消“环境光”与“漫反射”的锁定，设置“环境光”的 RGB 值为 0，0，0，设置“漫反射”的 RGB 值为 255，255，255，设置“反射高光”选项栏的“高光级别”和“光泽度”分别为 100 和 80，如图 3-2-2 至图 3-2-4 所示。

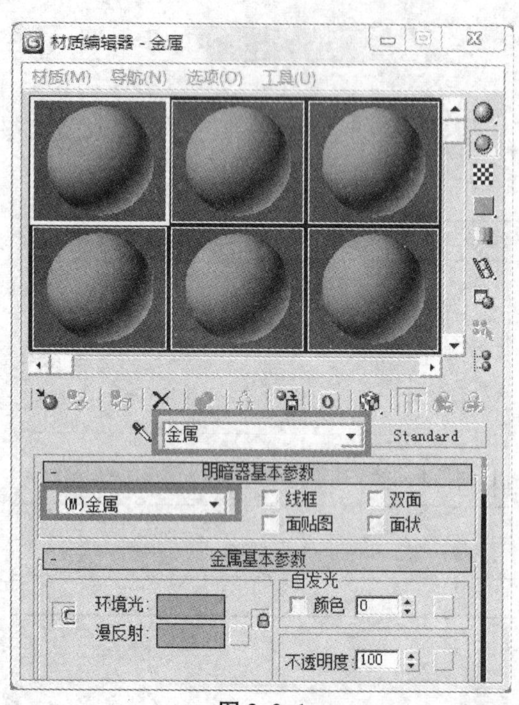


图 3-2-1

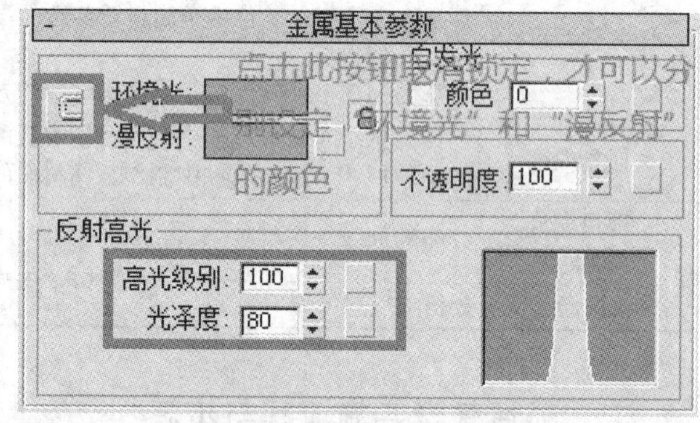


图 3-2-2

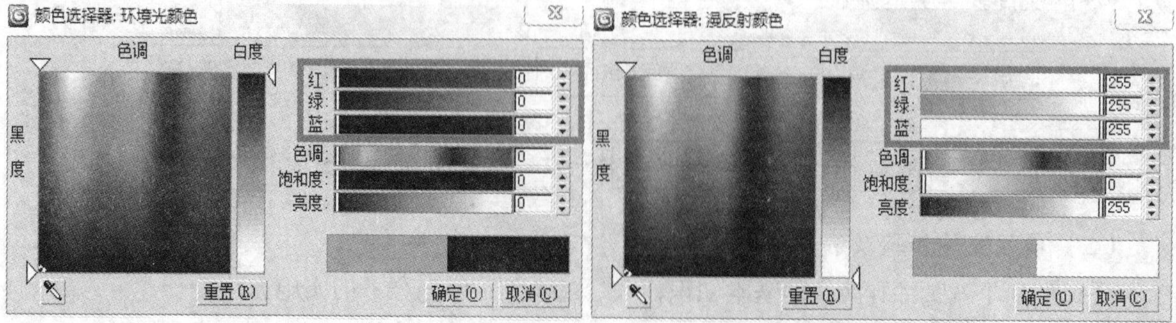


图 3-2-3　　图 3-2-4

（4）进入“贴图”卷展栏，在“反射”后单击 None 按钮，在弹出的 材质/贴图浏览器 对话框中选择“位图”贴图方式，如图 3-2-5 所示。

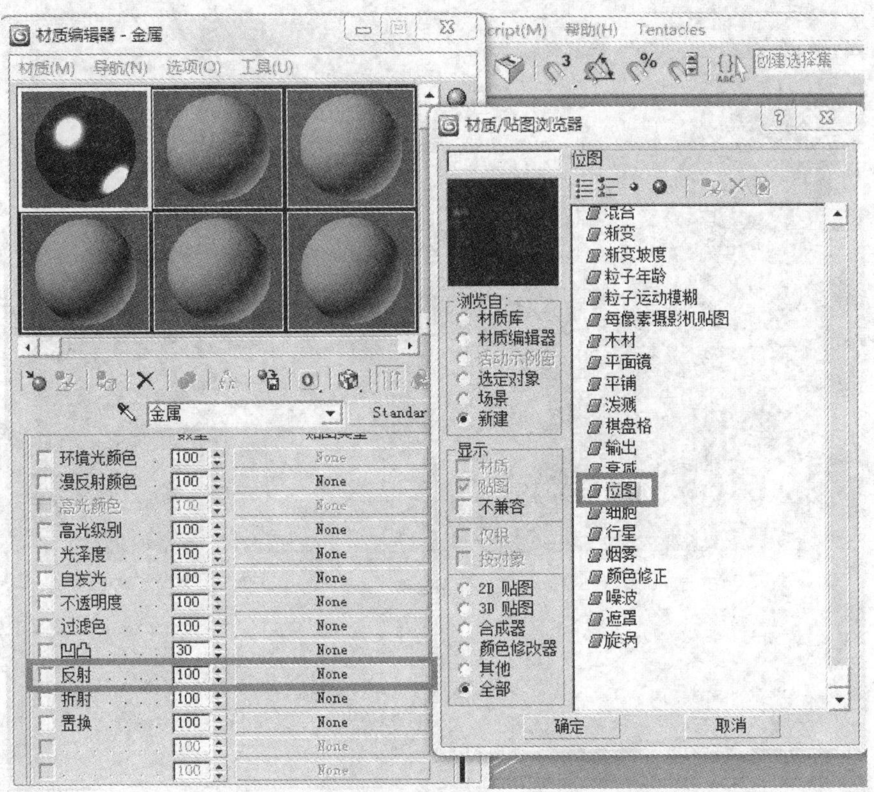

图 3-2-5

（5）在配套光盘的文件中找到“金属.tif”贴图，单击 打开(O) 按钮，进入贴图层级面板。

（6）在“坐标”卷展栏中选择贴图为“球形环境”，设置“平铺”下的“U、V”值分别为 0.4、0.1，如图 3-2-6 所示。

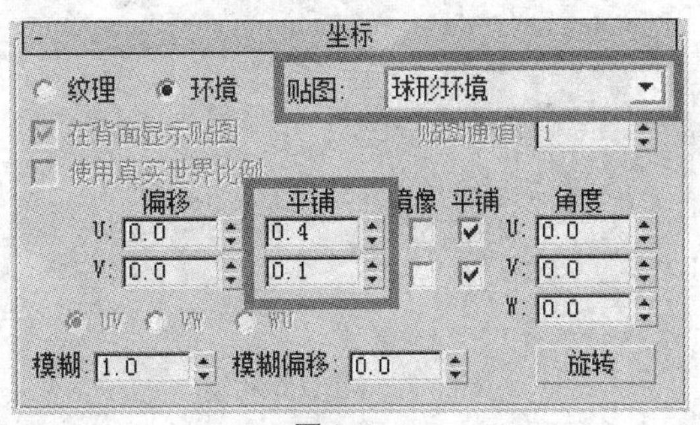

图 3-2-6

（7）材质编制完成后，在场景选中毛巾架，单击材质编辑器中的“将材质指定给选定对象”按钮，为毛巾架添加金属材质。

（8）为了方便观察效果，我们在前视图中创建一个白色的长方体作为背景，渲染后效果如图 3-2-7 所示。

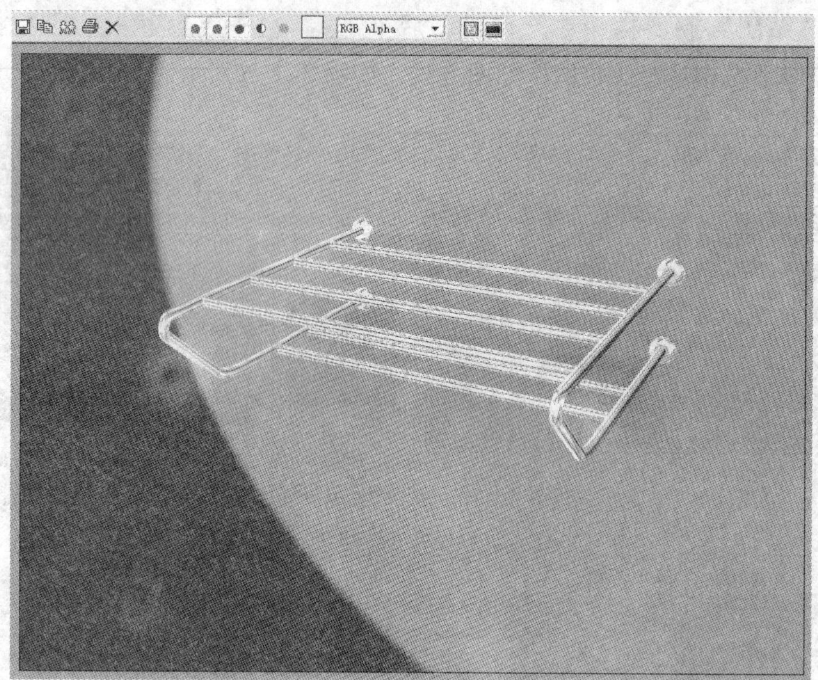


图 3-2-7

# 任务二 布料材质创建

## 一、项目任务书

| 项目任务名称 | 布料材质创建 | 项目任务编号 | |
|---|---|---|---|
| 任务完成时间 | | | |
| 任务学习目标 | 1. 认知目标：<br>了解 3Ds Max 软件中布料材质参数的设置<br>2. 技能目标：<br>掌握 3Ds Max 软件中制作布料材质的方法和技巧 | | |
| 任务内容 | 1. 熟悉 3Ds Max 软件中布料材质参数的设置<br>2. 掌握 3Ds Max 软件中制作布料材质的方法和技巧 | | |
| 项目完成验收点 | 能够创建布料材质 | | |
| 完成项目任务情况分析与反思： | | | |

## 二、项目教学实施流程与步骤

### （一）项目教学实施流程

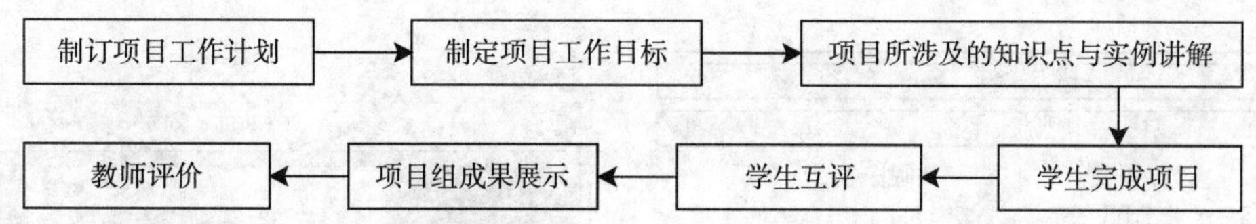


### （二）项目实施步骤及进度

（1）教师讲解项目所涉及的基本知识，并通过实例讲解该任务的实施方法。

（2）学生上机独立完成任务。

（3）学生进行成果展示与汇报。

（4）教师对学生轮流点评并与学生共同给出成绩。

## 三、布料材质的创建——制作浴巾

（1）打开配套光盘中已制作好的浴巾模型——浴巾.max。

（2）打开材质编辑器，选择一个材质球制作材质，命名为“浴巾”。在“明暗器基本参数”中选择“Oren-Nayar-Blinn”明暗器模式，如图 3-2-8 所示。

（3）在基本参数中设置“环境光”和“漫反射”均为 255，246，149，“粗糙度”设置为 30，“高光级别”设置为 5，“光泽度”设置为 5，“柔化”设置为 1，如图 3-2-9 所示。

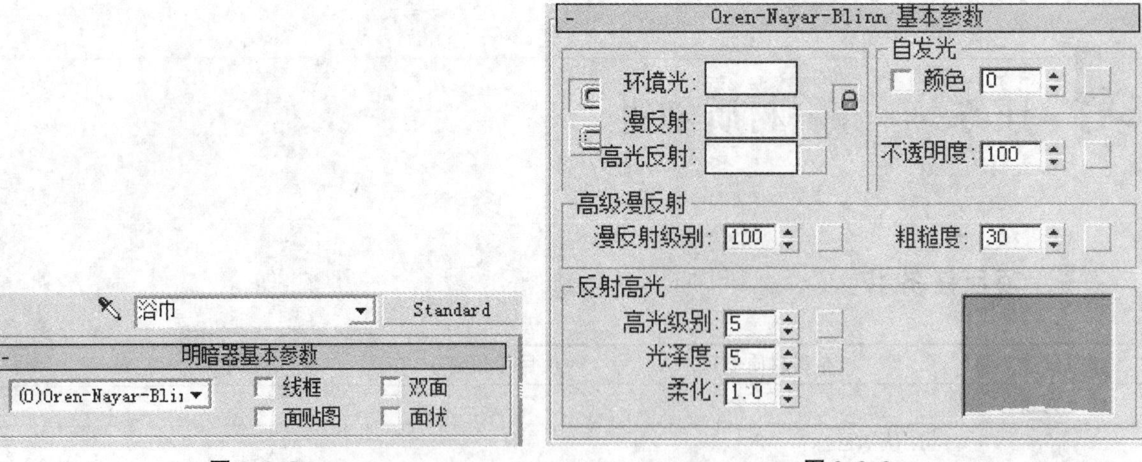


图 3-2-8　　图 3-2-9

（4）打开“贴图”卷展栏，点击“漫反射颜色”后的 None 按钮，选择“位图”贴图模式，选择配套光盘中的“浴巾贴图.jpg”。之后点击“转到父对象”按钮，回到“贴图”界面，将“漫反射颜色”后的贴图通过拖到复制的方式，分别复制到“高光级别”和“凹凸”通道，复制方式为“实例”，并设置“高光级别”为 60，“凹凸”为 30，如图 3-2-10 所示。

（5）此时发现该浴巾贴图两边有黑边，效果不好，需要进行剪裁调整。点击“漫反射颜色”后的 Map #0（浴巾贴图.jpg）按钮，进入到贴图设置界面，在“位图参数”卷展栏中点击 查看图像 按钮，弹出 指定裁剪/放置（1:4）对话框，移动图像两边的裁剪框，去除图像两边的黑边，再勾选 应用 选项，应用裁剪操作，如图 3-2-11、图 3-2-12 所示。

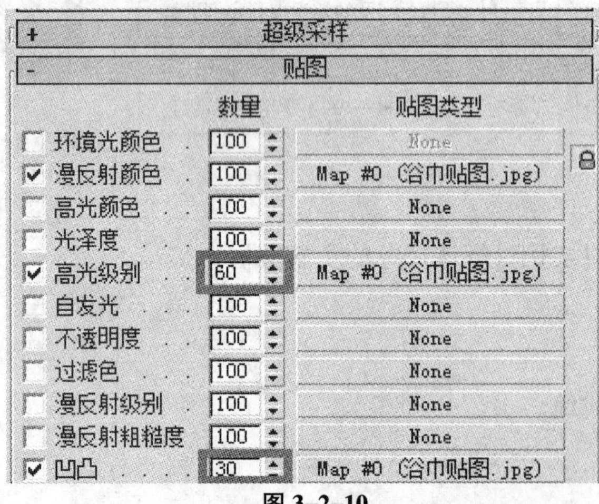


图 3-2-10

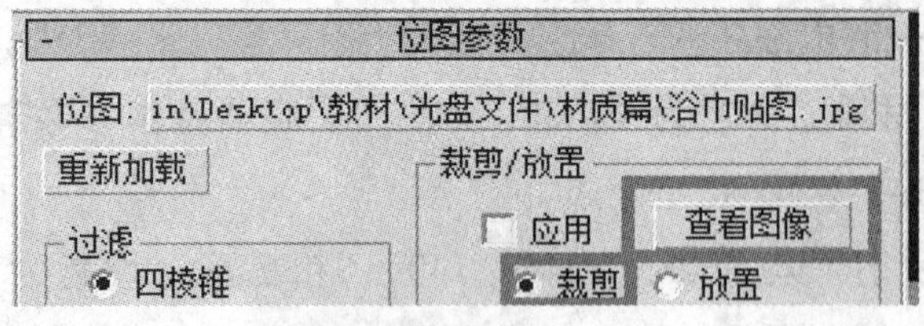


图 3-2-11

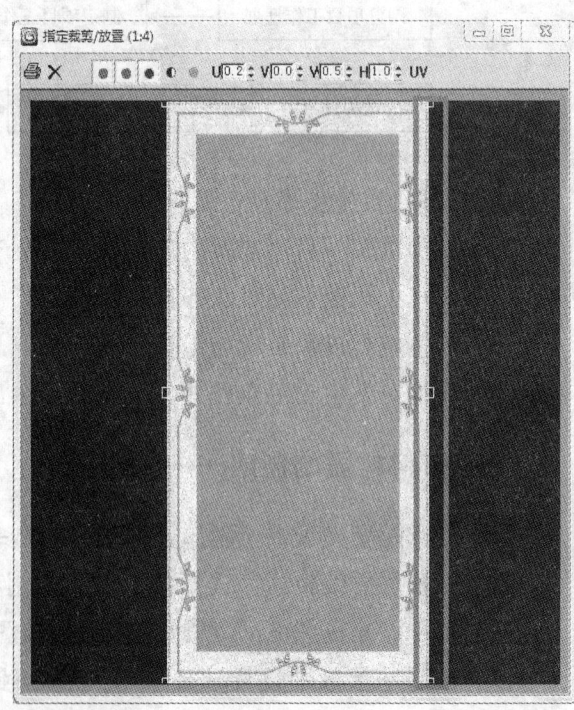


图 3-2-12

（6）将材质指定给浴巾模型，按下 F9 键在透视图中渲染，效果如图 3-2-13 所示。

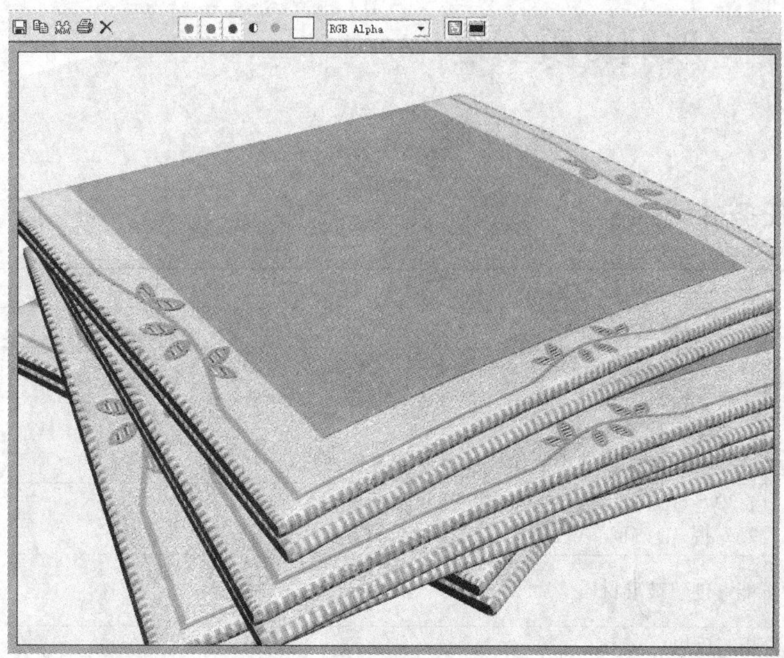


图 3-2-13

# 任务三 玻璃材质创建

## 一、项目任务书

| 项目任务名称 | 玻璃材质创建 | 项目任务编号 | |
|---|---|---|---|
| 任务完成时间 | | | |
| 任务学习目标 | 1. 认知目标：<br>了解 3Ds Max 软件中玻璃材质参数的设置<br>2. 技能目标：<br>掌握 3Ds Max 软件中制作玻璃材质的方法和技巧 | | |
| 任务内容 | 1. 熟悉 3Ds Max 软件中玻璃材质参数的设置<br>2. 掌握 3Ds Max 软件中制作玻璃材质的方法和技巧 | | |
| 项目完成验收点 | 能够创建玻璃材质 | | |
| 完成项目任务情况分析与反思： | | | |

## 二、项目教学实施流程与步骤

### （一）项目教学实施流程

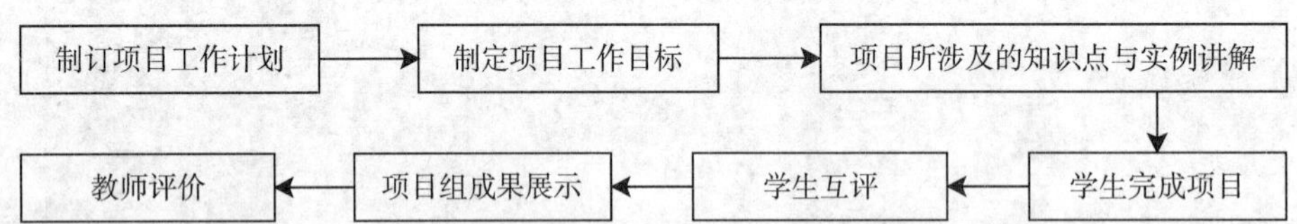


### （二）项目实施步骤及进度

（1）教师讲解项目所涉及的基本知识，并通过实例讲解该任务的实施方法。

（2）学生上机独立完成任务。

（3）学生进行成果展示与汇报。

（4）教师对学生轮流点评并与学生共同给出成绩。

## 三、玻璃材质的创建——制作玻璃球

（1）打开软件，创建一个球体，再创建一个平面，调整位置，如图 3-2-14 所示。

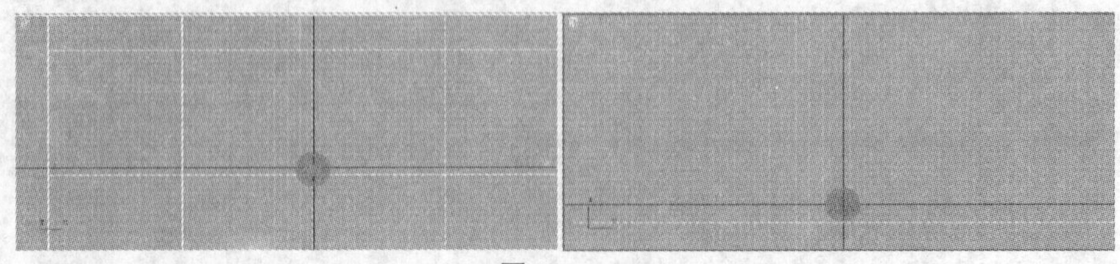

图 3-2-14

（2）打开材质编辑器，选择一个材质制作玻璃材质，命名为“玻璃”，点击命名栏旁的 Standard 按钮，在弹出的 材质/贴图浏览器 对话框中选择“光线跟踪”模式，在“光线跟踪基本参数”卷展栏中选择“Phong”明暗处理模式，如图 3-2-15 所示。

（3）设置光线跟踪基本参数：“漫反射”RGB 设置为 0，0，0；“透明度”RGB 设置为 255，255，255；“高光级别”设置为 200；“光泽度”设置为 70，如图 3-2-16 所示。

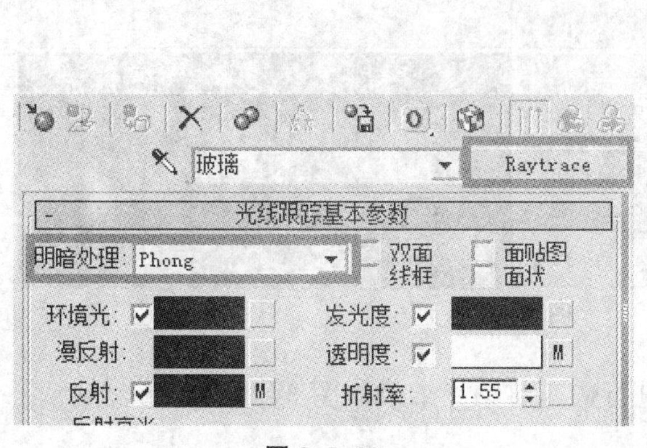


图 3-2-15

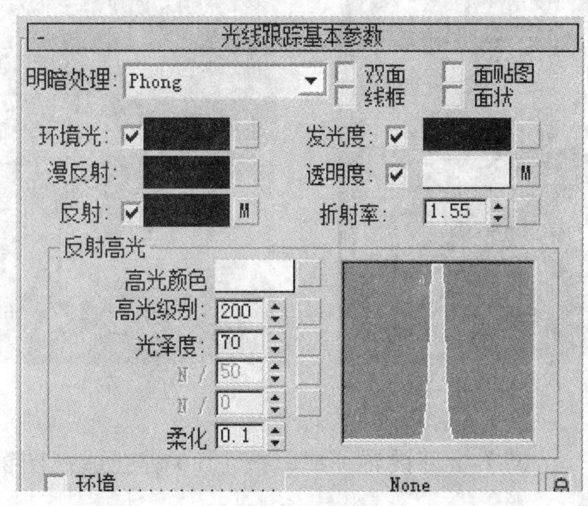


图 3-2-16

（4）进入“贴图”卷展栏，点击“反射”后的 None 按钮，在弹出的对话框中选择“衰减”贴图，将材质指定给场景中的球体，如图 3-2-17 所示。

（5）再选择一个材质球，命名为“地板”，直接进入“贴图”卷展栏，点击“漫反射颜色”后的 None 按钮，选择“木材”贴图，将材质指定给场景的平面，如图3-2-18 所示。

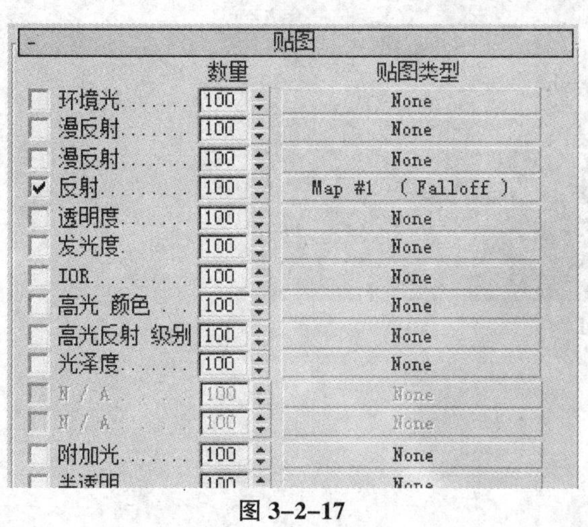


图 3-2-17

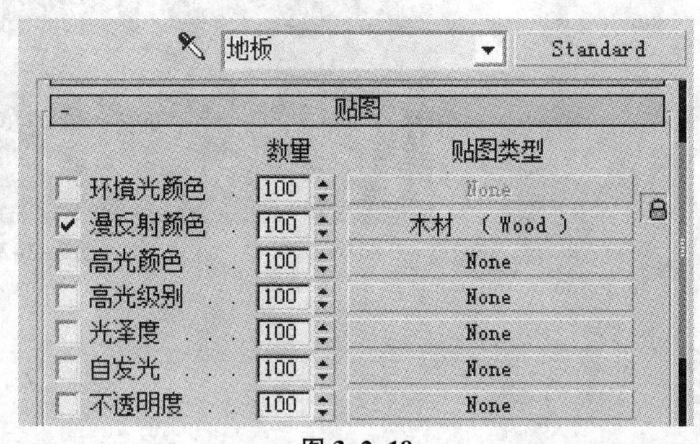


图 3-2-18

（6）玻璃材质需要在场景中配合创建灯光才可以完全展示其效果，所以现在我们在场景创建一些灯光（灯光的创建方法在后面的项目中会有详细的讲解）。在场景中创建一盏“泛光灯”，在“修改”面板中修改其灯光参数，如图 3–2–19 所示，再在场景中利用移动复制的方法复制 3 个，复制模式为“实例”，调整其位置，如图 3–2–20 所示。

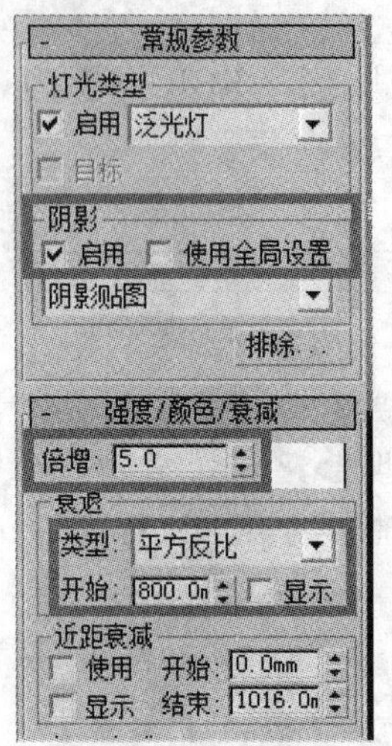


图 3–2–19

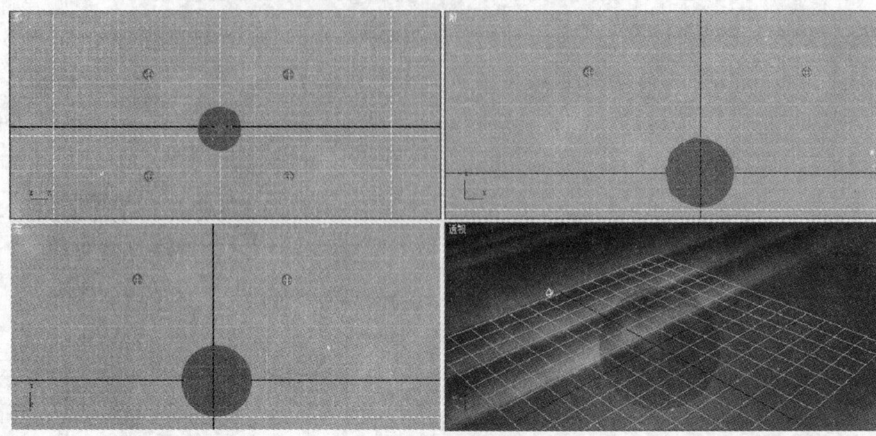

图 3–2–20

（7）全部设置完成，按下 F9 键在透视图窗口进行快速渲染，结果如图 3–2–21 所示。

图 3–2–21

# 项目三

# VRay 高级材质创建

## 一、项目任务书

| 项目任务名称 | VRay 高级材质创建 | 项目任务编号 | |
|---|---|---|---|
| 任务完成时间 | | | |
| 任务学习目标 | 1. 认知目标：<br>①理解 VRay 高级材质的基本内容<br>②了解学习 VRay 高级材质的基本设置参数<br>2. 技能目标：<br>掌握 VRay 高级材质的基本设置方法 | | |
| 任务内容 | 1. 熟悉 VRay 高级材质的特性<br>2. 掌握 VRay 高级材质的常用参数 | | |
| 项目完成验收点 | 能熟悉 VRay 高级材质的基本特性，掌握了解效果图中常用的 VRay 高级材质参数 | | |
| 完成项目任务情况分析与反思： | | | |

## 二、项目计划与决策

学生项目组根据项目任务书进行项目实施计划制订和进行决策。

**项目实施计划书**

| 项目任务与内容 | 学生工作任务 | 教师工作任务 | 实施场所 | 教学时间 | 备注 |
|---|---|---|---|---|---|
| 项目分析及目标、计划制订 | 1. 阅读任务书，理解并明确项目任务<br>2. 复习此次任务中所要用到的以前学过的知识点，为任务的完成打好基础<br>3. 确定项目学习目标，制订项目实施计划 | 1. 布置课题下发任务<br>2. 复习相关知识 | 机房 | 10 分钟 | |
| VRay 高级材质基本特性的讲解 | 1. 基本知识<br>2. 相关参数 | 多媒体演示教学讲解摄像机的基本知识和相关参数的意义 | 机房 | 20 分钟 | |
| VRay 高级材质的参数应用 | 1. 客厅模型 VRay 材质的创建<br>2. 卫生间模型 VRay 材质的创建<br>3. 卧室模型 VRay 材质的创建<br>4. 其他模型 VRay 材质的创建 | 以客厅效果图的 VRay 材质的创建为实例讲解 | 机房 | 20 分钟 | |

续表

| 项目任务与内容 | 学生工作任务 | 教师工作任务 | 实施场所 | 教学时间 | 备注 |
|---|---|---|---|---|---|
| 学生上机实训，完成任务 | 按要求完成任务目标 | 给学生解惑答疑 | | 25 分钟 | |
| 学生互评 | 成果展示，学生相互评价，总结项目实施成果，给出评定成绩 | 1. 给学生解惑答疑<br>2. 组织管理好纪律 | 机房 | 8 分钟 | |
| 教师讲评 | 根据教师的讲评进行项目实施反思 | 1. 选取部分学生作品进行评价<br>2. 找出问题，进行归纳，如何做得更好<br>3. 成果归档 | | 7 分钟 | |
| 合　计 | | | | 90 分钟 | |

## 三、项目教学实施流程与步骤

### （一）项目教学实施流程

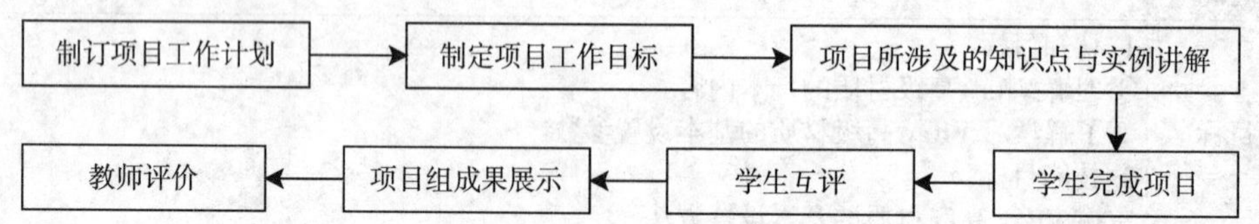


### （二）项目实施步骤及进度

（1）教师讲解项目所涉及的基本知识，并通过实例讲解该任务的实施方法。

（2）学生上机独立完成任务。

（3）学生进行成果展示与汇报。

（4）教师对学生轮流点评并与学生共同给出成绩。

## 四、VRay 材质特性及参数

### （一）**VRay** 渲染器的 **8** 种材质类型

VRay 渲染器的 8 种材质类型如图 3-3-1 所示。

### （二）**VRay** 材质特性及参数

1. VRayMtl（Vray 材质）

VRayMtl（VRay 材质）在 VRay 渲染器中是最常用的一种材质类型，在场景中使用该材质能够获得更加准确的物理照明（光能分布），更快的渲染。用户可以使用不同的纹理贴图，控制其反射和折射，增加凹凸贴图和置换贴图，做出真实的材质效果。

（1）基本参数（如图 3-3-2 所示）。

a. 漫反射。漫反射主要用来设置材质的表面颜色和纹理贴图。单击色块，可以调整自身的颜色；单击色块右边的 按钮，可以选择不同的材质类型。

粗糙度：数值越大粗糙效果越明显。

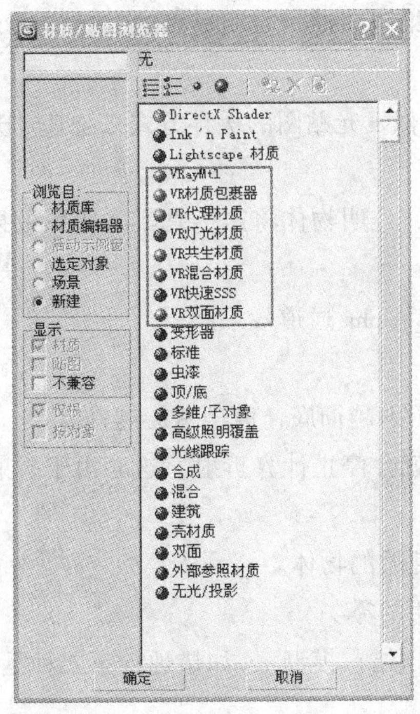


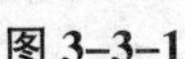
图 3-3-1

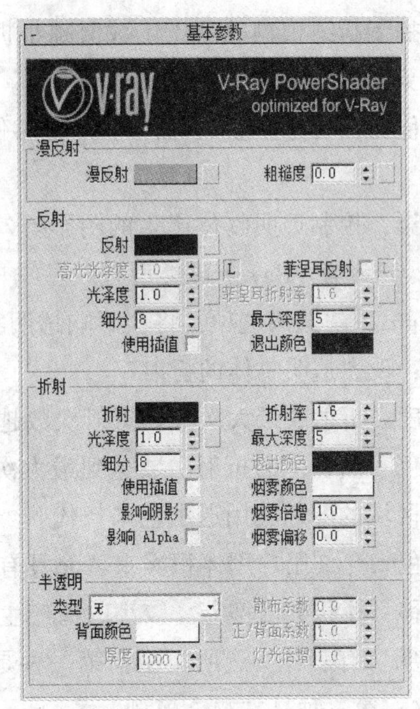


图 3-3-2

b. 反射。材质的反射效果是通过颜色进行控制的。颜色越白，反射越强，颜色越黑，反射越弱。单击色块右边的 按钮，可以使用贴图的灰度来控制反射的强弱（灰度控制反射的强弱，色度控制反射出的颜色）。

高光光泽度：控制材质高光大小。可以通过单击旁边的 L 按钮解除锁定。

光泽度：控制材质反射模糊效果。数值越小，反射效果越模糊，默认数值为 1，表示没有模糊效果。

细分：控制反射模糊的品质。数值越小反射效果越粗糙，有明显颗粒；数值越大反射效果越好，但渲染速度会越慢。

使用插值：当勾选该参数时，VRay 能够使用类似发光贴图的缓存方式来加速反射模糊的计算速度。

菲涅耳反射：当该选项被选中时，光线的反射就像真实世界的玻璃反射一样。这意味着当光线和表面法线的夹角接近 0°时，反射光线将减少至消失（当光线与表面几乎平行时，反射将是可见的，当光线垂直于表面时将几乎没有反射）。

最大深度：反射的最大次数。反射次数越多，反射越彻底，渲染速度越慢。

退出颜色：当物体的反射次数达到最大次数时就会停止计算反射，这时由于反射次数不够造成的反射区域的颜色就用退出色来替代。

c. 折射。材质的折射效果是通过颜色进行控制的。颜色越白物体越透明，颜色越黑物体越不透明。单击色块右边的 按钮，可以使用贴图的灰度来控制折射的强弱。

光泽度：控制材质折射模糊效果。数值越小，折射效果越模糊，默认数值为 1，表示没有模糊效果。

细分：控制折射模糊的品质。数值越小折射效果越粗糙，有明显颗粒；数值越大折射效果越好，但渲染速度会越慢。

使用插值：当勾选该参数时，VRay 能够使用类似发光贴图的缓存方式来加速“光泽度”的计算速度。

影响阴影：控制透明物体产生的阴影。勾选它，透明物体将产生真实的阴影效果。该选项仅对 VRay 灯光或者 VRay 阴影类型有效。

影响 Alpha：勾选该选项，将会影响透明物体的 Alpha 通道效果。

折射率：设置透明物体的折射率。

最大深度：折射的最大次数。折射次数越多，折射越彻底，渲染速度越慢。

退出颜色：当物体的折射次数达到最大次数时就会停止计算折射，这时由于折射次数不够造成的折射区域的颜色就用退出色来替代。

烟雾颜色：允许用户用体积雾来填充具有折射性质的物体。

烟雾偏移：体积雾倍增器。较小的值产生更透明的雾。

d. 半透明。有三种半透明类型：第一种是“硬（蜡）模型”，如蜡烛；第二种是“软（水）模型”，如水；第三种是“混合模型”。

背面颜色：控制半透明效果的颜色。

厚度：用来控制光线在物体内部被追踪的深度。

散布系数：物体内部的散射总量。

正/背面系数：控制光线在物体内部的散射方向。

灯光倍增：光线亮度倍增器。此参数表示该材质在物体内部所反射的光线的数量。

（2）双向反射分布函数（如图 3-3-3 所示）。

最通用的用于表现一个物体表面反射特性的方法是使用双向反射分布功能（BRDF）。一个用于定义物体表面的光谱和空间反射特性的功能。VRay 支持下列类型的 BRDF：Phong、Blinn 和 Ward。

（3）选项（如图 3-3-4 所示）。

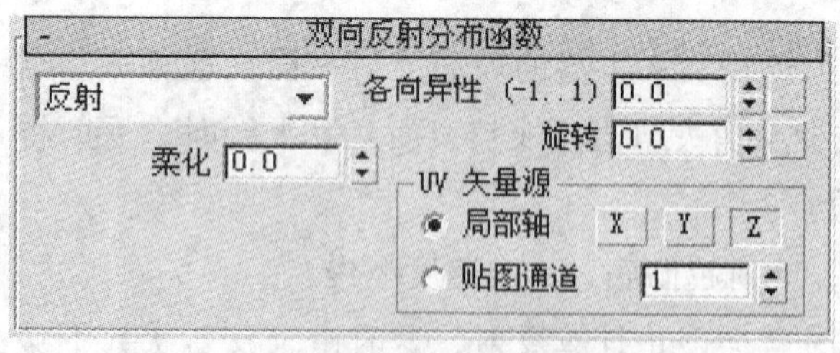


图 3-3-3

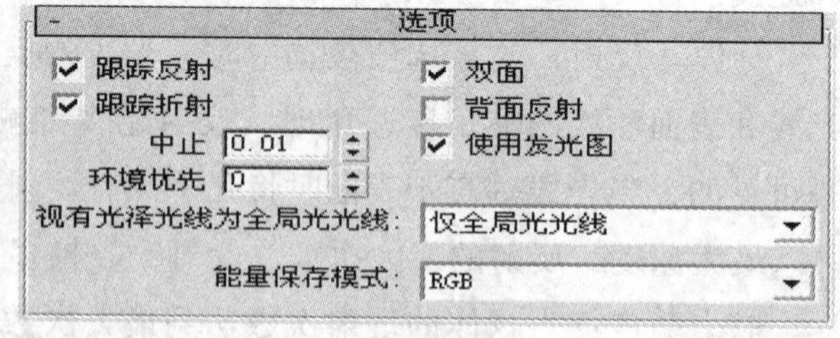


图 3-3-4

a. 跟踪反射：控制光线是否追踪反射。

b. 跟踪折射：控制光线是否追踪折射。

c. 双面：控制 VRay 渲染的面为双面。

d. 背面反射：勾选时，强制 VRay 计算反射物体的背面反射效果。

(4) 贴图（如图 3-3-5 所示）。

a. 漫反射：这里用于控制材质纹理贴图的漫反射颜色。如果你需要一种简单的颜色，不要选择该项，而是在 Basic Parameters 调节漫反射。

b. 粗糙度：这里用于控制材质纹理贴图的反射颜色。如果你需要一种简单的颜色，不要选择该项，而是在 Basic Parameters 调节反射。

c. 反射：这里的纹理贴图用于控制其光泽反射的倍增。

d. 高光光泽：这里用于控制材质纹理贴图的折射颜色。如果你需要一种简单的颜色，不要选择该项，而是在 Basic Parameters 调节折射。

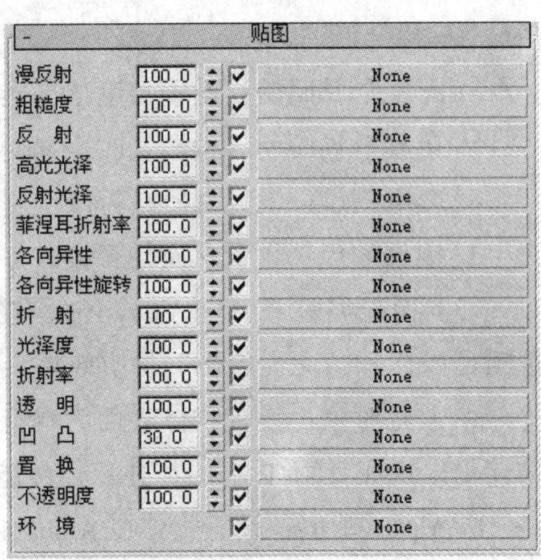

图 3-3-5

e. 反射光泽：这里的纹理贴图用于控制其光泽折射的倍增。

f. 凹凸：这里用于凹凸贴图。凹凸贴图是一种使用模拟物体表面凹凸的贴图，不需要使用实际的凹凸面。

g. 置换：这里用于使用置换贴图。置换贴图用于修改物体的表面使其看起来粗糙。置换贴图不同于凹凸贴图，它会将物体的表面细分并对顶点进行置换（改变几何体）。它通常比使用凹凸贴图的速度慢。

2. VR 材质包裹器

VR 材质包裹器主要用于控制材质的全局光照、焦散和不可见的。多数用于控制有自发光的材质和饱和度过高的材质，如图 3-3-6 所示。

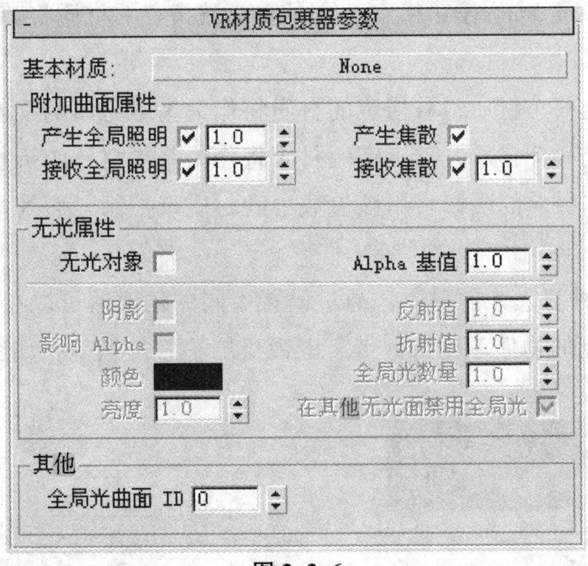

图 3-3-6

(1) 基本材质：用于设置嵌套的材质。

(2) 附加曲面属性：主要控制赋有材质包裹器物体的接收、产生 GI 属性以及接收、产生焦散属性。

a. 产生全局照明：设置产生全局光及其强度。

b. 接收全局照明：设置接收全局光及其强度。

c. 产生散焦：设置材质是否产生焦散效果。

d. 接收散焦：设置材质是否接收焦散效果。

（3）无光属性：目前 VRay 还没有独立的“无光属性”材质，但包裹材质里的这个不可见选项可以模拟“无光属性”材质效果。

a. 无光对象：设置物体表面为具有阴影遮罩属性的材质，使该物体在渲染时不可见，但该物体仍出现在反射/折射中，并且仍然能产生间接照明。

b. Alpha 基值：设置物体在 Alpha 通道中显示的强度。光数值为 1 时，表示物体在 Alpha 通道中正常显示；数值为 0 时，表示物体在 Alpha 通道中完全不显示。

c. 阴影：用于控制遮罩物体是否接收直接光照产生的阴影效果。

d. 影响 Alpha：设置直接光照是否影响遮罩物体的 Alpha 通道。

e. 颜色：用于控制被包裹材质的物体接收的阴影颜色。

f. 亮度：用于控制遮罩物体接收阴影的强度。

g. 反射值：用于控制遮罩物体的反射程度。

h. 折射值：用于控制遮罩物体的折射程度。

i. 全局光数量：用于控制遮罩物体接收间接照明的程度。

3. VR 代理材质

VR 代理材质可以让用户更广泛地去控制场景的色彩融合、反射、折射等，如图 3-3-7 所示。

（1）基本材质：指定被替代的基本材质。

（2）全局光材质：通过 None 按钮指定一个材质，被指定的材质将替代基本材质参与到全局照明中。

（3）反射材质：指定一个材质，被指定的材质将作为基本材质的反射对象。

（4）折射材质：指定一个材质，被指定的材质将作为基本材质的折射对象。

（5）阴影材质：基本材质的阴影将用该参数中的材质来控制，而基本材质的阴影将无效。

4. VR 灯光材质

VRay 灯光材质是一种自发光的材质，通过设置不同的倍增值可以在场景中产生不同的明暗效果。可以用来做自发光的物件，比如灯带、电视机屏幕、灯箱等，如图 3-3-8 所示。

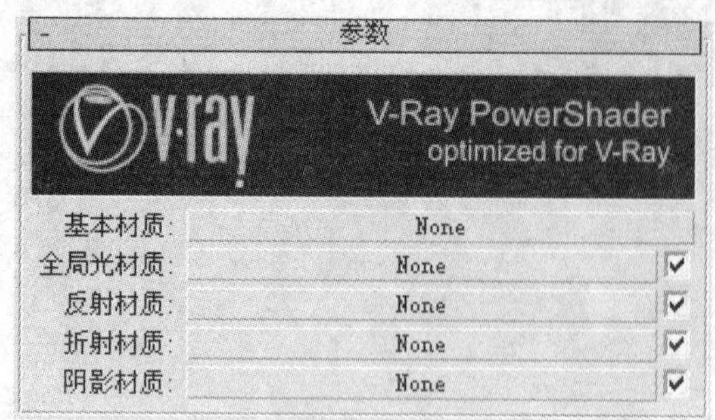


图 3-3-7

图 3-3-8

（1）颜色：用于设置自发光材质的颜色，如果有贴图，则以贴图的颜色为准，此值无效。

（2）倍增：用于设置自发光材质的亮度。相当于灯光的倍增器。

（3）双面：用于设置材质是否两面都产生自发光。

（4）不透明度：用于指定贴图作为自发光。

5. VR 混合材质

VR 混合材质可以让多个材质以层的方式混合来模拟真实物理中的复杂材质，如图 3-3-9 所示。

（1）基本材质：指定被混合的第一种材质。

（2）镀膜材质：指定混合在一起的其他材质。

（3）混合数量：设置两种以上材质的混合度。当颜色为黑色时，是会完全显示基础材质的。

（4）漫反射颜色：当颜色为白色时，会完全显示镀膜材质的漫反射颜色；也可以利用贴图通道来进行控制。

（5）相加（虫漆）模式：一般不勾选，如果勾选，VR 混合材质将和 3Ds Max 中的“虫漆”材质效果类似。

6. VR 快速 SSS

SSS 材质是 Sub-Surface-Scattering 的简写，是指光线在物体内部的色散而呈现的半透明效果。但它不包括漫反射和模糊效果，如果要创建这些效果可以使用“VRay 混合材质”，如图 3-3-10 所示。

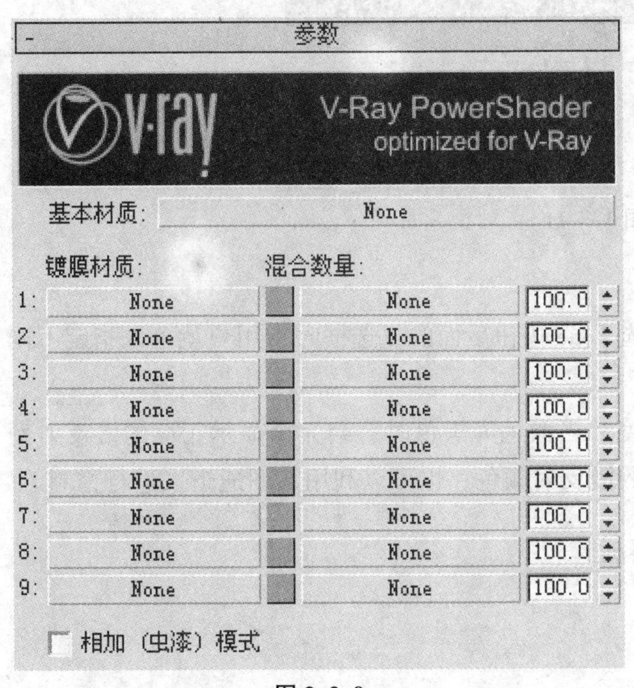


图 3-3-9

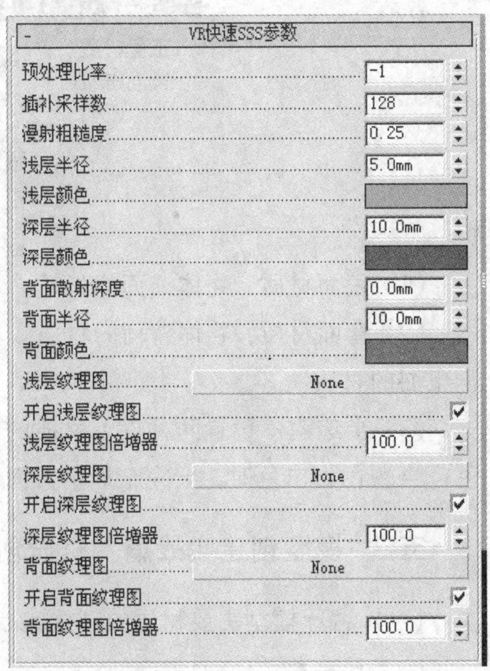


图 3-3-10

（1）预处理比率：值为 0 时就相当于不用预处理的效果，为-1 时效果相差 1/2，为-2 时效果相差 1/4，依次类推。

（2）插补采样数：用补插的算法来提高精度，可以理解为模糊过渡的一种算法。

（3）漫射粗糙度：可以得到类似于绒布的效果，受光面能吸光。

（4）浅层半径：依照场景尺寸来衡量物体浅层的次表面散射半径。

（5）浅层颜色：次表面散射的浅层颜色。

（6）深层半径：依照场景尺寸来衡量物体深层的次表面散射半径。

（7）深层颜色：次表面散射的深层颜色。

（8）背面散射深度：调整材质背面次表面散射的深度。

（9）背面半径：调整材质背面次表面散射的半径。

（10）背面颜色：调整材质背面次表面散射的颜色。

（11）浅层纹理图：是指用浅层半径来附着的纹理贴图。

（12）深层纹理图：是指用深层半径来附着的纹理贴图。

（13）背面纹理图：是指用背面散射深度来附着的纹理贴图。

7. VR 双面材质

VR 双面材质可以设置物体前后两面不同的材质，常用来制作纸张、窗帘、树叶等效果，如图 3-3-11 所示。

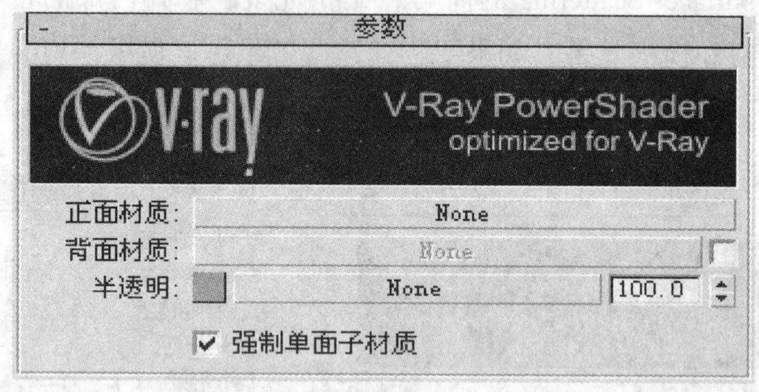


图 3-3-11

（1）正面材质：物体前面的材质。

（2）背面材质：物体背面的材质。当勾选 None 按钮后面的复选框时，用户就可以指定不同于正面的材质。

（3）半透明：设置两种以上材质的混合度。当颜色为黑色时，会完全显示正面的漫反射颜色；当颜色为白色时，会完全显示背面材质的漫反射颜色；也可以利用贴图通道来进行控制。

## 五、“模型创建实战篇”材质创建实战

### （一）客厅模型主要材质的创建实战

1. 乳胶漆材质

（1）按 M 键，打开材质编辑器，选择第一个材质球，单击（标准）按钮，在弹出的“材质/贴图浏览器”对话框中选择“VRayMtl”材质，单击“确定”按钮，将材质赋给墙面，如图 3-3-12 所示。

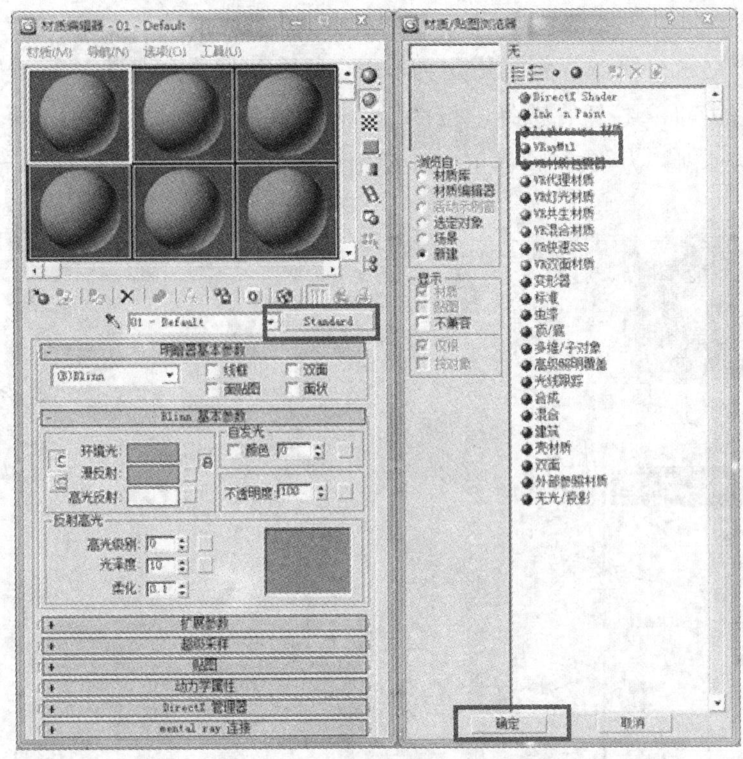

图 3-3-12

（2）将材质命名为“浅色乳胶漆”，设置漫反射颜色值为红 190、绿 160、蓝 110，反射值为红 20、绿 20、蓝 20，开启高光光泽度 L 按钮，高光光泽度值设置为 0.25，把选项卷展栏中的跟踪反射选项取消，参数设置如图 3-3-13 所示。

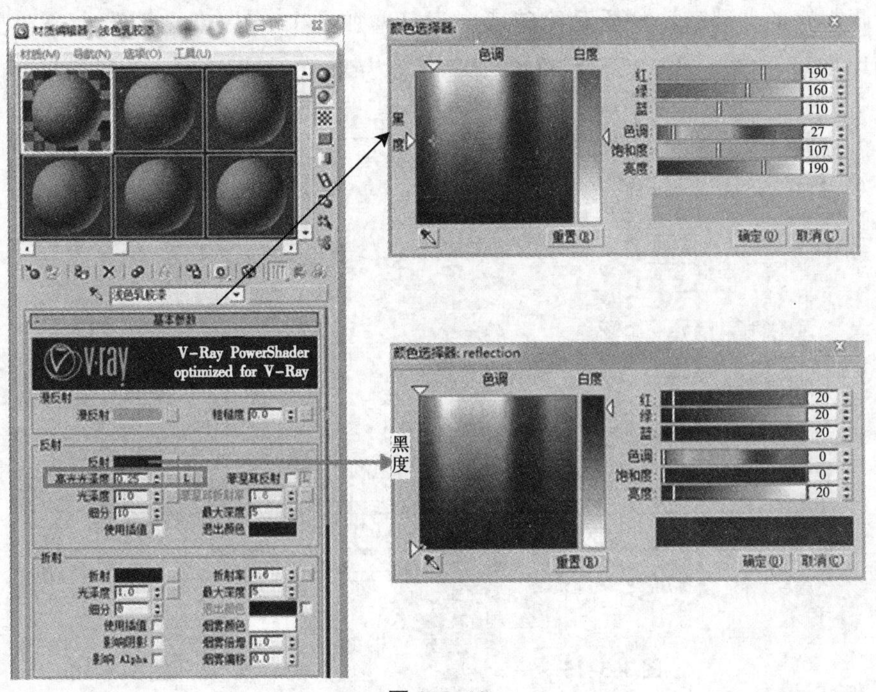

图 3-3-13

2. 墙砖材质

（1）选择一个空白材质球，将其指定为 VRay 材质，材质命名为“墙砖”，将材质赋给砖墙，单击漫反射右边的 ▢ 按钮，选择“位图”选项，在弹出的对话框中选择相应的图片，“坐标”卷展栏中的“模糊”为 0.5，这样可以让贴图更加清晰，如图 3-3-14 所示。

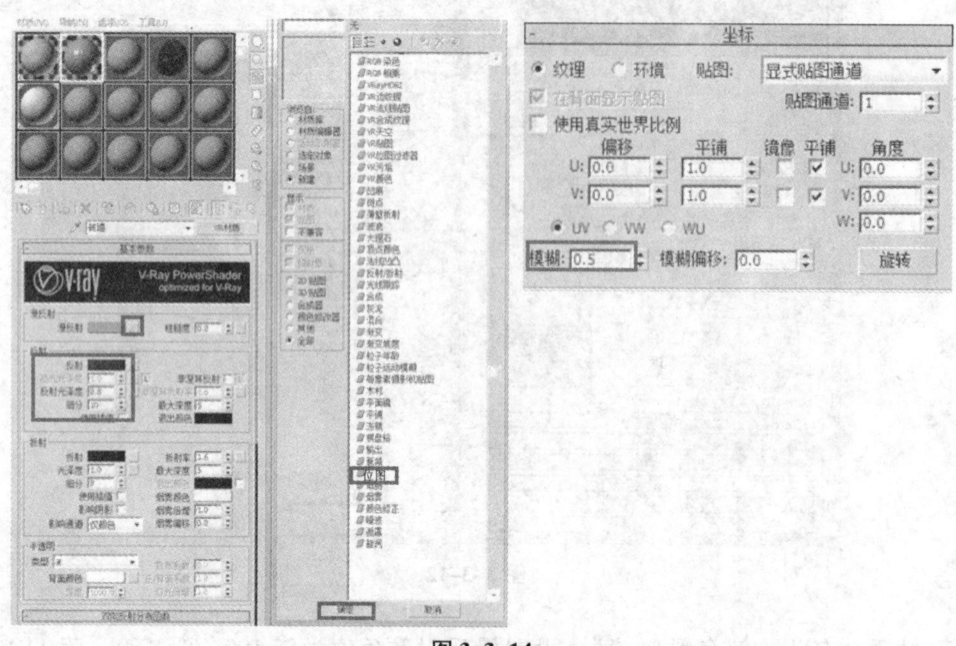


图 3-3-14

（2）在“贴图”卷展栏中，将“漫反射”中的位图复制到“凹凸”通道中，将数量设置为 60，如图 3-3-15 所示。

（3）将调制好的“墙砖”材质赋给砖墙，为其增加一个“UVW 贴图”命令，在贴图方式下选择“平面”即可，修改“长度”为 800，“宽度”为 800，如图 3-3-16 所示。

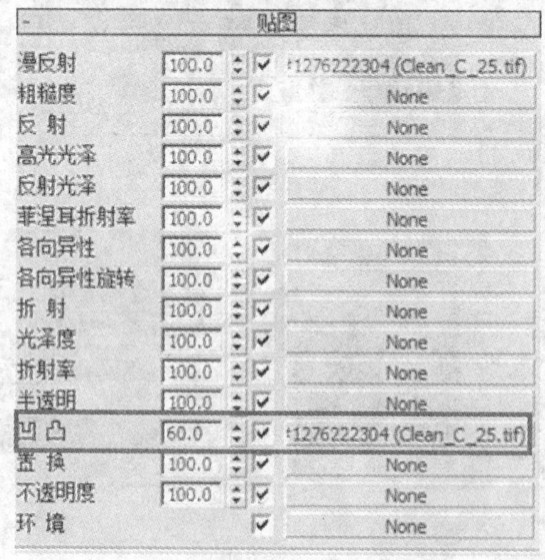


图 3-3-15

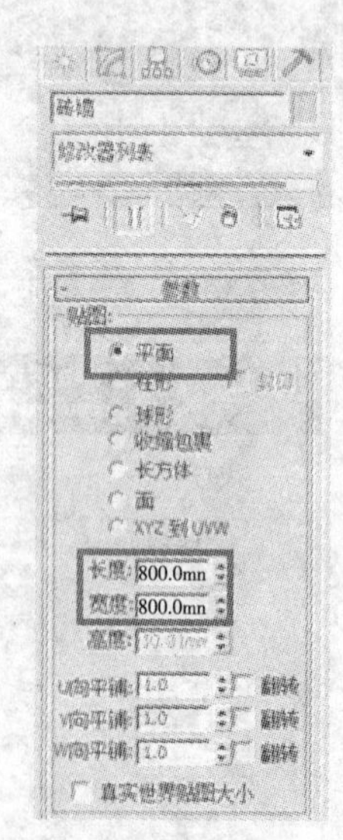


图 3-3-16

3. 壁纸材质

（1）选择一个空白材质球，将其指定为 VRay 材质，材质命名为“壁纸”，将材质赋给壁纸墙，单击漫反射右边的 按钮，选择“位图”选项，在弹出的对话框中选择相应的图片，“坐标”卷展栏中的“模糊”为 0.5，这样可以让贴图更加清晰，如图 3–3–17 所示。

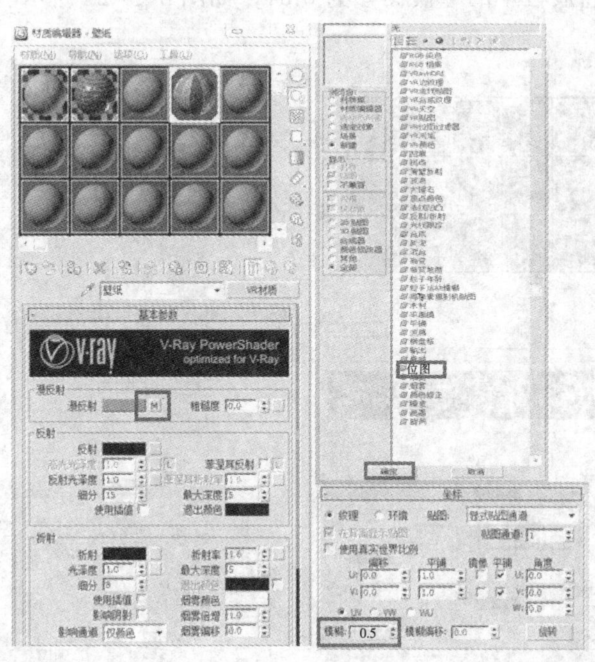


图 3–3–17

（2）将调制好的“壁纸”材质赋给壁纸墙，为其增加一个“UVW 贴图”命令，在贴图方式下选择“长方体”，修改“长度”为 0、“宽度”为 500、“高度”为 500，如图 3–3–18 所示。

（3）在“贴图”卷展栏中，将“漫反射”中的位图复制到“凹凸”通道，将数量设置为 45，如图 3–3–19 所示。

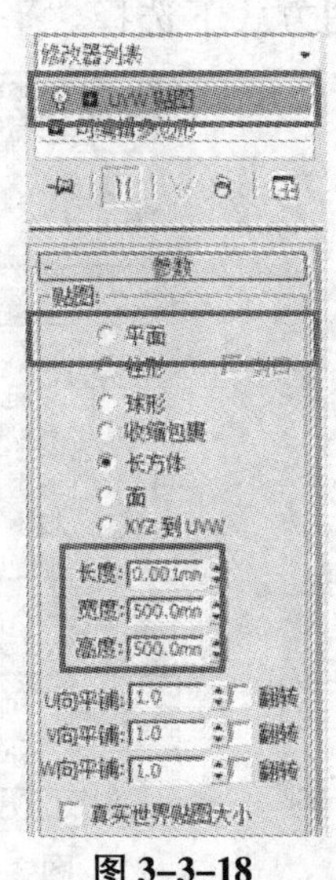


图 3–3–18

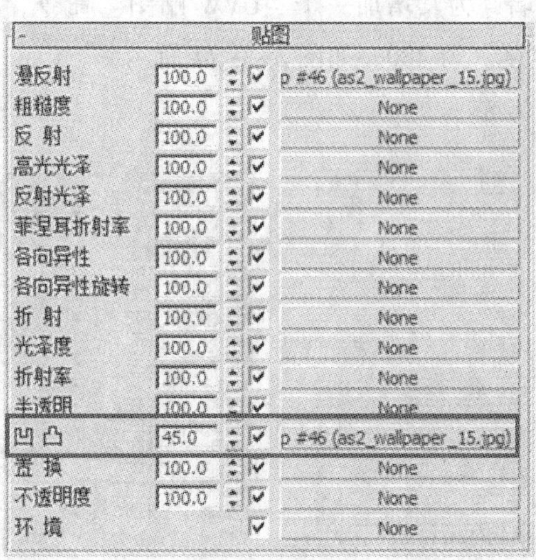


图 3–3–19

4. 地砖材质

（1）选择一个空白材质球，将其指定为 VRay 材质，材质命名为“地砖”，将材质赋给地面，单击漫反射右边的 按钮，选择“位图”选项，在弹出的对话框中选择相应的图片，如图 3-3-20 所示。

（2）设置“坐标”卷展栏中的“模糊”为 0.01，如图 3-3-21 所示。

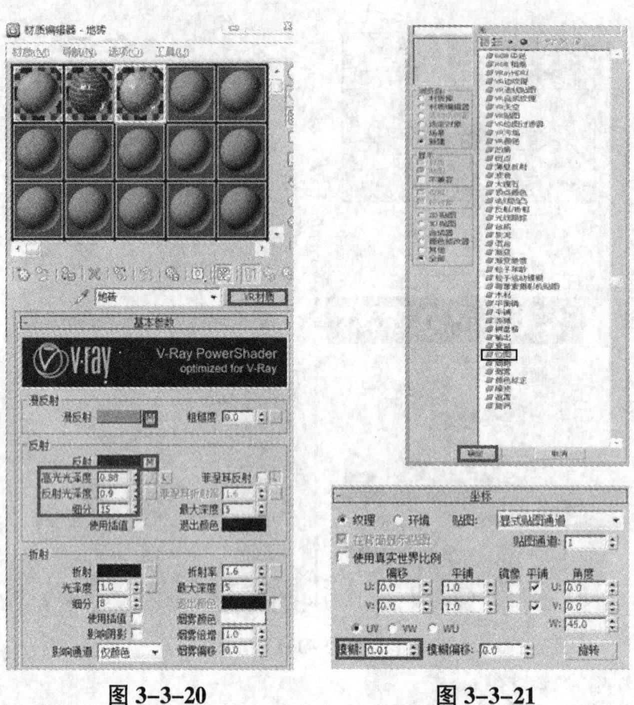

图 3-3-20　　图 3-3-21

（3）在“反射”中添加“衰减”贴图，参数设置如图 3-3-22 所示。

（4）在“贴图”卷展栏中，将“漫反射”中的位图复制到“凹凸”通道，将数量设置为 100，如图 3-3-23 所示。

（5）选择砖墙，为其增加一个“UVW 贴图”命令，在贴图方式下选择“平面”，修改“长度”为 480、“宽度”为 480，如图 3-3-24 所示。

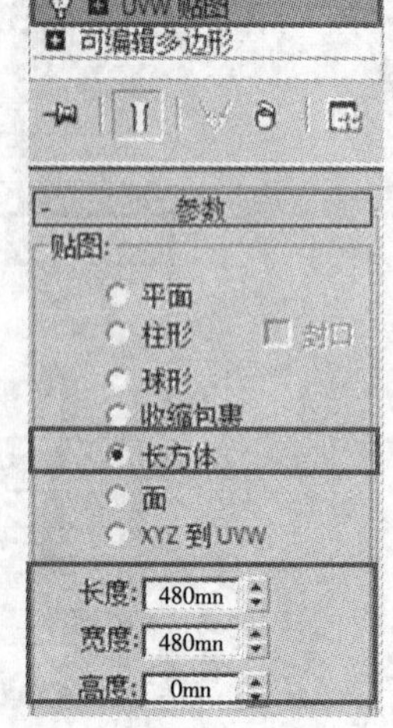

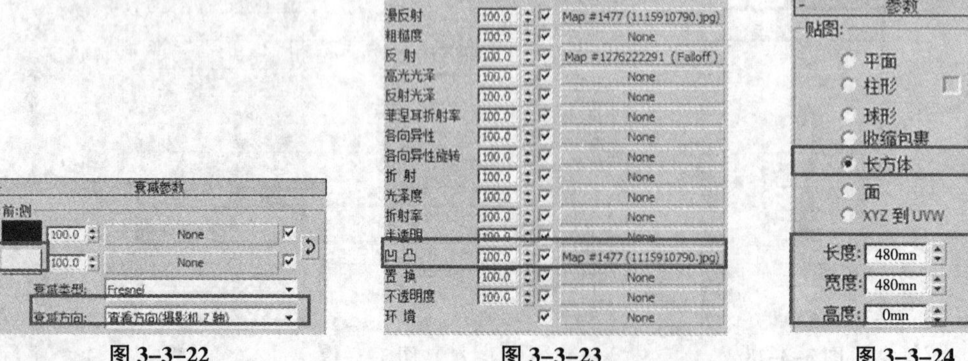

图 3-3-22　　图 3-3-23　　图 3-3-24

5. 沙发布纹材质

（1）选择一个空白材质球，将其指定为 VRay 材质，材质命名为“沙发布纹”，将材质赋给沙发，单击漫反射右边的 按钮，选择“衰减”选项，设置“坐标”卷展栏中的“模糊”为 0.5，如图 3-3-25 所示。

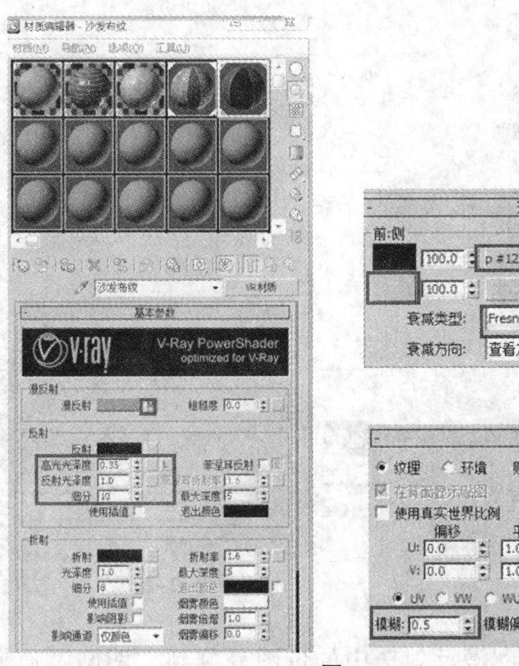


图 3-3-25

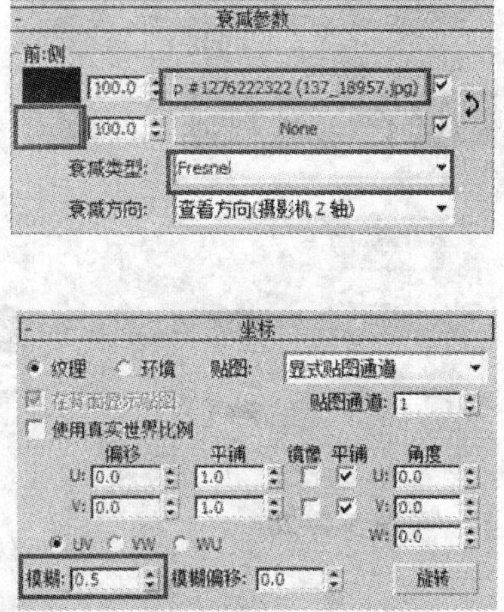

（2）在“贴图”卷展栏中的“凹凸”通道中添加一幅位图，将数量设置为 200，如图 3-3-26 所示。

（3）选择沙发，为其增加一个“UVW 贴图”命令，在贴图方式下选择“长方体”，修改“长度”为 150、宽度为 150、高度为 150，如图 3-3-27 所示。

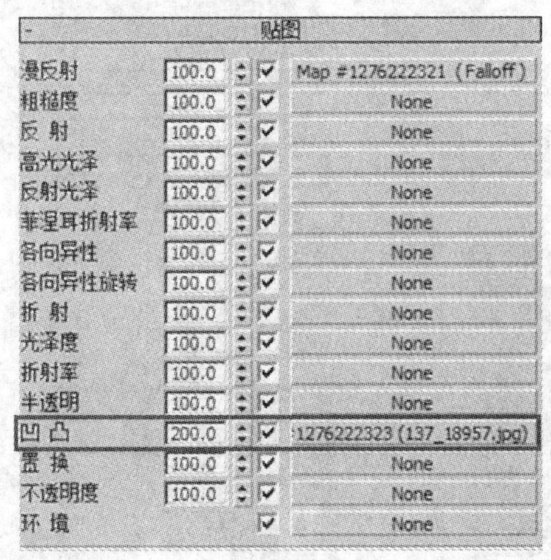


图 3-3-26

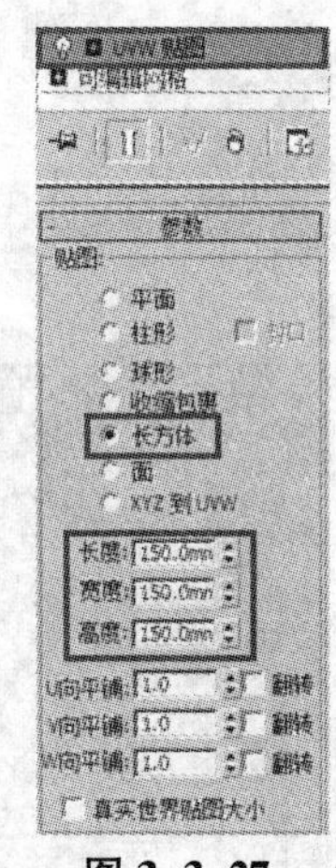


图 3-3-27

6. 地毯材质

（1）选择一个空白材质球，将其指定为 VRay 材质，材质命名为“地毯”，将材质赋给地毯，单击漫反射右边的 ▇ 按钮，选择“位图”选项，在弹出的对话框中选择相应的图片，如图 3-3-28 所示。

（2）在“反射”中添加“衰减”贴图，如图 3-3-29 所示。

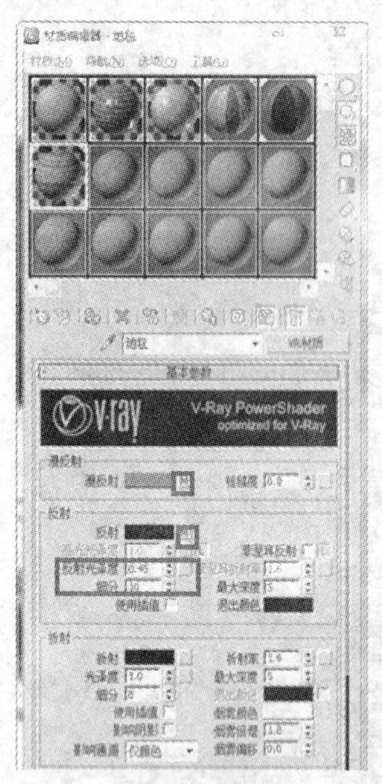


图 3-3-28

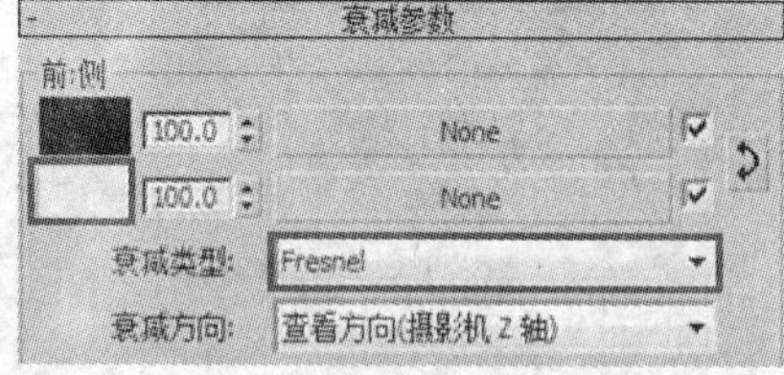


图 3-3-29

（3）在“贴图”卷展栏中，将“漫反射”中的位图复制到“凹凸”通道，将数量设置为 150，如图 3-3-30 所示。

（4）选择地毯，为其增加一个“UVW 贴图”命令，在贴图方式下选择“平面”，修改“长度”为 800、“宽度”为 800，如图 3-3-31 所示。

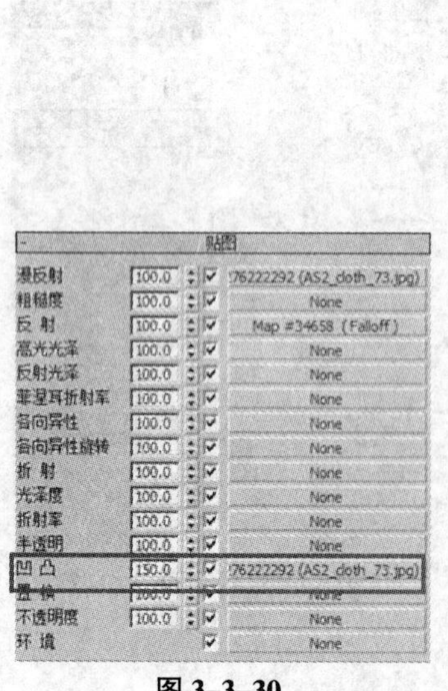


图 3-3-30

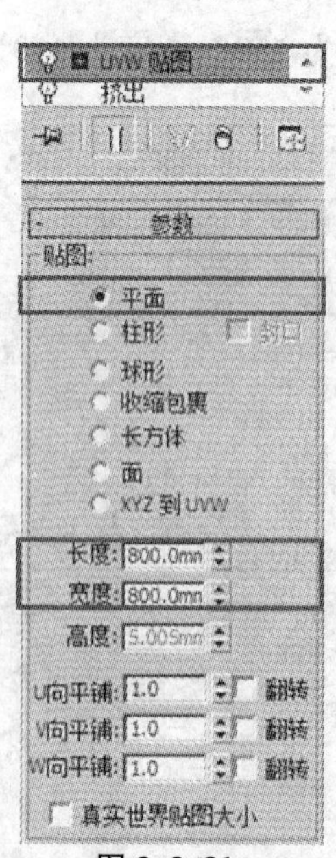


图 3-3-31

7. 茶几白色混油材质

（1）选择一个空白材质球，将其指定为 VRay 材质，材质命名为“白色混油”，将材质赋给混油家具，将漫反射颜色改为白色，如图 3-3-32 所示。

（2）在“反射”中添加“衰减”贴图，参数设置如图 3-3-33 所示。

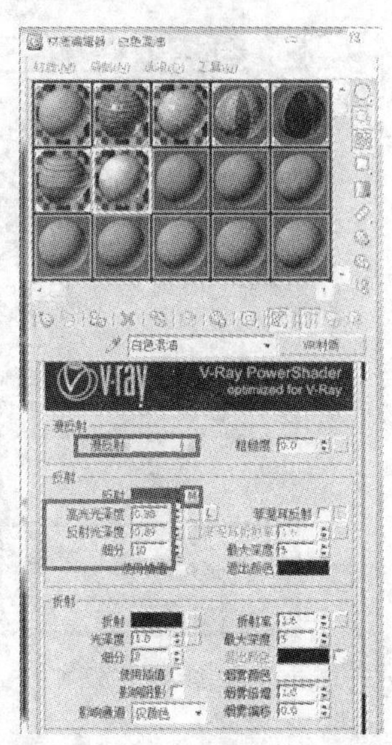

图 3-3-32

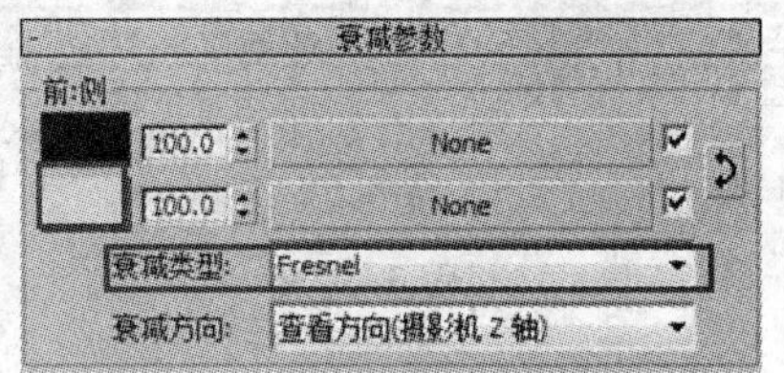


图 3-3-33

8. 吊顶木纹材质

（1）选择一个空白材质球，将其指定为 VRay 材质，材质命名为“吊顶木纹”，将材质赋给吊顶，单击漫反射右边的 按钮，选择“位图”选项，在弹出的对话框中选择相应的图片，设置“坐标”卷展栏中的“模糊”为 0.5，如图 3-3-34 所示。

（2）在“反射”中添加“衰减”贴图，参数设置如图 3-3-35 所示。

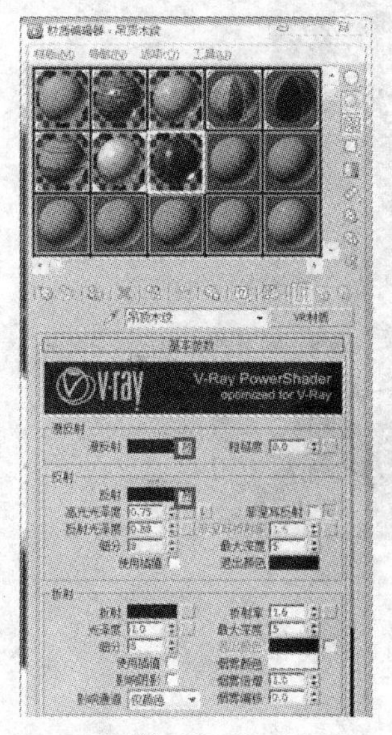

图 3-3-34

图 3-3-35

（3）在“贴图”卷展栏中，将“漫反射”中的位图复制到“凹凸”通道，将数量设置为20，如图 3-3-36 所示。

（4）选择吊顶，为其增加一个“UVW 贴图”命令，在贴图方式下选择“长方体”，修改“长度”为 300、“宽度”为 300、“高度”1524，如图 3-3-37 所示。

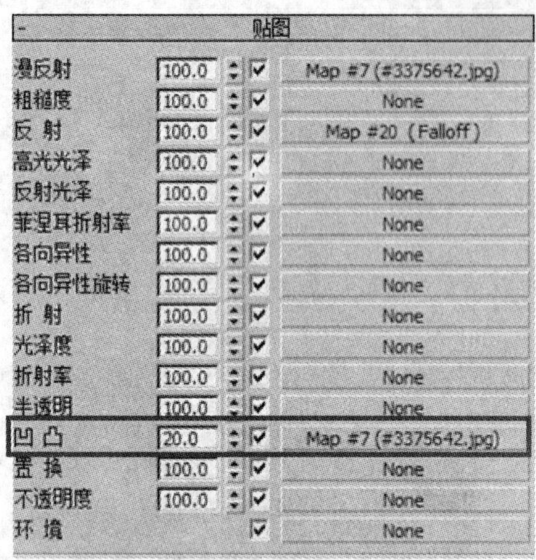

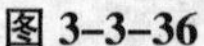
图 3-3-36

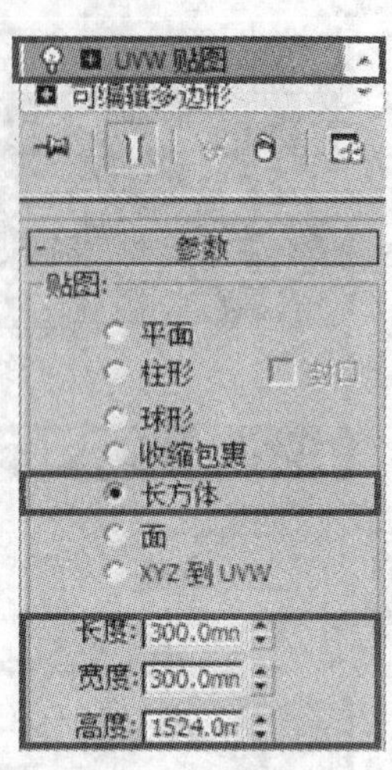

图 3-3-37

11. 渲染摄像机视图

按 Shift+Q 键，快速渲染摄像机视图，效果如图 3-3-38 所示。

图 3-3-38

（二）餐厅模型主要材质的创建实战

1. 乳胶漆材质

按 M 键，打开材质编辑器，选择第一个材质球，单击（标准）按钮，在弹出的“材质/贴图浏览器”对话框中选择“VRayMtl”材质，单击“确定”按钮，将材质赋给顶面和墙面，如图 3-3-39 所示。

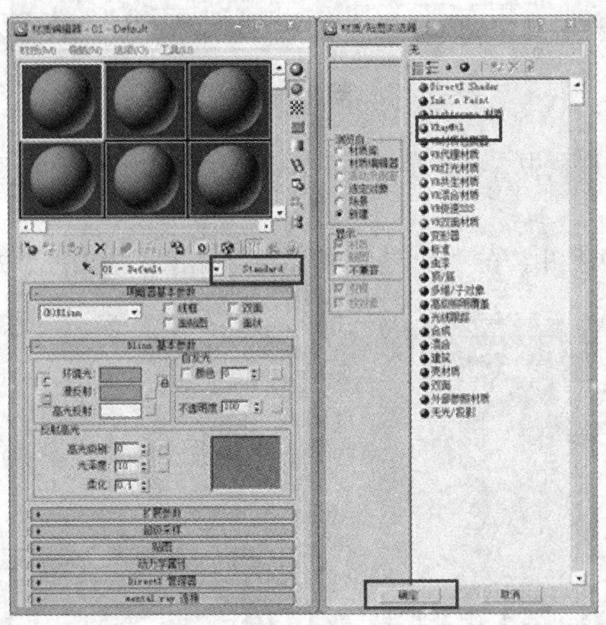

图 3-3-39

2. 墙砖材质

（1）选择一个空白材质球，将其指定为 VRay 材质，材质命名为“墙砖”，将材质赋给厨房墙面，单击漫反射右边的 按钮，选择“位图”选项，在弹出的对话框中选择相应的图片，“坐标”卷展栏中的“模糊”设置为 0.5，这样可以让贴图更加清晰，如图 3-3-40 所示。

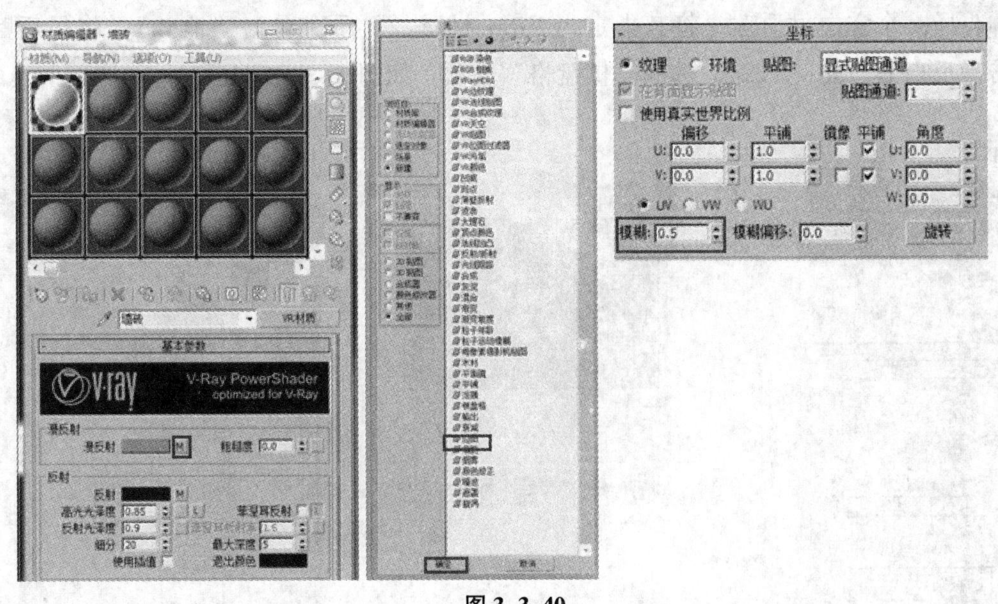


图 3-3-40

（2）在“反射”中添加“衰减”贴图，参数设置如图 3-3-41 所示。

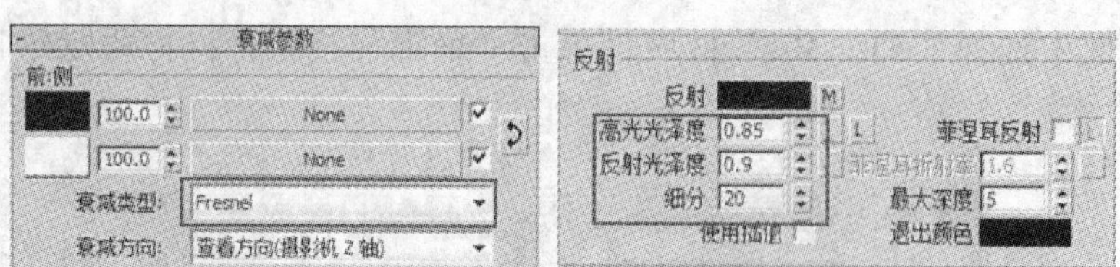

图 3-3-41

（3）在“贴图”卷展栏中，将“漫反射”中的位图复制到“凹凸”通道，将数量设置为10，如图 3-3-42 所示。

（4）在“贴图”卷展栏中，在“漫反射”中添加“输出”，输出量为 3.0，如图 3-3-43 所示。

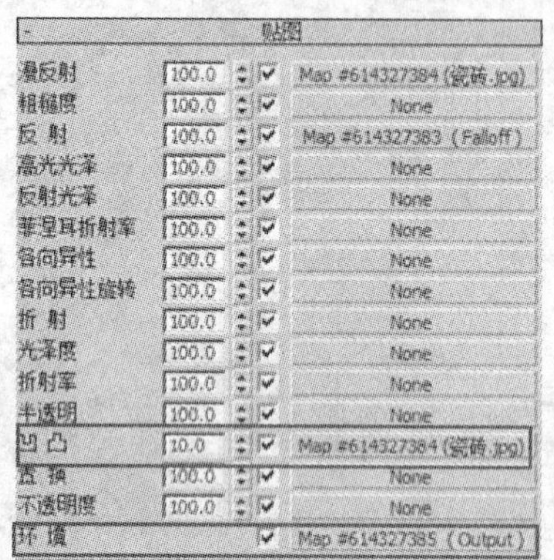

图 3-3-42

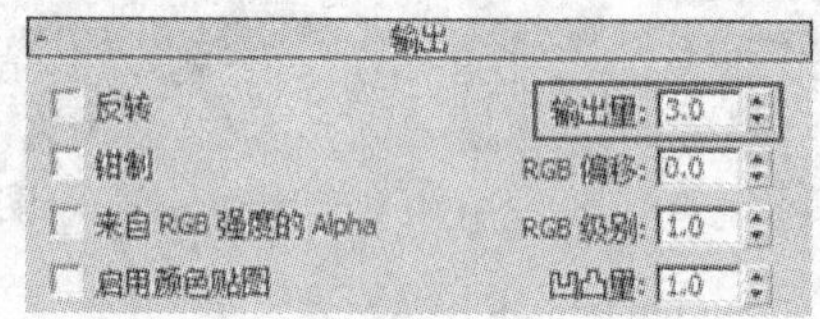

图 3-3-43

（5）将调制好的“墙砖”材质赋给厨房墙，为其增加一个“UVW 贴图”命令，在贴图方式下选择“长方体”，修改“长度”为 1200、“宽度”为 1200、“高度”为 1200，如图 3-3-44 所示。

3. 地砖材质

（1）选择一个空白材质球，将其指定为 VRay 材质，材质命名为“地砖”，将材质赋给地面，单击漫反射右边的 按钮，选择“棋盘格”选项，如图 3-3-45 所示。

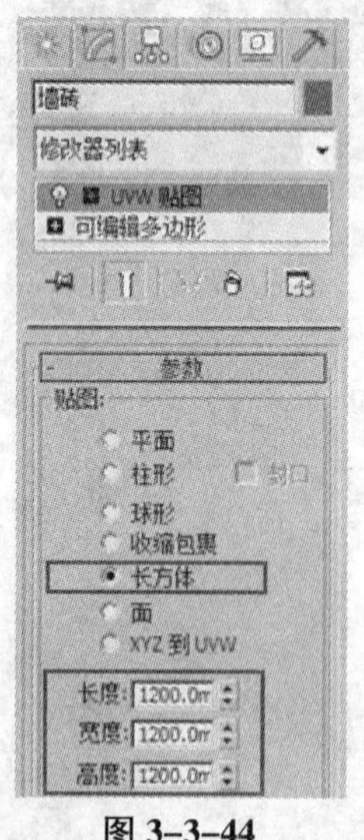

图 3-3-44

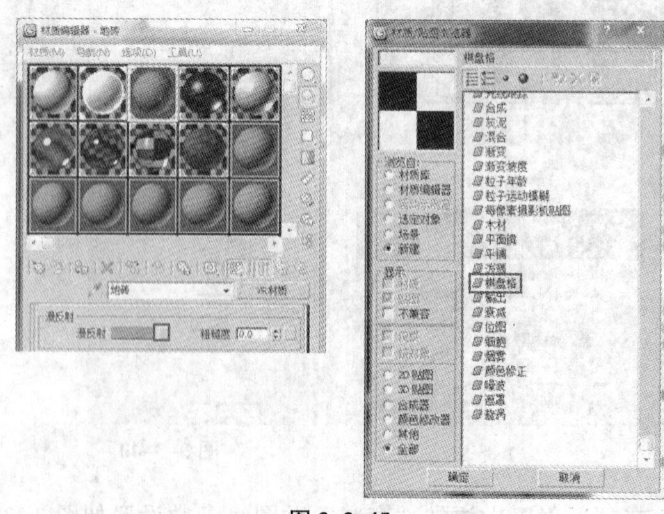

图 3-3-45

（2）在“反射”中添加“衰减”贴图，参数设置如图 3-3-46 所示。

（3）选择地面，为其增加一个“UVW 贴图”命令，在贴图方式下选择“长方体”，修改“长度”为 1600、“宽度”为 1600，如图 3-3-47 所示。

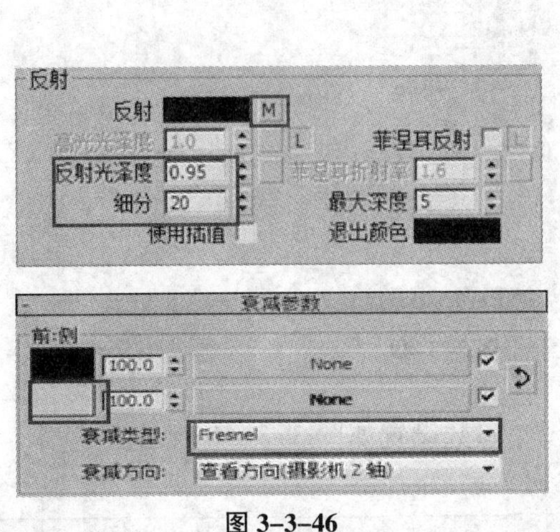


图 3-3-46

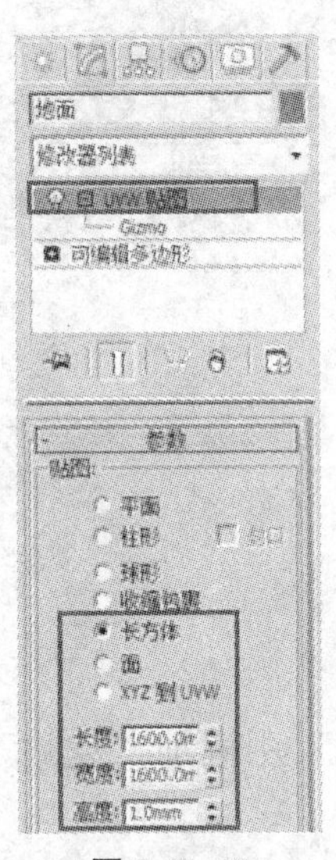


图 3-3-47

4. 黑漆材质

（1）选择一个空白材质球，将其指定为 VRay 材质，材质命名为“黑漆”，将材质赋给黑漆物体，修改漫反射颜色为黑色。

（2）修改反射颜色为红 35、绿 35、蓝 35，参数设置如图 3-3-48 所示。

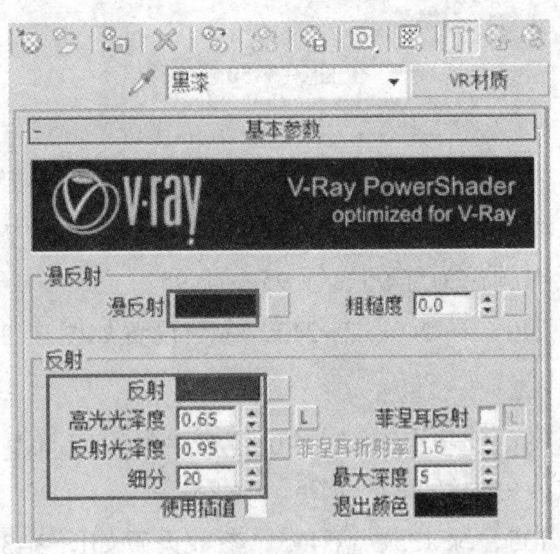


图 3-3-48

5. 大理石台面材质

（1）选择一个空白材质球，将其指定为 VRay 材质，材质命名为“大理石”，将材质赋给台面家具，单击漫反射右边的▢按钮，选择“位图”选项，在弹出的对话框中选择相应的图片，设置“坐标”卷展栏中的“模糊”为 0.5，如图 3-3-49 所示。

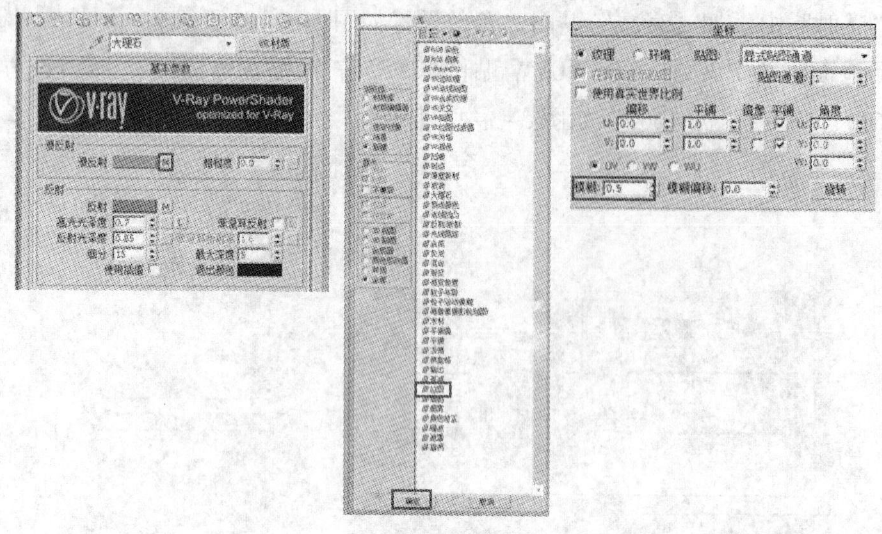

图 3-3-49

（2）在“反射”中添加“衰减”贴图，参数设置如图 3-3-50 所示。

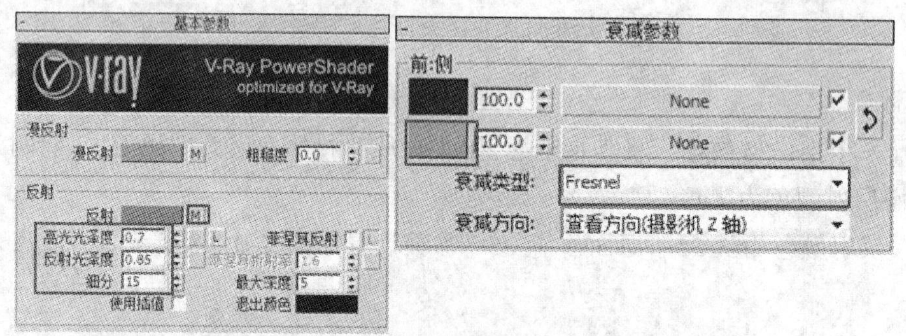

图 3-3-50

6. 亮光不锈钢材质

（1）选择一个空白材质球，将其指定为 VRay 材质，材质命名为“亮光不锈钢”，将其赋给不锈钢锅等物体，设置漫反射颜色为红 95、绿 95、蓝 95。

（2）设置反射颜色为红 240、绿 240、蓝 240，参数设置如图 3-3-51 所示。

7. 哑光不锈钢材质

（1）选择一个空白材质球，将其指定为 VRay 材质，材质命名为“哑光不锈钢”，将其赋给餐桌腿等物体，设置漫反射颜色为红 25、绿 25、蓝 25。

（2）设置反射颜色为红 135、绿 135、蓝 135，参数设置如图 3-3-52 所示。

8. 玻璃材质

（1）选择一个空白材质球，将其指定为 VRay 材质，材质命名为“玻璃”，将其赋给玻璃杯等物体，设置漫反射颜色为红 115、绿 125、蓝 140。

（2）设置反射颜色和折射颜色为红 240、绿 240、蓝 240，参数设置如图 3-3-53 所示。

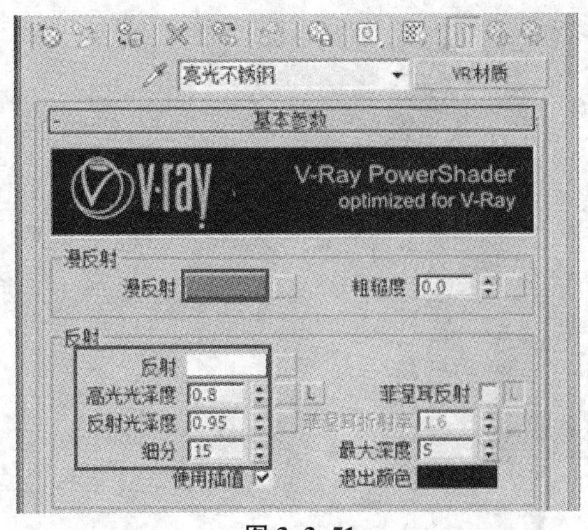


图 3-3-51

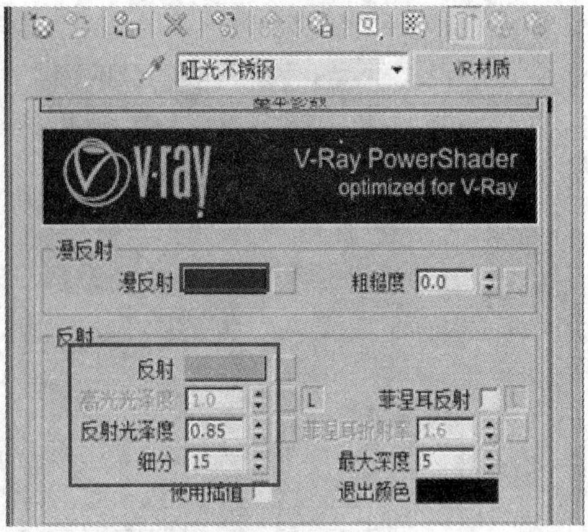

图 3-3-52

9. 渲染摄像机视图

按 Shift+Q 键，快速渲染摄像机视图，效果如图 3-3-54 所示。

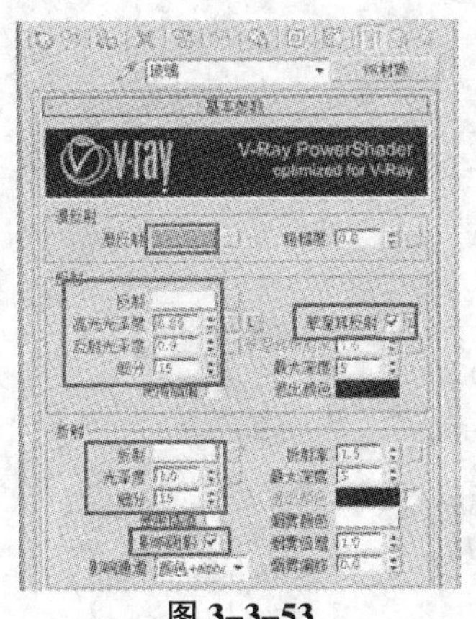

图 3-3-53

图 3-3-54

（三）卫生间模型主要材质的创建实战

1. 顶面材质

（1）按 M 键，打开材质编辑器，选择第一个材质球，单击（标准）按钮，在弹出的“材质/贴图浏览器”对话框中选择“VRayMtl”材质，单击“确定”按钮，如图 3-3-55 所示。

（2）将材质命名为“顶面”，设置漫反射颜色为红 230、绿 230、蓝 230，将其赋给顶面，设置反射颜色为红 20、绿 20、蓝 20，在“选项”卷展栏中将跟踪反射去除，如图 3-3-56 所示。

2. 墙砖材质

（1）马赛克。

a. 选择一个空白材质球，将其指定为 VRay 材质，材质命名为“马赛克”，将其赋给马赛克墙面，单击漫反射右边的 按钮，选择“位图”选项，在弹出的对话框中选择相应的图片，“坐标”卷展栏中的“模糊”设置为 0.01，这样可以让贴图更加清晰，如图 3-3-57 所示。

b. 在“反射”中添加“衰减”，参数设置如图 3-3-58 所示。

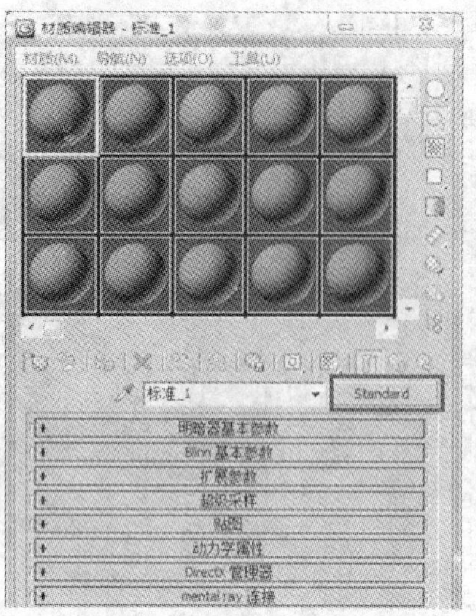


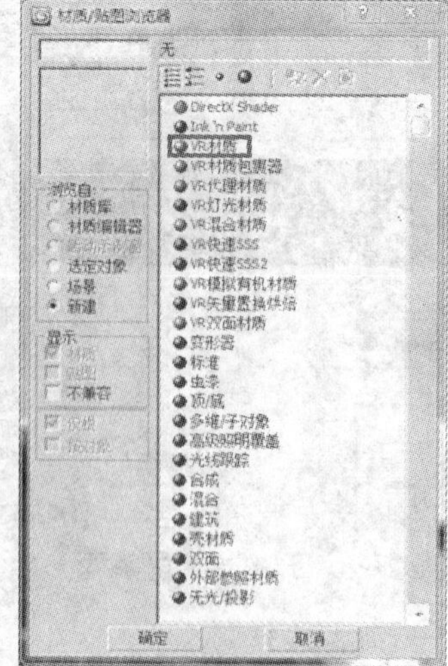


图 3-3-55

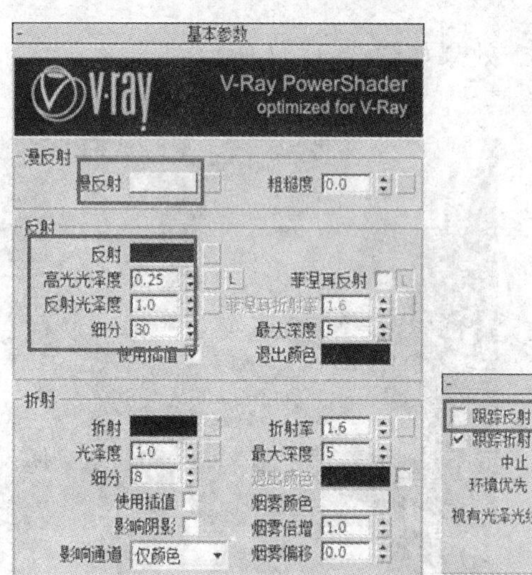


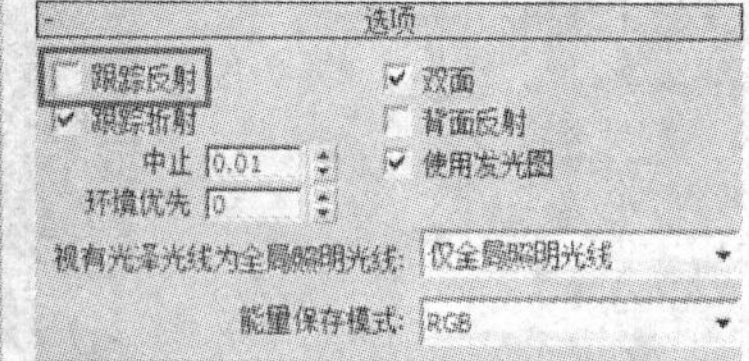


图 3-3-56

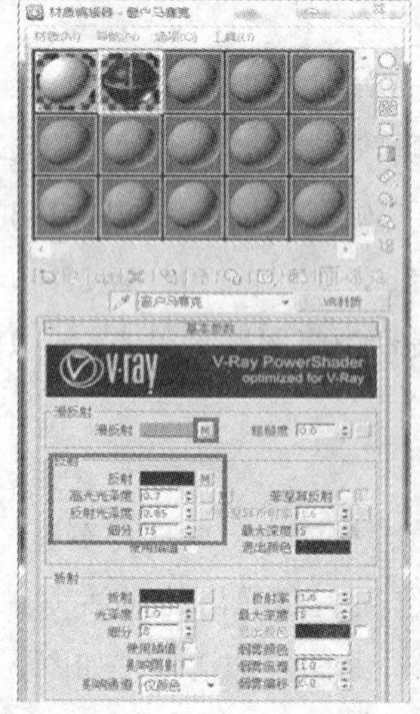

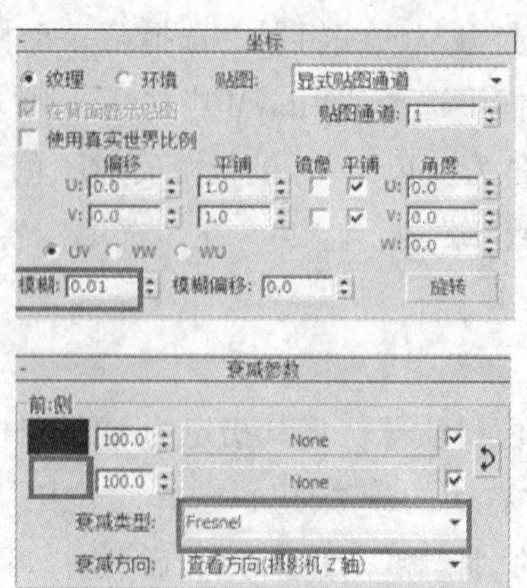


图 3-3-57　　图 3-3-58

（2）黑色墙砖。

a. 选择一个空白材质球，将其指定为 VRay 材质，材质命名为“黑色墙砖”，将其赋给黑色墙砖墙面，单击漫反射右边的■按钮，选择“位图”选项，在弹出的对话框中选择相应的图片，“坐标”卷展栏中的“模糊”设置为 0.01，如图 3-3-59 所示。

b. 在“反射”中添加“衰减”，参数设置如图 3-3-60 所示。

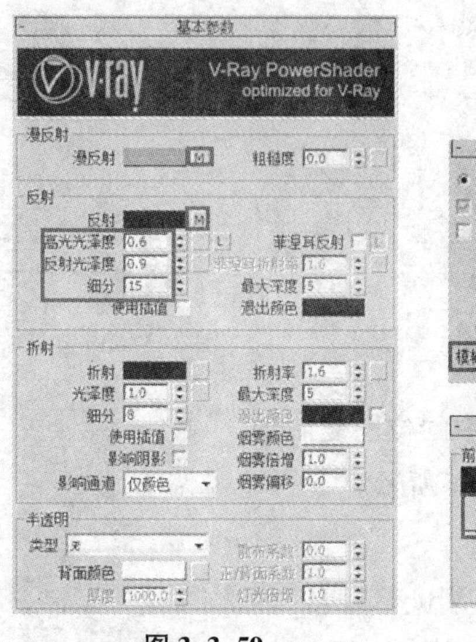

图 3-3-59

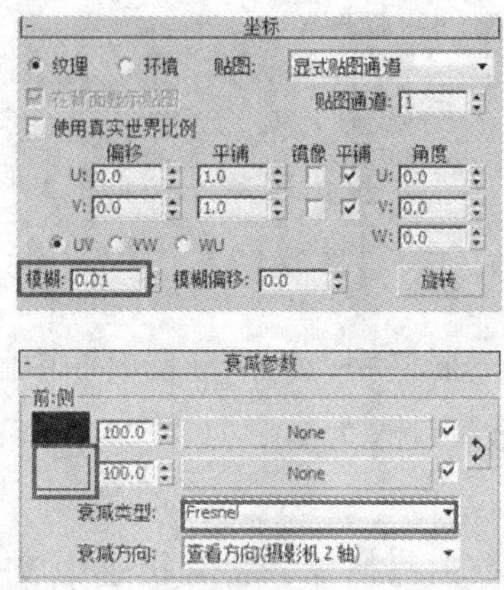

图 3-3-60

c. 在“贴图”卷展栏中，将“漫反射”中的位图复制到“凹凸”通道，将数量设置为 10，如图 3-3-61 所示。

| 贴图 | | | |
|---|---|---|---|
| 漫反射 | 100.0 | ✓ | Map #614327425 (0278.jpg) |
| 粗糙度 | 100.0 | ✓ | None |
| 反 射 | 100.0 | ✓ | Map #614327432 (Falloff) |
| 高光光泽 | 100.0 | ✓ | None |
| 反射光泽 | 100.0 | ✓ | None |
| 菲涅耳折射率 | 100.0 | ✓ | None |
| 各向异性 | 100.0 | ✓ | None |
| 各向异性旋转 | 100.0 | ✓ | None |
| 折 射 | 100.0 | ✓ | None |
| 光泽度 | 100.0 | ✓ | None |
| 折射率 | 100.0 | ✓ | None |
| 半透明 | 100.0 | ✓ | None |
| 凹 凸 | 10.0 | ✓ | Map #614327431 (0278.jpg) |
| 置 换 | 100.0 | ✓ | None |
| 不透明度 | 100.0 | ✓ | None |
| 环 境 | | ✓ | None |

图 3-3-61

（3）白色墙砖。

a. 选择一个空白材质球，将其指定为 VRay 材质，材质命名为“白色墙砖”，将其赋给白色墙砖墙面，单击漫反射右边的■按钮，选择“位图”选项，在弹出的对话框中选择相应的图片，“坐标”卷展栏中的“模糊”设置为 0.01，如图 3-3-62 所示。

b. 在“反射”中添加“衰减”，参数设置如图 3-3-63 所示。

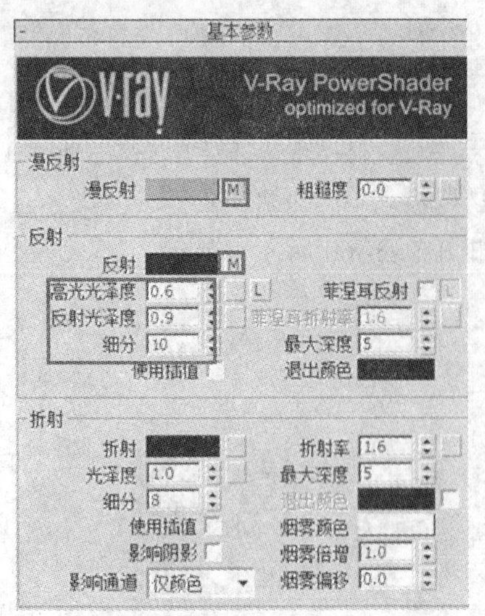


图 3-3-62

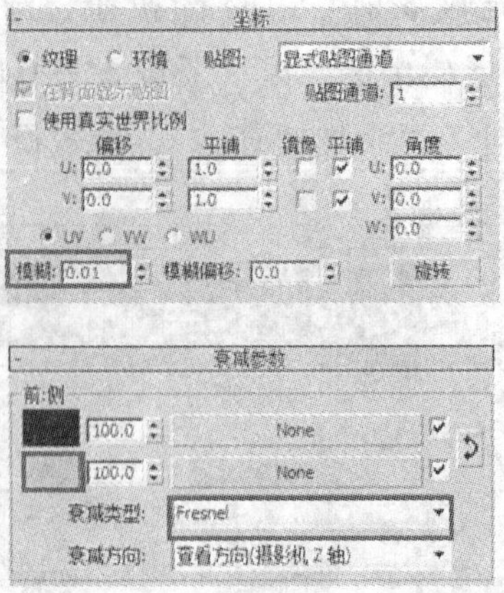

图 3-3-63

c. 在“贴图”卷展栏中，将“漫反射”中的位图复制到“凹凸”通道，将数量设置为 20，如图 3-3-64 所示。

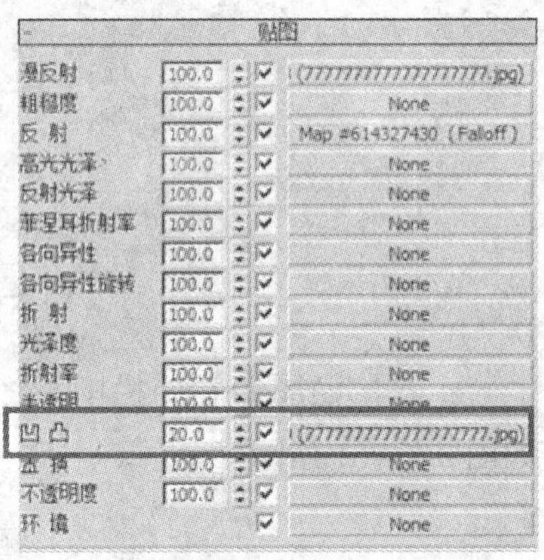


图 3-3-64

3. 地砖材质

(1) 选择一个空白材质球，将其指定为 VRay 材质，材质命名为“地砖”，将其赋给地砖，单击漫反射右边的 按钮，选择“位图”选项，在弹出的对话框中选择相应的图片，如图 3-3-65 所示。

(2) 设置“坐标”卷展栏中的“模糊”为 0.01，如图 3-3-66 所示。

(3) 在“反射”中添加“衰减”贴图，参数设置如图 3-3-67 所示。

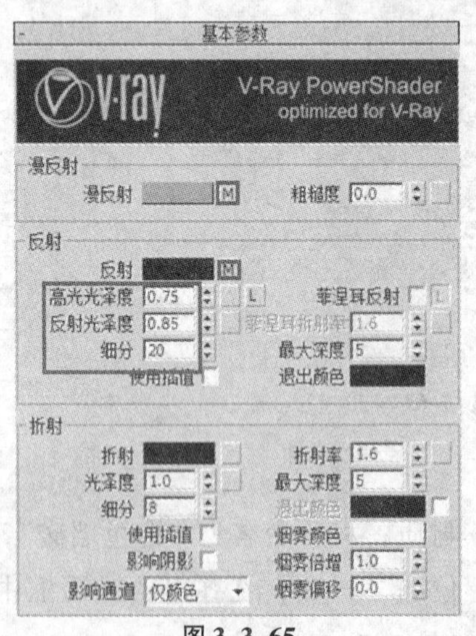


图 3-3-65

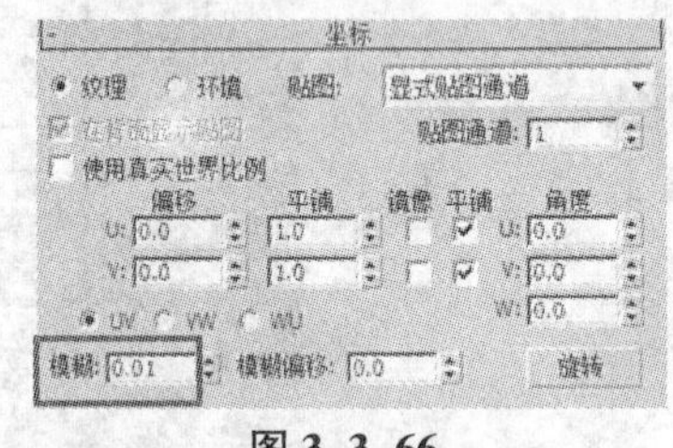


图 3-3-66

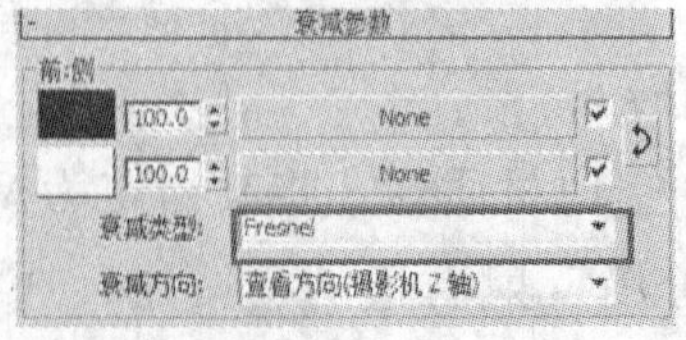


图 3-3-67

(4) 在“贴图”卷展栏中，将“漫反射”中的位图复制到“凹凸”通道，将数量设置为

15，如图 3-3-68 所示。

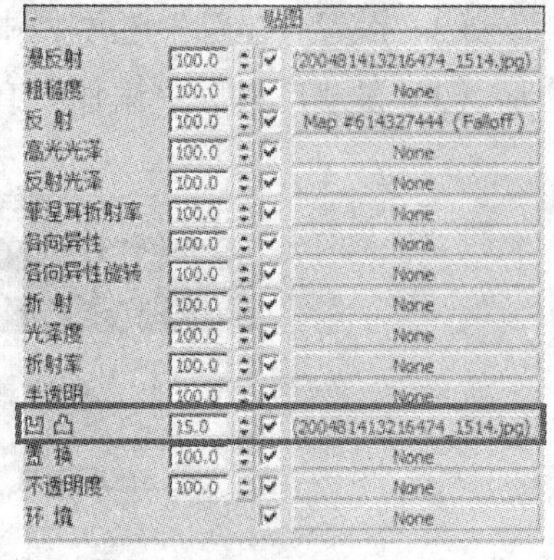

图 3-3-68

4. 陶瓷材质

（1）选择一个空白材质球，将其指定为 VRay 材质，材质命名为“陶瓷”，将其赋给洗手台、马桶和装饰品，设置漫反射颜色为白色，如图 3-3-69 所示。

（2）在“反射”中添加“衰减”贴图，参数设置如图 3-3-70 所示。

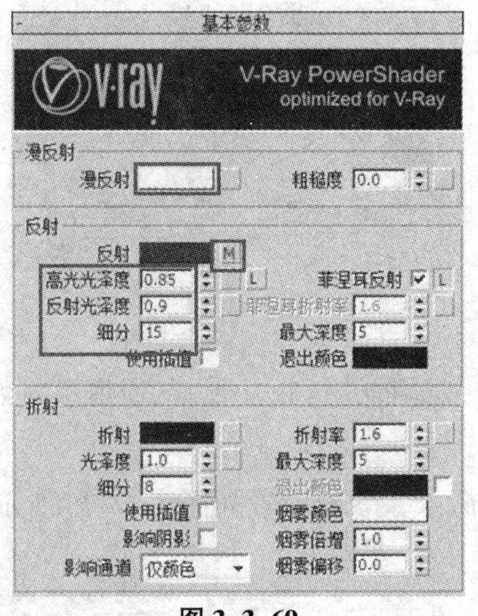

图 3-3-69

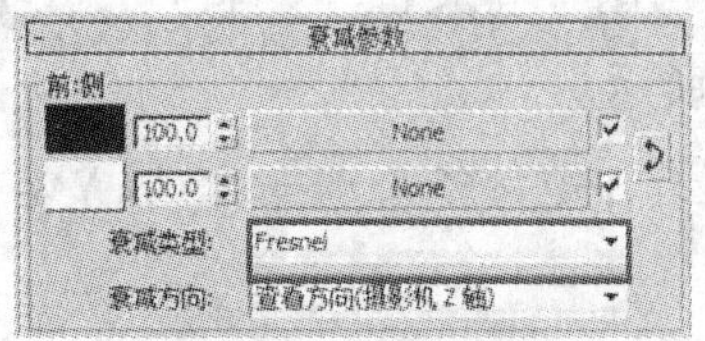

图 3-3-70

（3）在“贴图”卷展栏中，在“环境”中添加“输出”，输出量为 2.0，如图 3-3-71 所示。

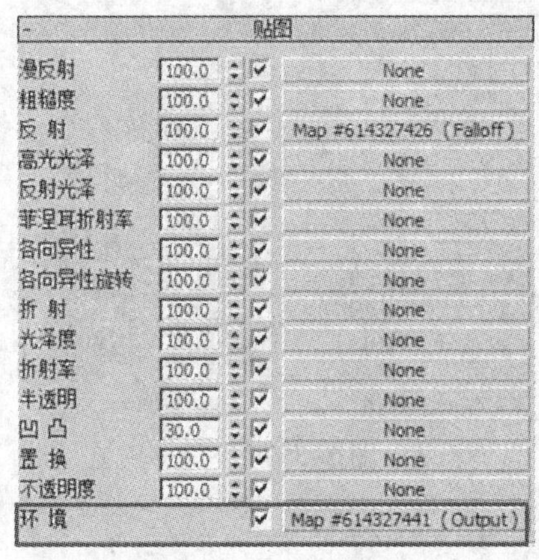

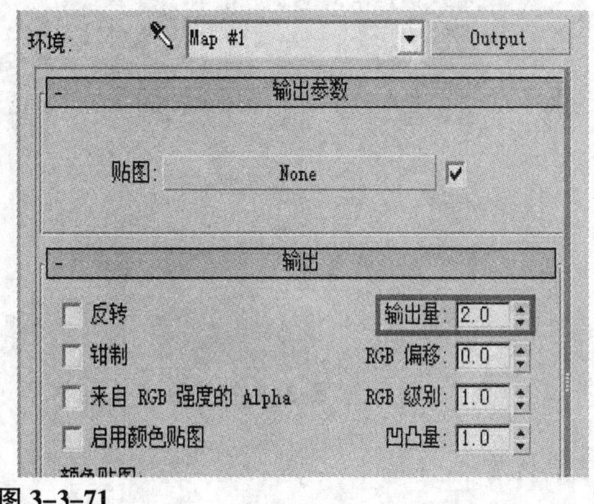

图 3-3-71

5. 木纹材质

（1）选择一个空白材质球，将其指定为 VRay 材质，材质命名为“木纹”，将其赋给柜子和地台，单击漫反射右边的 ▇ 按钮，选择“位图”选项，在弹出的对话框中选择相应的图片，如图 3-3-72 所示。

（2）设置“坐标”卷展栏中的“模糊”为 0.5，如图 3-3-73 所示。

（3）在“反射”中添加“衰减”贴图，参数设置如图 3-3-74 所示。

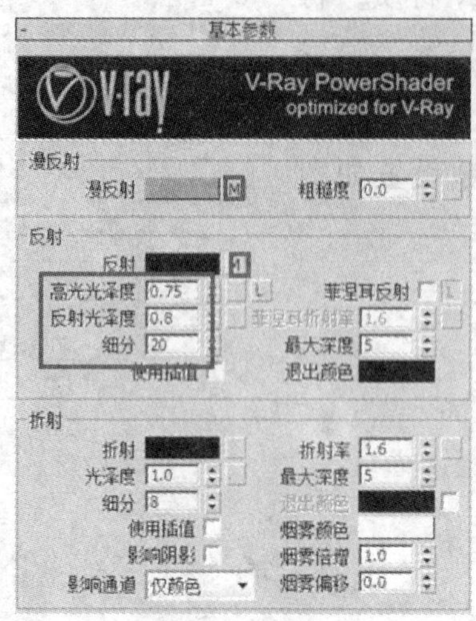


图 3-3-72

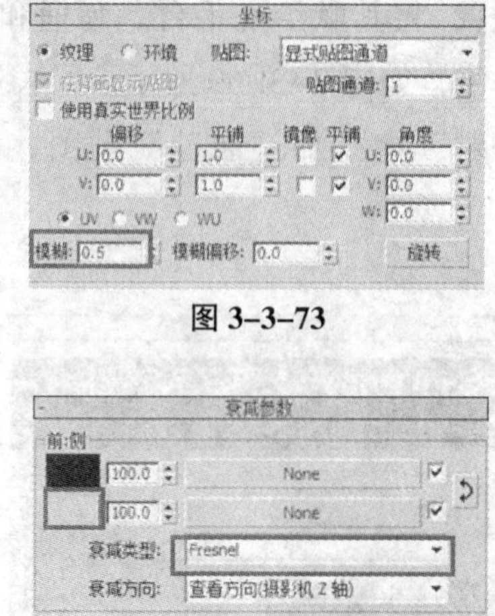


图 3-3-73

图 3-3-74

（4）在“贴图”卷展栏中，将“漫反射”中的位图复制到“凹凸”通道，将数量设置为 5，如图 3-3-75 所示。

（5）为柜子和地台各添加一个“UVW 贴图”命令，参数设置如图 3-3-76 所示。

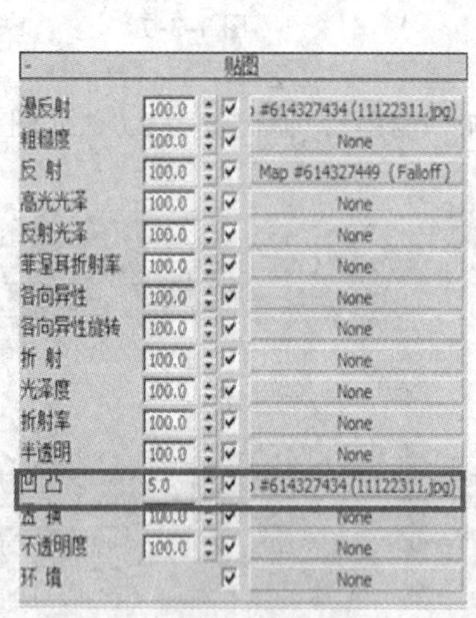


图 3-3-75

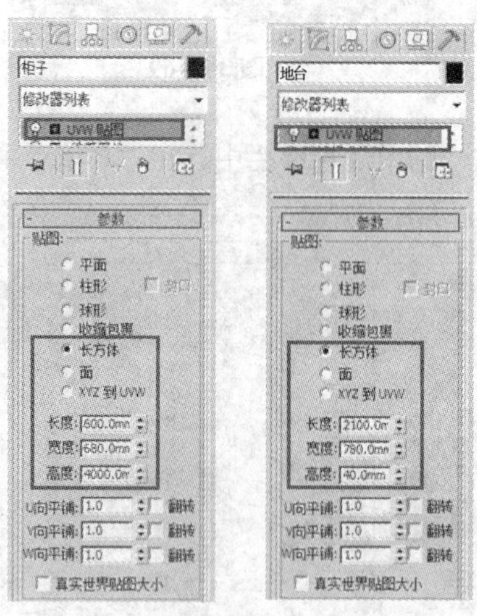


图 3-3-76

6. 镜子材质

（1）选择一个空白材质球，将其指定为 VRay 材质，材质命名为“镜子”，将其赋给镜子，设置漫反射颜色为黑色。

（2）设置反射颜色为白色，参数设置如图 3-3-77 所示。

7. 玻璃材质

（1）选择一个空白材质球，将其指定为 VRay 材质，材质命名为“玻璃”，将其赋给玻璃门，设置漫反射颜色为黑色。

（2）设置反射颜色为红 50、绿 59、蓝 50，参数设置如图 3–3–78 所示。

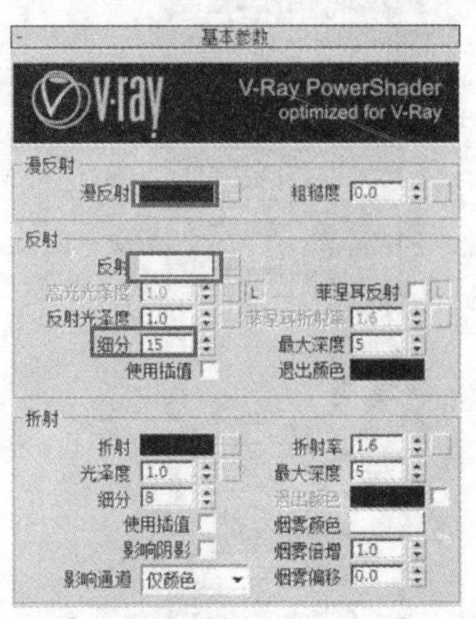

图 3–3–77

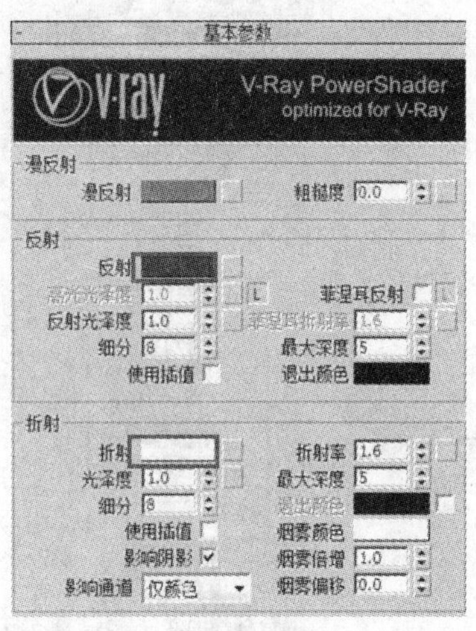

图 3–3–78

8. 不锈钢材质

（1）选择一个空白材质球，将其指定为 VRay 材质，材质命名为“不锈钢”，将其赋给镜前灯和花洒，设置漫反射颜色为黑色。

（2）设置反射颜色为红 230、绿 230、蓝 230，参数设置如图 3–3–79 所示。

9. 地毯材质

（1）选择一个空白材质球，将其指定为 VRay 材质，材质命名为“地毯”，将其赋给地毯，单击漫反射右边的 按钮，选择“位图”选项，在弹出的对话框中选择相应的图片，如图 3–3–80 所示。

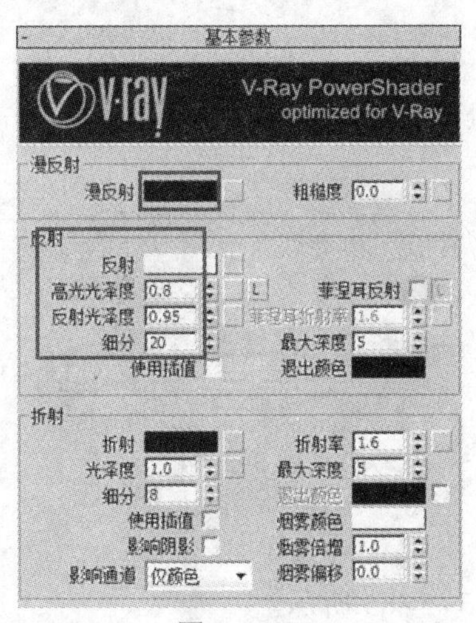

图 3–3–79

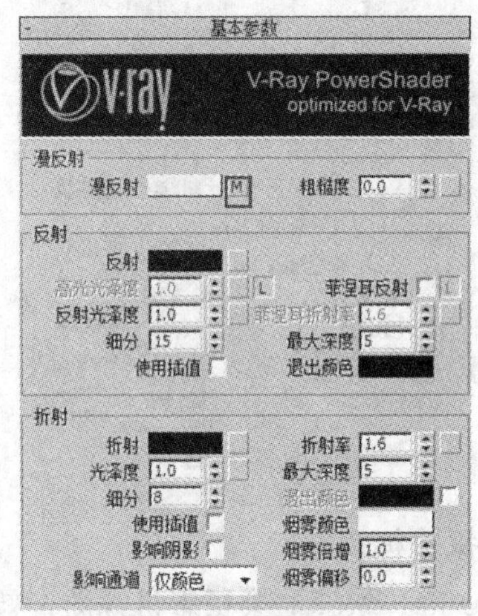

图 3–3–80

（2）选择地毯物体，为其添加“UVW 贴图”命令，参数设置如图 3–3–81 所示。

（3）给地毯物体添加 VRay 毛发，参数设置如图 3–3–82 所示。

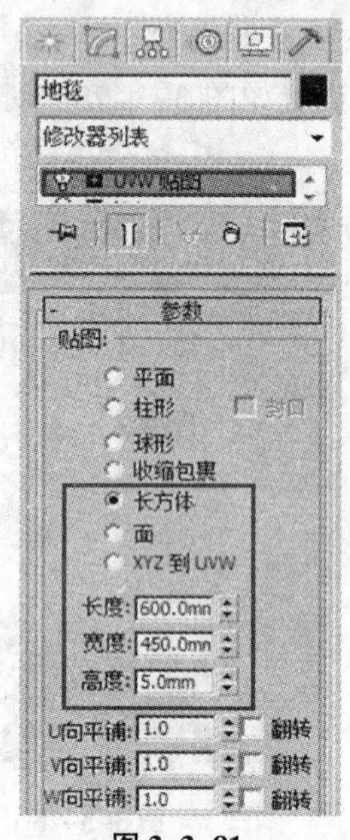


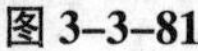
图 3-3-81

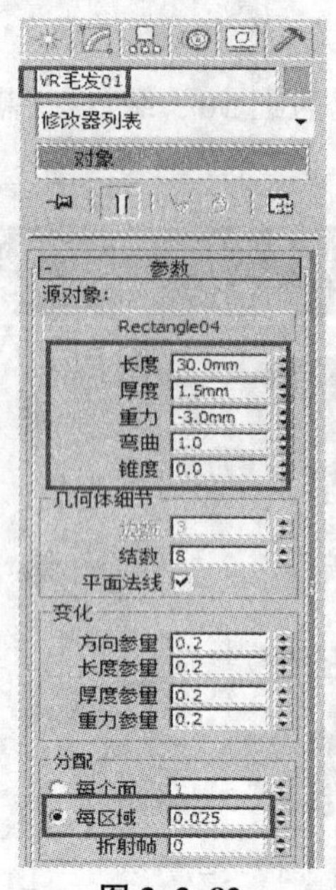


图 3-3-82

10. 窗帘材质

(1) 选择一个空白材质球，将其指定为 VRay 材质，材质命名为“窗帘”，将其赋给窗帘，设置漫反射颜色为白色，如图 3-3-83 所示。

(2) 设置折射颜色为红 40、绿 40、蓝 40，单击“折射”右边的 按钮，在弹出的对话框中添加“衰减”贴图，参数设置如图 3-3-84 所示。

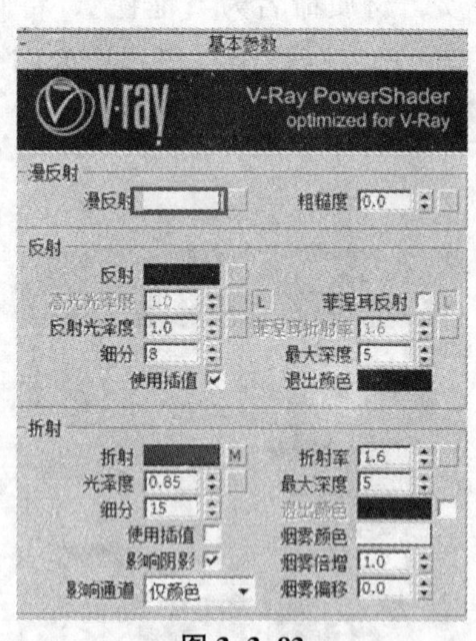


图 3-3-83

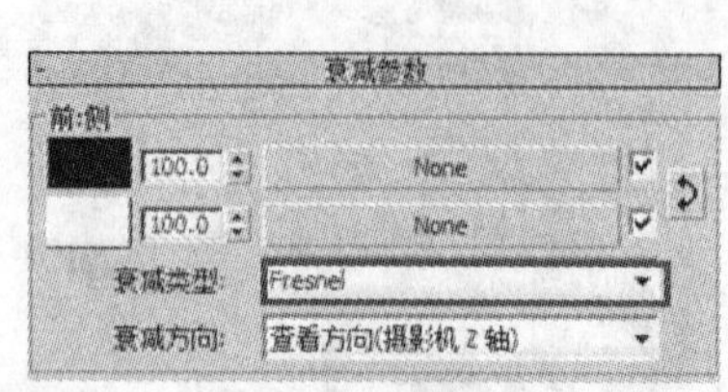


图 3-3-84

11. 渲染摄景机视图

按 Shift+Q 键，快速渲染摄影机视图，效果如图 3-3-85 所示。

(四) 卧室模型主要材质的创建实战

1. 白色乳胶漆材质

(1) 按 M 键，打开材质编辑器，选择第一个材质球，单击（标准）按钮，在弹出的“材质/

贴图浏览器”对话框中选择“VRayMtl”材质，单击“确定”按钮，如图 3-3-86 所示。

图 3-3-85

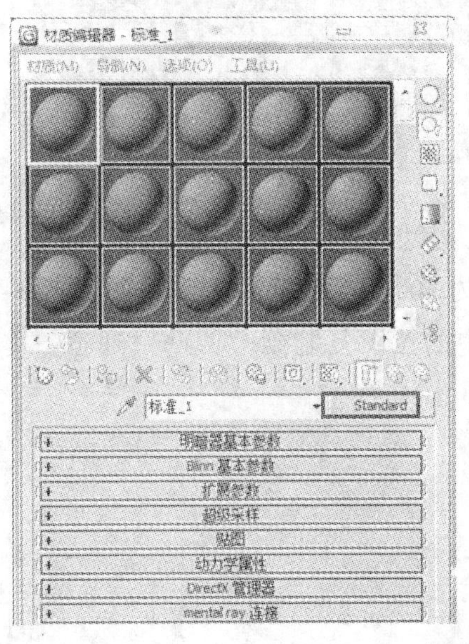


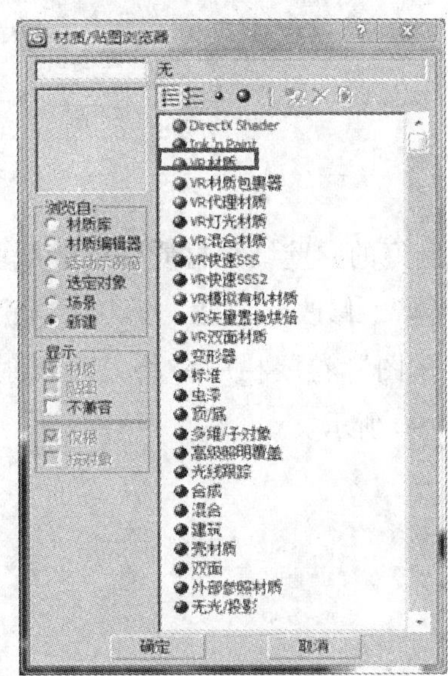


图 3-3-86

（2）将材质命名为“白色乳胶漆”，将材质赋给白色墙面，设置漫反射颜色值为红 230、绿 230、蓝 230，反射颜色值为红 20、绿 20、蓝 20，开启高光光泽度 L 按钮，高光光泽度值设置为 0.25。

（3）在选项卷展栏中将跟踪反射选项取消，如图 3-3-87 所示。

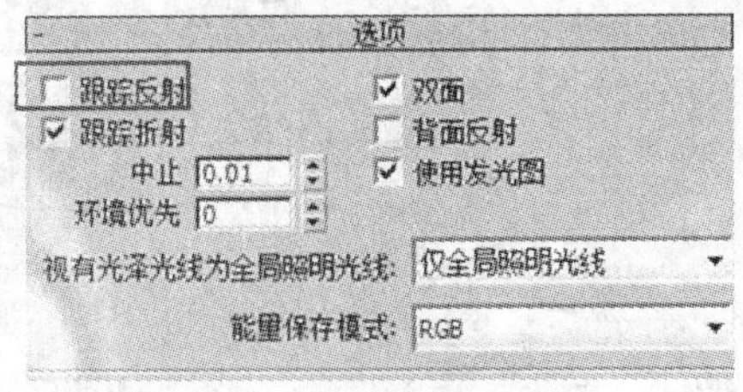


图 3-3-87

2. 壁纸材质

（1）选择一个空白材质球，将其指定为 VRay 材质，材质命名为“壁纸”，将材质赋给壁纸墙，单击漫反射右边的 按钮，选择“位图”选项，在弹出的对话框中选择相应的图片，“坐标”卷展栏中的“模糊”设置为 0.5，这样可以让贴图更加清晰，如图 3-3-88 所示。

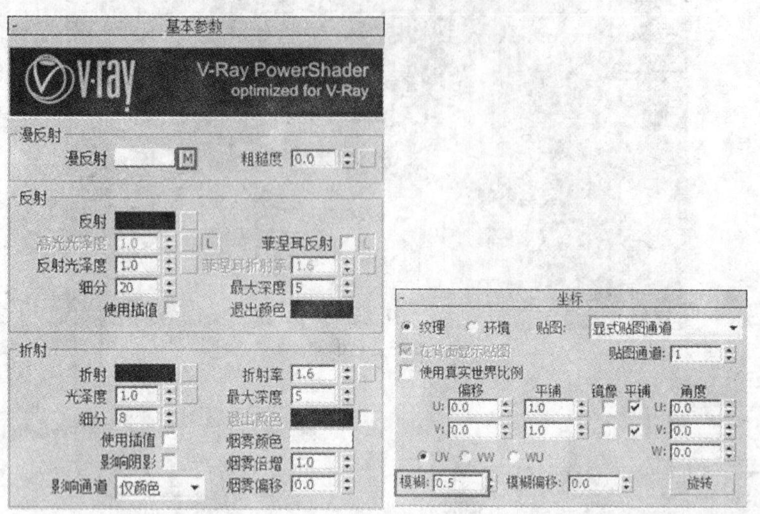


图 3-3-88

（2）将调制好的“壁纸”材质赋给壁纸墙，为其增加一个“UVW 贴图”命令，在贴图方式下选择“长方体”，修改“长度”为 0、“宽度”为 500、“高度”为 500，如图 3-3-89 所示。

（3）在“贴图”卷展栏中，将“漫反射”中的位图复制到“凹凸”通道，将数量设置为 10，如图 3-3-90 所示。

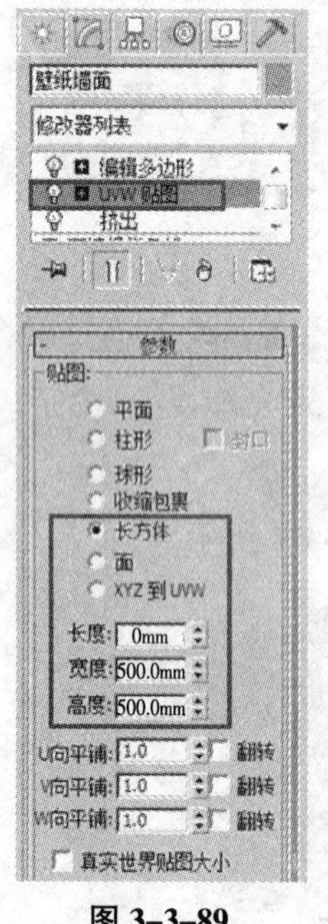


图 3-3-89

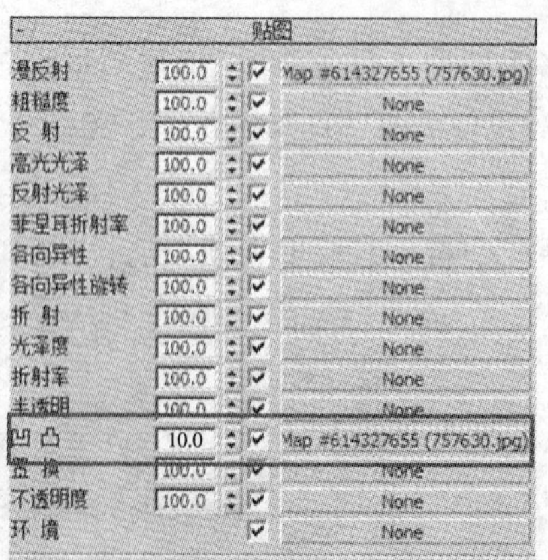


图 3-3-90

3. 地板材质

(1) 选择一个空白材质球，将其指定为 VRay 材质，材质命名为“地砖”，将材质赋给地面，单击漫反射右边的 按钮，选择“位图”选项，在弹出的对话框中选择相应的图片，如图 3-3-91 所示。

(2) 设置“坐标”卷展栏中的“模糊”为 0.01，如图 3-3-92 所示。

(3) 在“反射”中添加“衰减”贴图，参数设置如图 3-3-93 所示。

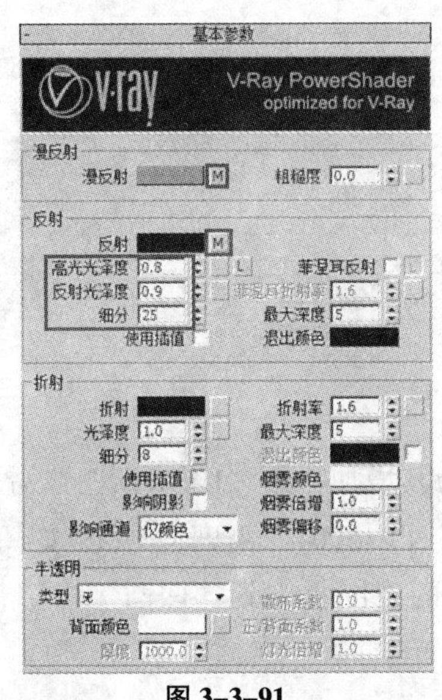


图 3-3-91

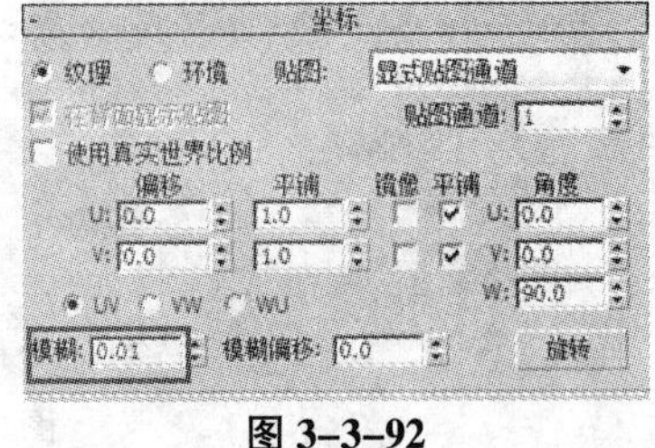


图 3-3-92

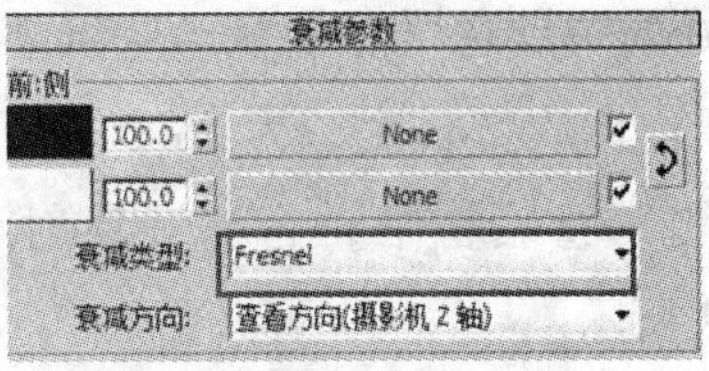

图 3-3-93

(4) 在“贴图”卷展栏中，将“漫反射”中的位图复制到“凹凸”通道，将数量设置为 15，如图 3-3-94 所示。

(5) 选择地板，为其增加一个“UVW 贴图”命令，在贴图方式下选择“长方体”，修改“长度”为 1200、“宽度”为 1400、“高度”为 10，如图 3-3-95 所示。

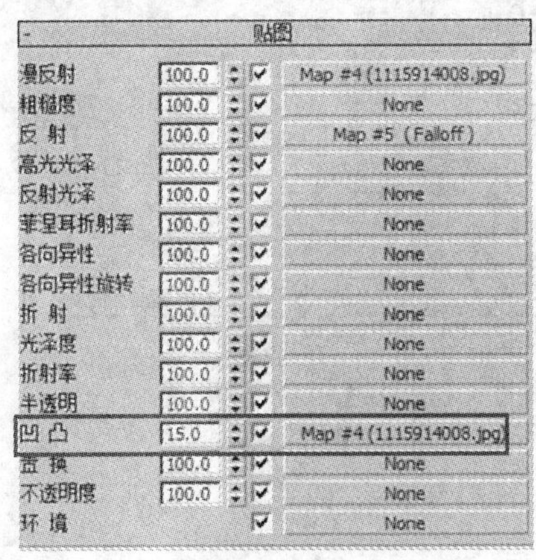


图 3-3-94

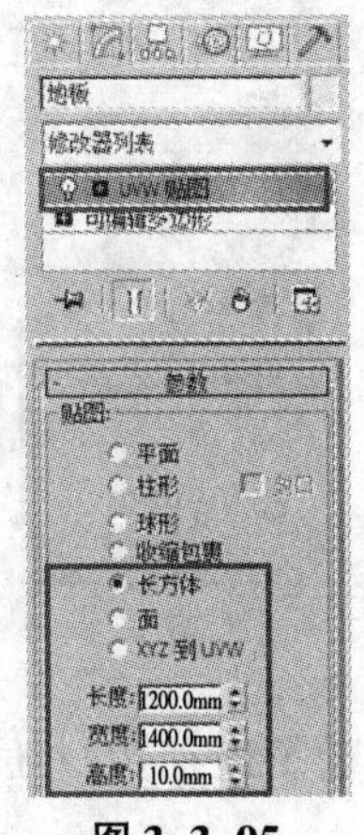


图 3-3-95

4. 地毯材质

(1) 选择一个空白材质球，将其指定为 VRay 材质，材质命名为“地毯”，将材质赋给地毯，单击漫反射右边的 按钮，选择“位图”选项，在弹出的对话框中选择相应的图片，“坐标”卷展栏中的“模糊”设置为 0.01，如图 3-3-96 所示。

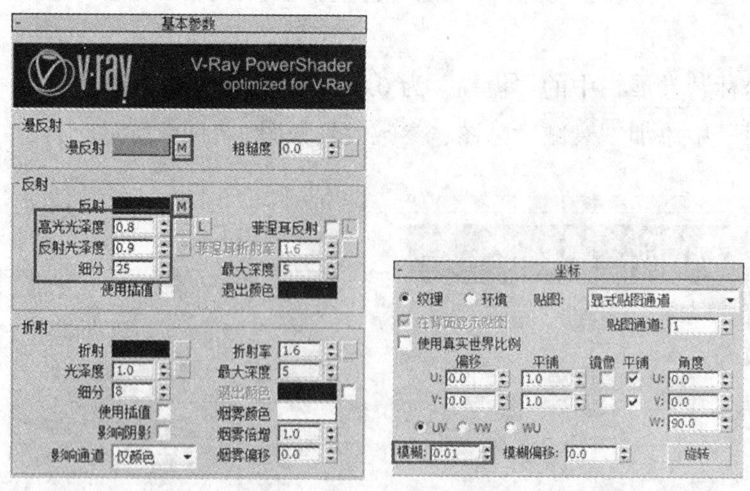


图 3-3-96

（2）将调制好的“地毯”材质赋给壁纸墙，为其增加一个“UVW 贴图”命令，在贴图方式下选择“长方体”，修改“长度”为 2600、“宽度”为 1500、“高度”为 5，如图 3-3-97 所示。

（3）在“贴图”卷展栏中，将“漫反射”中的位图复制到“凹凸”通道，将数量设置为 15，如图 3-3-98 所示。

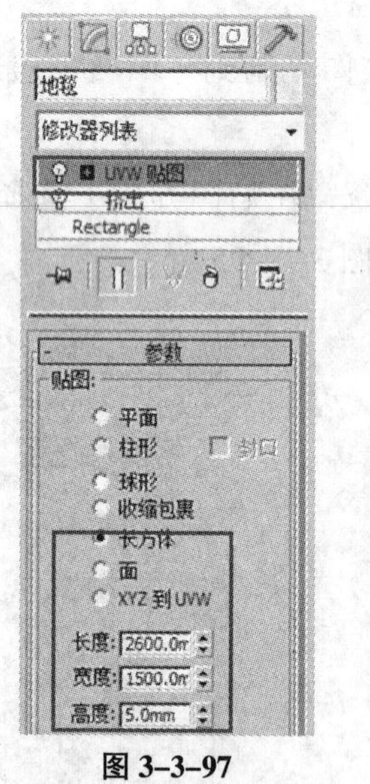


图 3-3-97

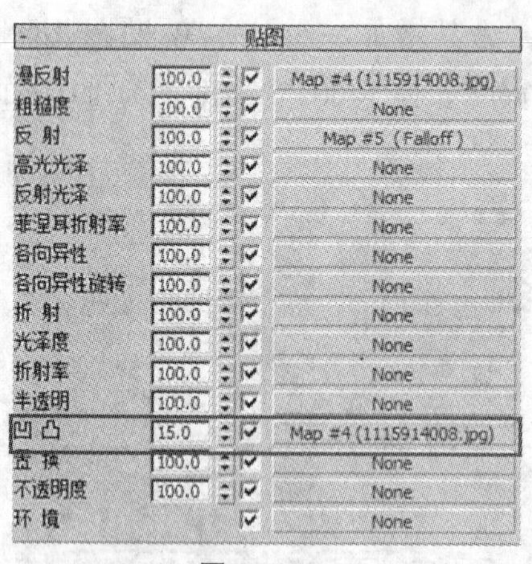


图 3-3-98

用同样的方式赋予地毯边材质。

5. 毛毯材质

（1）选择一个空白材质球，将其指定为 VRay 材质，材质命名为“地毯”，将其赋给地毯，单击漫反射右边的 按钮，选择“位图”选项，在弹出的对话框中选择相应的图片，如图 3-

3-99 所示。

（2）选择毛毯物体，为其添加 VRay 毛发，参数设置如图 3-3-100 所示。

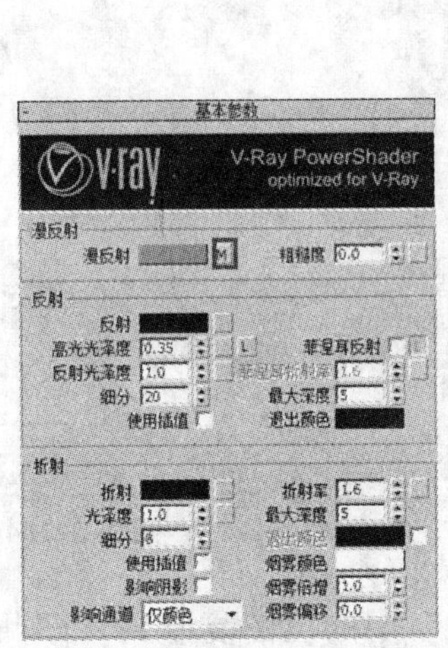
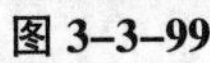

图 3-3-99

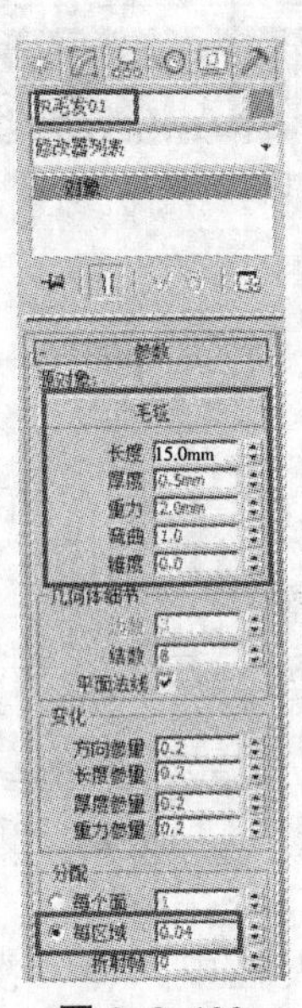

图 3-3-100

6. 床面白布材质

（1）选择一个空白材质球，将其指定为 VRay 材质，材质命名为“白布”，将材质赋给床面。

（2）设置漫反射颜色为白色，单击漫反射右边的 按钮，选择“衰减”选项，参数设置如图 3-3-101 所示。

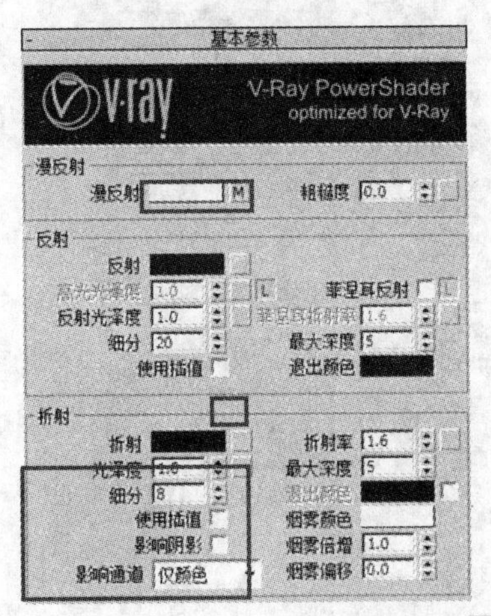
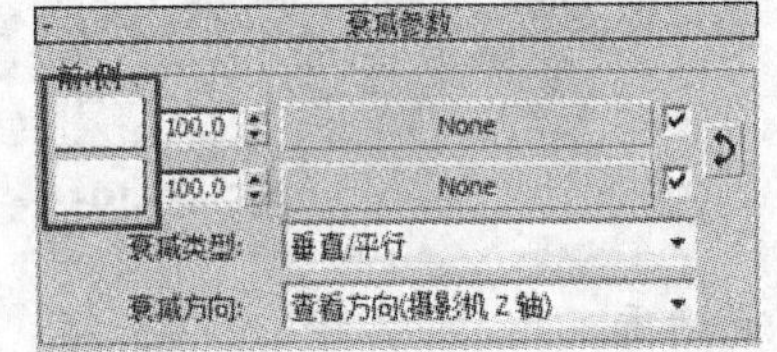

图 3-3-101

7. 书桌木纹材质

（1）选择一个空白材质球，将其指定为 VRay 材质，材质命名为“木纹”，将材质赋给书桌，单击漫反射右边的 按钮，选择“位图”选项，在弹出的对话框中选择相应的图片，如图 3-3-102 所示。

（2）设置“坐标”卷展栏中的“模糊”为 0.01，如图 3-3-103 所示。

（3）在“反射”中添加“衰减”贴图，参数设置如图 3-3-104 所示。

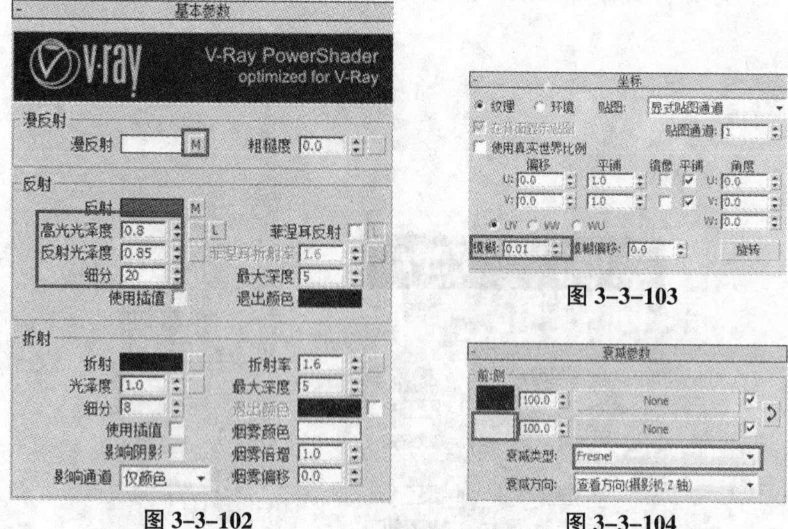

图 3-3-102　　图 3-3-103　　图 3-3-104

（4）在“贴图”卷展栏中，将“漫反射”中的位图复制到“凹凸”通道，将数量设置为 10，如图 3-3-105 所示。

（5）选择书桌，为其增加一个“UVW 贴图”命令，在贴图方式下选择“长方体”，修改“长度”为 500、“宽度”为 1000、“高度”为 200，如图 3-3-106 所示。

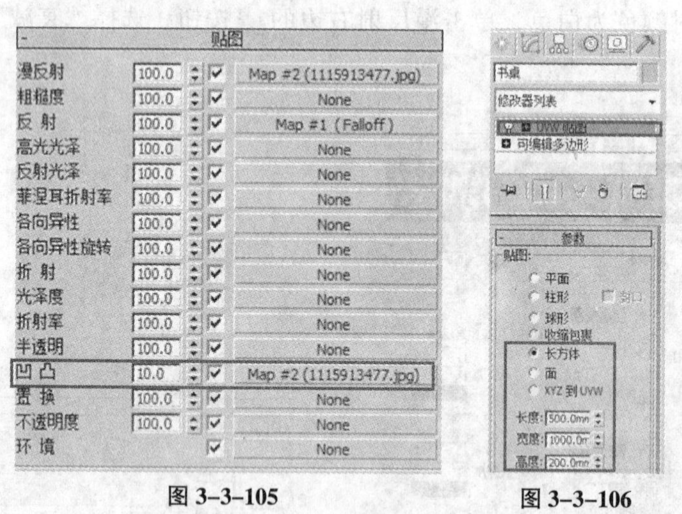

图 3-3-105　　图 3-3-106

8. 白色混油材质

（1）选择一个空白材质球，将其指定为 VRay 材质，材质命名为“白色混油”，将材质赋给混油家具，将漫反射颜色改为白色，如图 3-3-107 所示。

（2）在“反射”中添加“衰减”贴图，参数设置如图 3-3-108 所示。

9. 镜子材质

（1）选择一个空白材质球，将其指定为 VRay 材质，材质命名为“镜子”，将其赋给镜子，设置漫反射颜色为黑色。

（2）设置反射颜色为白色，参数设置如图 3-3-109 所示。

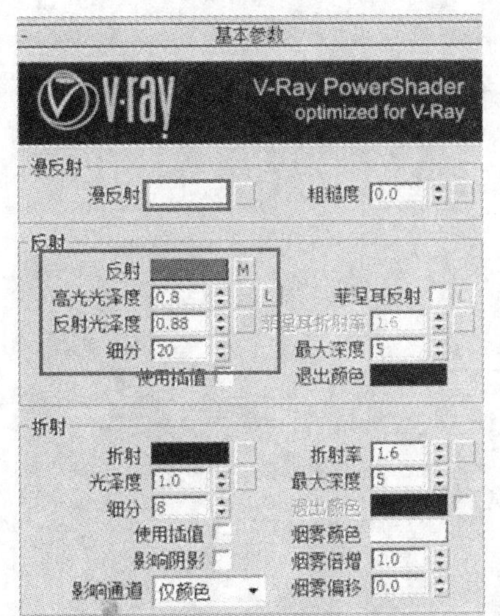


图 3-3-107

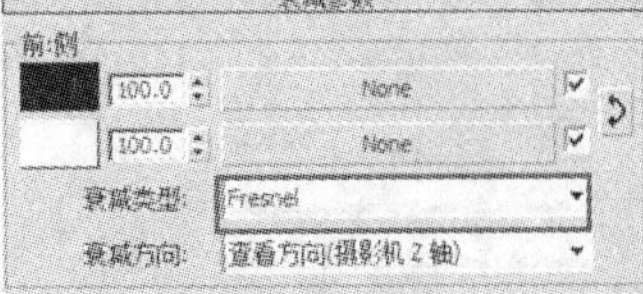


图 3-3-108

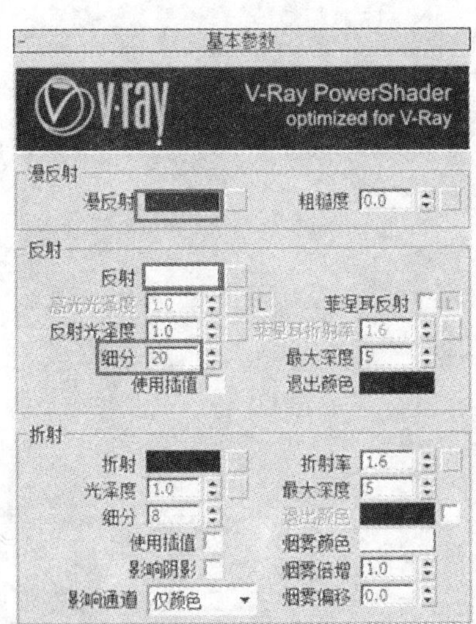


图 3-3-109

10. 渲染摄像机视图

按 Shift+Q 键，快速渲染摄像机视图，效果如图 3-3-110 所示。

图 3-3-110

# 第四篇　灯光创建

# 项目一

# 初级灯光创建

## 任务一　目标灯光创建

### 一、项目任务书

| 项目任务名称 | 目标灯光创建 | 项目任务编号 | |
|---|---|---|---|
| 任务完成时间 | | | |
| 任务学习目标 | 1. 认知目标：<br>①了解 3Ds Max 软件中灯光的基本知识<br>②了解 3Ds Max 软件中光度学灯光的创建方法<br>③了解 3Ds Max 软件中光度学灯光相关参数的设置方法<br>2. 技能目标：<br>掌握 3Ds Max 软件中光度学灯光的创建和参数设置方法 | | |
| 任务内容 | 1. 熟悉 3Ds Max 软件中光度学灯光的创建方法<br>2. 掌握 3Ds Max 软件中光度学灯光相关参数的设置方法 | | |
| 项目完成验收点 | 能够创建光度学灯光并能设置参数 | | |
| 完成项目任务情况分析与反思： | | | |

### 二、项目教学实施流程与步骤

#### （一）项目教学实施流程

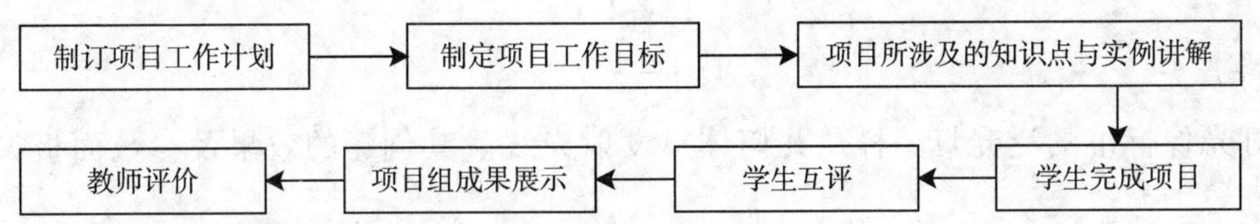

（二）项目实施步骤及进度

（1）教师讲解项目所涉及的基本知识，并通过实例讲解该任务的实施方法。

（2）学生上机独立完成任务。

（3）学生进行成果展示与汇报。

（4）教师对学生轮流点评并与学生共同给出成绩。

## 三、灯光的基本照明原理

1. 三点照明

三点照明是通过主光、背光和辅助光 3 个光源来提供照明的。其中最基本的光称为“主光”，它主要用来照亮大部分场景，并且还投射阴影；背光多放置在场景主对象的后上方，其强度要小于主光，它主要是将主要对象从黑暗的背景中分离出来，增强场景的纵深感；辅助光通常在主光的左侧，主要用来照亮主光没有照亮的黑色区域。

2. 区域照明

区域照明通常用于场景较大的场景，将一个大区域分为若干小区域，然后分别对每个小区域进行单独照明。根据场景的整个效果选择重要的区域，对该区域使用三点照明方法。

## 四、光度学灯光

光度学灯光是一种较为特殊的灯光类型，它能根据设置光能值定义灯光，常用于模拟自然界中各种类型的照明效果，就像在真实世界一样。并且可以创建具有各种分布和颜色的特性灯光，或导入照明制造商提供的特定光度学文件。

在“创建”命令面板中单击“灯光”按钮，进入该次命令面板。在该面板的下拉列表栏中选择“光度学”选项，即可进入光度学灯光创建面板，如图 4-1-1 所示。

图 4-1-1

1. 目标灯光

目标灯光像标准的泛光灯一样从几何体点发射光线。其创建的效果及参数面板如图 4-1-2 所示。

其常用参数设置介绍如下：

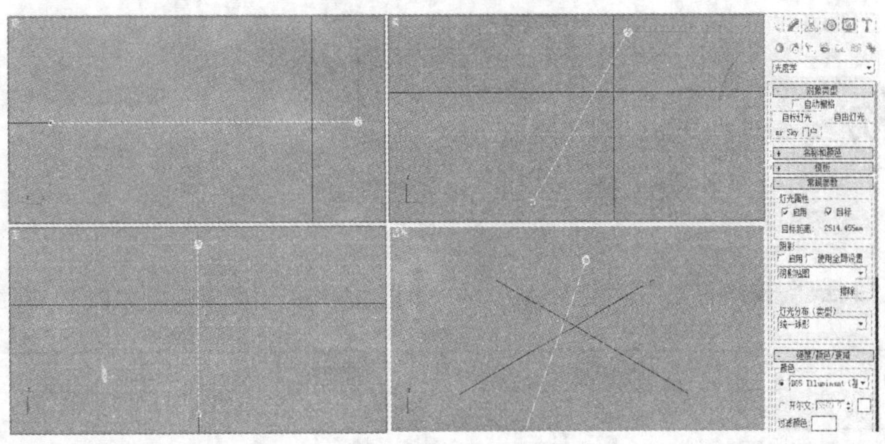

图 4–1–2

（1）常规参数卷展栏：

a. 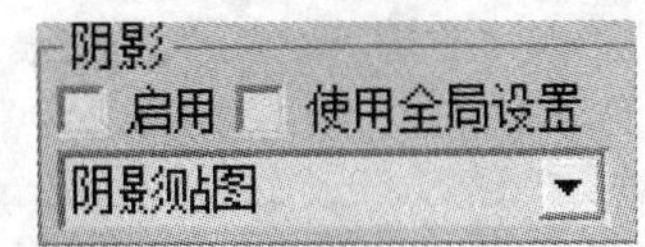

用于设置是否在场景中显示被灯光所照射物体的阴影以及阴影的显示模式。

b. 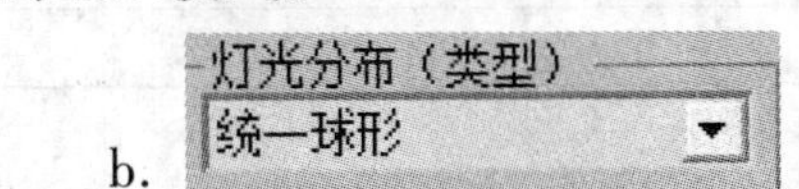

用于设置灯光的分布类型，下拉列表中提供了光度学（Web）、聚光灯、统一漫反射、统一球形四种类型，其中光度学（Web）主要用于光域网的创建。

（2）强度/颜色/衰减卷展栏：

a.“强度”选项组能在物理数量的基础上指定光度学灯光和强度或亮度。在该选项组中有 3 种计算灯光的强度，lm 测量整个灯光的输出功率，cd 可以沿向目标方向测量灯光的最大发光强度，lx 测量被灯光照亮的表面面向光源方向上的照明度。

b. 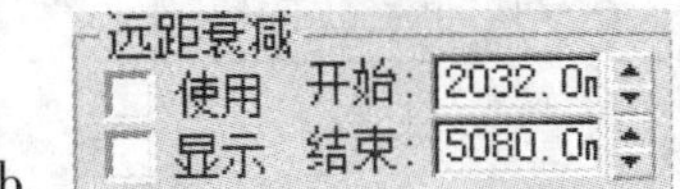

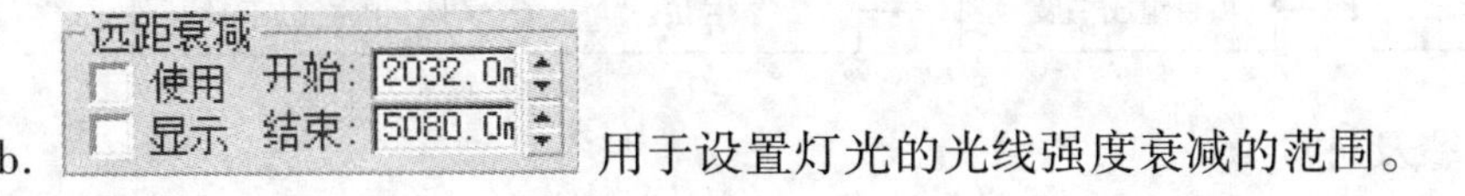

用于设置灯光的光线强度衰减的范围。

2. 自由点光源

相似于目标点光源，但是自由点光源没有目标对象，只能通过变换操作将其指向灯光。其参数设置同目标点光源相似。

# 任务二　标准灯光创建

## 一、项目任务书

| 项目任务名称 | 标准灯光创建 | 项目任务编号 | |
|---|---|---|---|
| 任务完成时间 | | | |
| 任务学习目标 | 1. 认知目标：<br>①了解 3Ds Max 软件中标准灯光的创建方法<br>②了解 3Ds Max 软件中标准灯光相关参数的设置方法<br>2. 技能目标：<br>掌握 3Ds Max 软件中标准灯光的创建和参数设置方法 | | |
| 任务内容 | 1. 熟悉 3Ds Max 软件中标准灯光的创建方法<br>2. 掌握 3Ds Max 软件中标准灯光相关参数的设置方法 | | |
| 项目完成验收点 | 能够创建标准灯光并能设置参数 | | |
| 完成项目任务情况分析与反思： | | | |

## 二、项目教学实施流程与步骤

### （一）项目教学实施流程

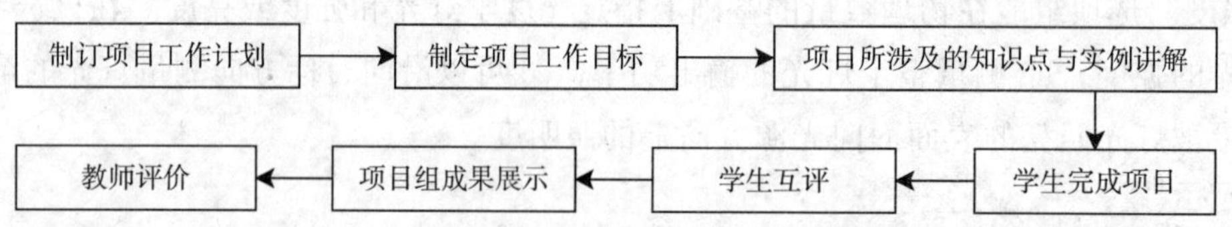


### （二）项目实施步骤及进度

（1）教师讲解项目所涉及的基本知识，并通过实例讲解该任务的实施方法。

（2）学生上机独立完成任务。

（3）学生进行成果展示与汇报。

（4）教师对学生轮流点评并与学生共同给出成绩。

## 三、标准灯光的创建

标准灯光是基于计算机的模拟灯光对象，如家用或办公室灯、舞台和电影工作时使用的灯光设备和太阳光本身。不同种类的灯光对象可用不同的方法投射灯光，模拟不同种类的光源。该灯光类型与光度学灯光不同，标准灯光不具有基于物理的强度值。

在“创建”命令面板中单击“灯光”按钮，进入该次命令面板。在该面板的下拉列表栏中选择“标准”选项，即可进入“标准”灯光的创建面板。在该面板中将显示 8 种标准灯光的创建按钮，如图 4-1-3 所示。

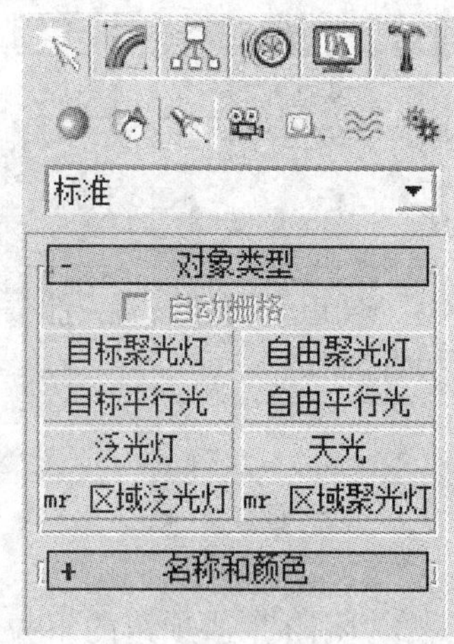


图 4-1-3

通过单击标准灯光面板上的命令按钮，就可以在视图中创建 3Ds Max 中提供的目标聚光灯、自由聚光灯、目标平行光、自由平行光、泛光灯、天光、mr 区域泛光灯和 mr 区域聚光灯 8 种标准灯光。

1. 目标聚光灯

目标聚光灯是从一个点投射聚焦的光束，在系统默认的状态下光束呈锥形。目标聚光灯包含目标和光源两部分，这种光源通常用来模拟舞台的灯光或者是马路上的路灯照射效果。

2. 自由聚光灯

同属于聚光灯的自由聚光灯没有目标点，只能通过移动和旋转自由聚光灯以使其指向任何方向。

3. 目标平行光

目标平行光相似于目标聚光灯，其照射范围呈圆形和矩形，光线平行发射。这种灯光通常用于模拟太阳光在地球表面上投射的效果。

4. 自由平行光

与目标平行光不同，自由平行光没有目标对象，它也只能通过移动和旋转灯光对象以在任何方向将其指向目标。

5. 泛光灯

泛光灯是从单个光源向各个方向投射光线，一般情况下泛光灯用于将辅助照明添加到场景中。这种类型的光源常用于模拟灯泡和荧光棒等照射效果。

6. 天光

天光可以将光线均匀地分布在对象的表面，并与光跟踪器渲染方式一起使用，从而模拟真实的自然光效果。

7. mr 区域泛光灯

mr 区域泛光灯在系统默认的扫描线渲染方式下与标准的泛光灯效果相同，当使用 mental ray 渲染器渲染场景时，区域泛光灯从球体或圆柱体区域发射光线，而不是从点源发射光线。

8. mr 区域聚光灯

mr 区域聚光灯在系统默认的扫描线渲染方式下与标准的泛光灯的效果相同，当使用 mental ray 渲染器渲染场景时，区域聚光灯从矩形或碟形区域发射光线，而不是从点光源发射光线。

## 四、标准灯光的参数

在 3Ds Max 中，各种灯光的参数设置基本相同，所以在此将以天光和目标聚光灯的创建参数为例来讲述灯光的参数设置方法。

（一）目标聚光灯

1.“常规参数”卷展栏

用于控制灯光的启用、灯光类型和阴影类型等内容，如图 4-1-4 所示。

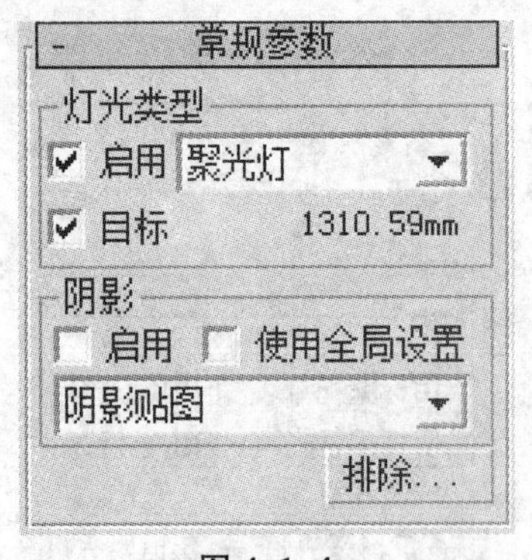


图 4-1-4

其中：

（1）“启用”：该复选框决定是否启用该灯光。

（2）下拉列表栏：“启用”复选框右侧的下拉列表栏中提供了泛光灯、聚光灯和平行光 3 个选项，当选择某一个选项，灯光将成为该类型的灯光。选择“目标”复选框后，灯光将成为目标灯。灯光与其目标点之间的距离显示在复选框的右侧。

（3）“阴影”：启用该选项组中的“启用”复选框，当前灯光投射阴影。选择“使用全局设置”复选框可以使灯光投射阴影的全局。

“阴影”选项组的下拉列表栏中提供了“阴影贴图”、“区域阴影”、“高级光线跟踪阴影”、“光线跟踪阴影”、“mental ray 阴影贴图”5 种阴影类型。

“阴影贴图”是一种渲染器在预渲染场景通道时生成的位图，这种阴影质量较差，但是边缘会产生模糊的阴影。“光线跟踪阴影”是通过跟踪从光源进行采样的光线路径生成的，这种阴影能根据对象的透明程度生成半透明阴影，阴影质量比阴影贴图类型的阴影更精确，并且会始终产生清晰的边界。“高级光线跟踪阴影”与“光线跟踪阴影”基本类似，但是它不能产生半透明阴影。

“区域阴影”模拟灯光在区域或体积上生成的阴影，这种阴影能根据对象的距离产生阴影效果，距离对象近的阴影较为清晰，距离对象远的阴影较为模糊。用户还可以对生成区域阴影的方式进行设置，投射阴影区域的形状会更改区域阴影的形状。

“mental ray 阴影贴图”类型的阴影通常与 mental ray 渲染器一起使用。如果选中该类型但使用默认扫描线渲染器，在进行渲染时阴影不会显示。

（4）单击“排除”按钮，可以打开“排除/包含”对话框。在该对话框中可以决定选定的灯光不照亮哪些对象或在无光渲染元素中考虑哪些对象。

2. *“强度/颜色/衰减参数”*

该卷展栏可以设置灯光的颜色、强度和衰减效果，如图 4-1-5 所示。

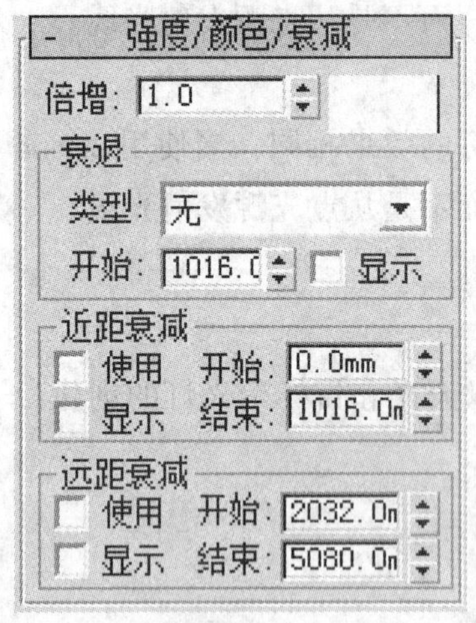


图 4-1-5

下面对这些命令项进行介绍：

（1）“倍增”：该参数用来设置灯光的功率。右侧的颜色显示窗可以指定灯光的颜色。

（2）“衰退”：该选项组可以使远处的灯光强度减少。

（3）“类型”：下拉列表栏中有 3 种衰退类型，当选择“无”选项时，灯光不应用衰退；选择“反向”选项后，使灯光应用反向衰退；选择“平方反比”选项，使灯光应用平方反比衰退。

（4）“近距衰减”：该选项组中的“开始”参数用来设置灯光开始淡入的距离。“结束”参数用来设置灯光达到其全值的距离。“使用”复选框决定是否启用近距衰减。选择“显示”复选框可以在视窗中显示近距衰减范围设置。

（5）“远距衰减”：该选项组中的“开始”参数设置灯光开始淡出的距离。“结束”参数设置灯光减为 0 的距离。

3.“聚光灯参数”

该卷展栏用来调整显示形状和衰减，如图 4-1-6 所示。

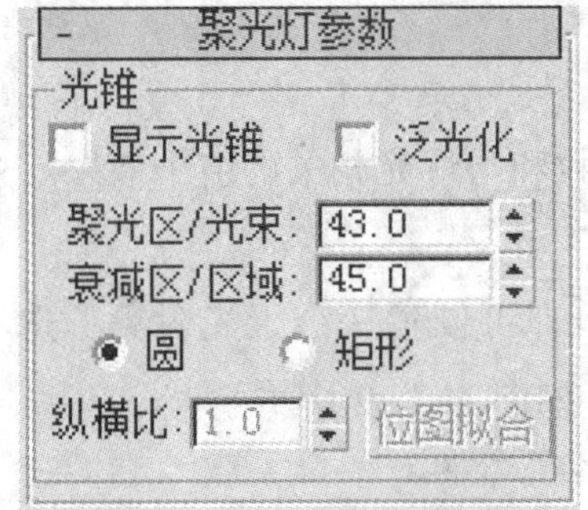


图 4-1-6

下面对这些命令项进行介绍：

（1）“显示光锥”：控制是否启用圆锥体的显示。

（2）“泛光化”：启用该复选框后，灯光将在各个方向投射灯光，但是投影和阴影只发生在其衰减圆锥体内。

（3）“聚光区/光束”：该参数用来调整灯光圆锥体的角度。

（4）“衰减区/区域”：该参数用来调整灯光衰减区的角度。

（5）“圆、矩形”：确定聚光区和衰减区的形状。

（6）“纵横比”：用来设置矩形光束的长宽比。

（7）“位图拟合”：通过该按钮可以使纵横比匹配特定的位图。

4.“高级效果”

该卷展栏提供影响灯光影响曲面方式的控件，也包括很多微调和投影灯的设置，如图 4-1-7 所示。

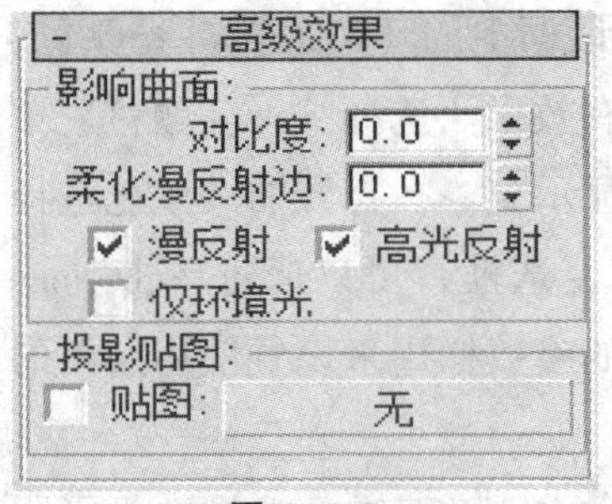


图 4-1-7

下面对这些命令项进行介绍：

（1）“对比度”：用来调整曲面的漫反射区域和环境光区域之间的对比度。

（2）“柔化漫反射边”：用于柔化曲面的漫反射部分与环境光部分之间的边缘。

（3）“漫反射”：该复选框决定灯光是否影响对象曲面的漫反射属性。

（4）“高光反射”：启用该复选框后，灯光将影响对象曲面的高光属性。

（5）“仅环境光”：启用该复选框后，灯光仅影响照明的环境光。

（6）“投影贴图”：该选项组中的参数可以使灯光进行投影。

（7）“贴图”：启用该复选框，可以通过右侧的“无”按钮导入用于投射的贴图。

5.“阴影参数”

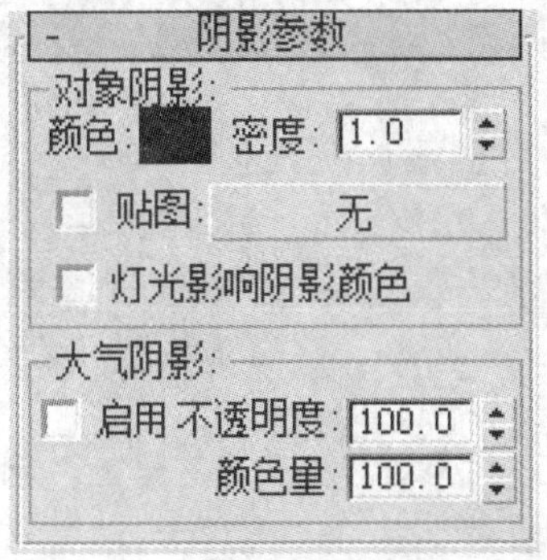


图 4-1-8

所有灯光类型（除了“天光”和“IES 天光”）和所有阴影类型都具有“阴影参数”卷展栏，使用该选项可以设置阴影颜色和其他常规阴影属性，并且还可以使灯光在大气中投射阴影，如图 4-1-8 所示。

下面对这些命令项进行介绍：

（1）“颜色”显示窗可以指定灯光投射的阴影的颜色。

（2）“密度”参数可以调整阴影的密度。

（3）启用“贴图”复选框后，可以从“贴图”通道导入贴图来指定阴影贴图。

（4）“灯光影响阴影颜色”复选框被选择后，将灯光颜色与阴影颜色（如果阴影已设置贴图）混合起来。

（5）选择“大气阴影”选项组的“启用”复选框，大气效果如灯光穿过它们一样投射阴影。

（6）“不透明度”参数以百分比的形式调整阴影的不透明度。

（7）“颜色量”参数调整大气颜色与阴影颜色混合的量。

（8）“大气和效果”：该卷展栏可以指定、删除、设置大气的参数和与灯光相关的渲染效果。

（二）天光

单击标准灯光面板上的“天光”命令按钮，然后在视图中单击即可创建一个天光对象。选择该对象，进入“修改”面板，这时会出现“天光参数”卷展栏，如图 4-1-9 所示。

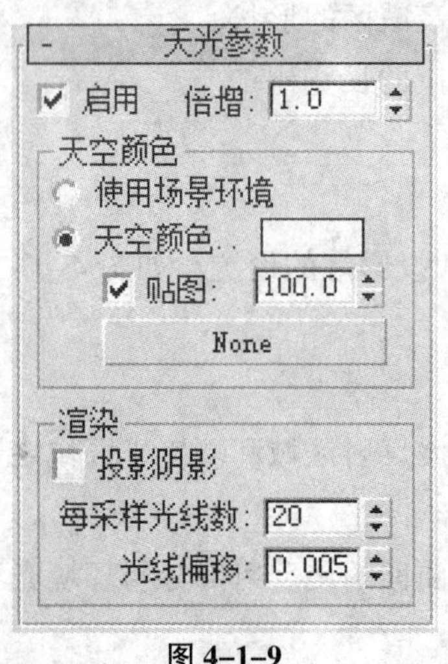


图 4-1-9

下面对这些命令项进行介绍：

（1）“启用”：该复选框决定是否启用灯光，当“启用”复选框处于选择状态，使用灯光着色和渲染以照亮场景。

（2）“倍增”：用来控制灯光的功率。例如，如果该参数为 2，灯光将亮两倍。

（3）“天空颜色”：选择该选项组中的“使用场景环境”单选按钮，可以使用“环境和效果”对话框中的环境设置灯光颜色，只有在“光跟踪器”渲染方式下才有效果。选择“天空颜色”单选按钮，可以通过单击右侧的颜色显示窗，在打开的“颜色选择器”中为天光染色。选择“贴图”复选框，可以通过单击 None 按钮，为天光颜色添加贴图。右侧的参数栏用来设置使用贴图的百分比。

（4）“渲染”：该选项组中的参数只有在默认的扫描线渲染器下才可以编辑。选择“投影阴影”复选框后，天光将会投射阴影。“每采样光线数”用于计算落在场景中指定点上天光的光线数。在制作动画时，将该参数设置得高一些可消除闪烁。“光线偏移”参数可以对场景中指定点上投射阴影的最短距离进行设置。当把“光线偏移”参数设为 0 时，可以使该点在自身上投射阴影；较高的参数可以防止点附近的对象在该点上投射阴影。

# 任务三　光域网灯光创建

## 一、项目任务书

| 项目任务名称 | 光域网灯光创建 | 项目任务编号 | |
|---|---|---|---|
| 任务完成时间 | | | |
| 任务学习目标 | 1. 认知目标：<br>了解 3Ds Max 软件中光域网灯光的创建方法<br>2. 技能目标：<br>掌握 3Ds Max 软件中光域网灯光的创建方法 | | |
| 任务内容 | 掌握 3Ds Max 软件中光域网灯光的创建方法 | | |
| 项目完成验收点 | 能够创建光域网灯光 | | |
| 完成项目任务情况分析与反思： | | | |

## 二、项目教学实施流程与步骤

### （一）项目教学实施流程

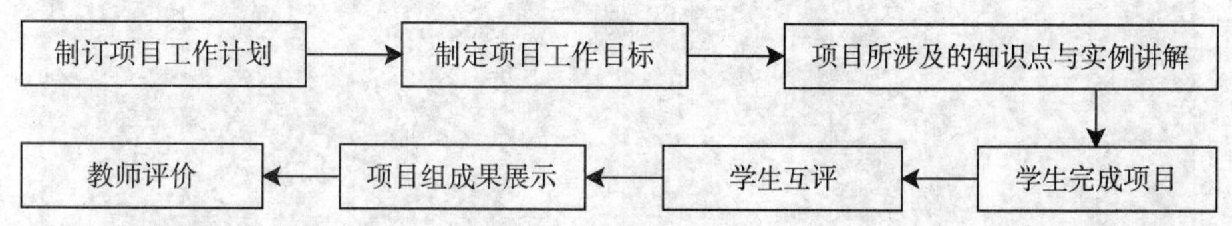


### （二）项目实施步骤及进度

（1）教师讲解项目所涉及的基本知识，并通过实例讲解该任务的实施方法。

（2）学生上机独立完成任务。

（3）学生进行成果展示与汇报。

（4）教师对学生轮流点评并与学生共同给出成绩。

## 三、光域网灯光的创建

### （一）基础知识

光域网是一种关于光源亮度分布的三维表现形式，存储于 IES 文件当中。这种文件通常可以从灯光的制造厂商那里获得，格式主要有 IES、LTLI 或 CIBSE。

在 3Ds Max 软件中，如果给灯光指定一个特殊的文件，就可以产生与现实生活相同的发散效果，这特殊的文件，标准格式是 IES。

光域网用得好，可以给效果图添加细节，光域网类型有模仿灯带的、模仿筒灯、射灯、壁灯、台灯等。最常用的是模仿筒灯、壁灯、台灯的光域网，模仿灯带的不常用。每种光域网的形状都不太一样，根据情况选择调用。

（二）光域网灯光的创建

（1）打开配套光盘中的“射灯.max”模型，如图 4-1-10 所示。

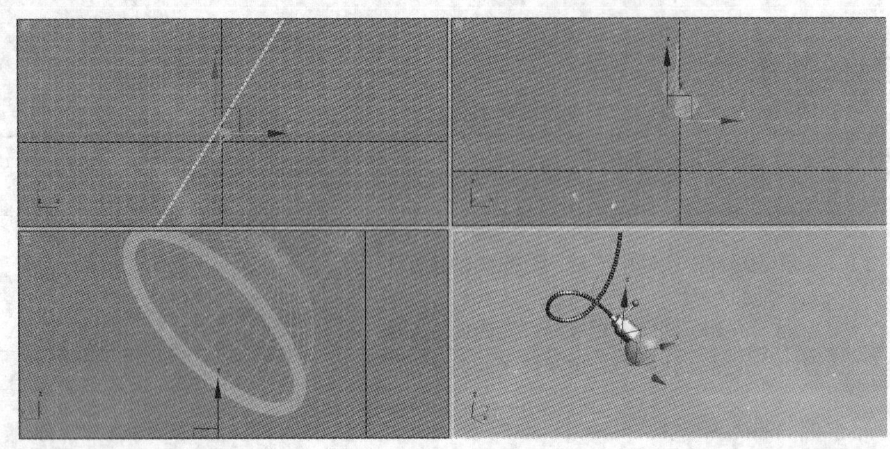

图 4-1-10

（2）进入灯光创建面板，在“光度学”灯光中，选中“目标灯光”，在场景中创建一个，并调整其与模型的位置，如图 4-1-11 所示。此时的渲染效果如图 4-1-12 所示。

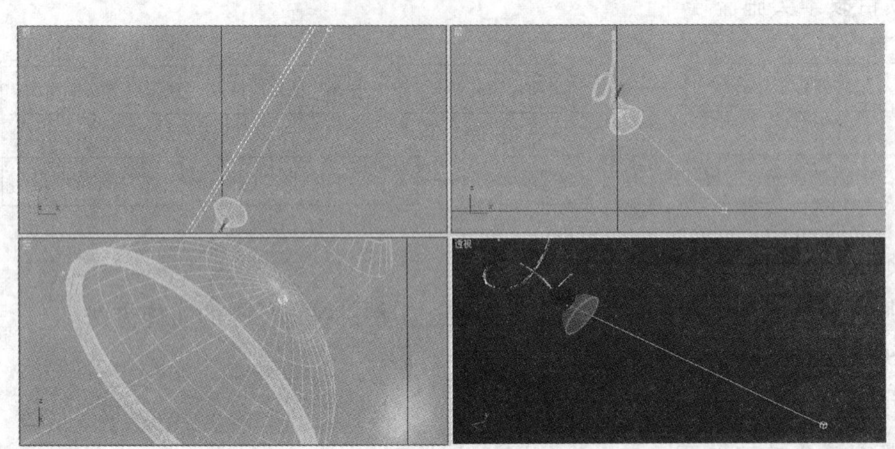

图 4-1-11

（3）这显然不是射灯应该有的效果，此时就需要给此灯光添加光域网效果，来模拟真实的射灯效果。选中所创建的灯光，进入“修改”面板，在“常规参数”卷展栏的“灯关分布（类型）”下拉列表中选择“光度学 Web”类型，如图 4-1-13 所示。

（4）此时会出现一个 - 分布（光度学 Web） 卷展栏，在此卷展栏中单击 < 选择光度学文件 > 按钮，在弹出的 打开光域 Web 文件 对话框中，进入配套光盘中“Ies”文件夹，选择一个光域网文件，比如选择 3.IES，如图 4-1-14、图 4-1-15 所示。渲染之后的效果如图 4-1-16 所示。

图 4-1-12

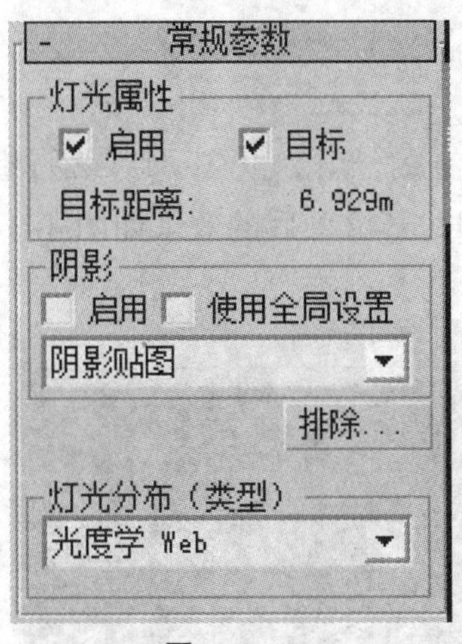


图 4-1-13

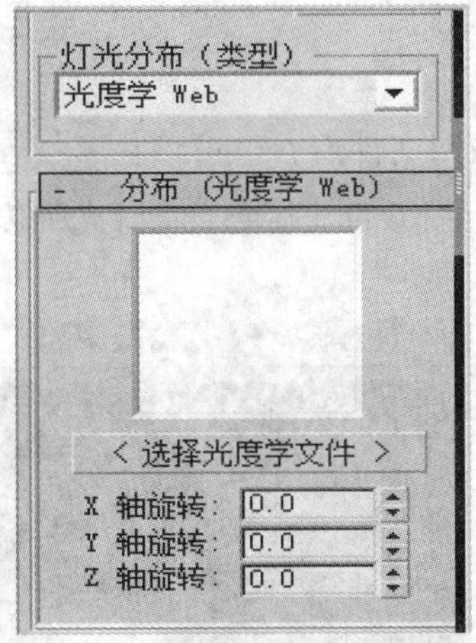


图 4-1-14

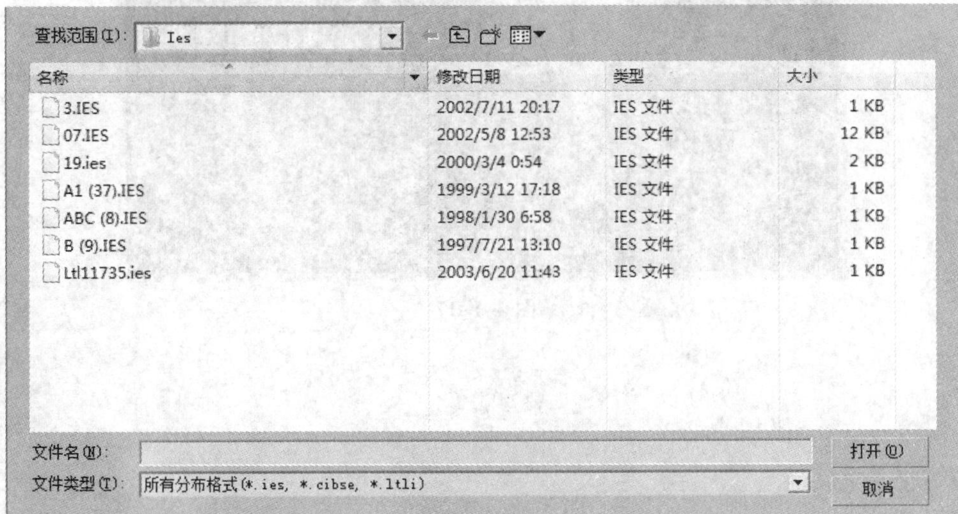


图 4-1-15

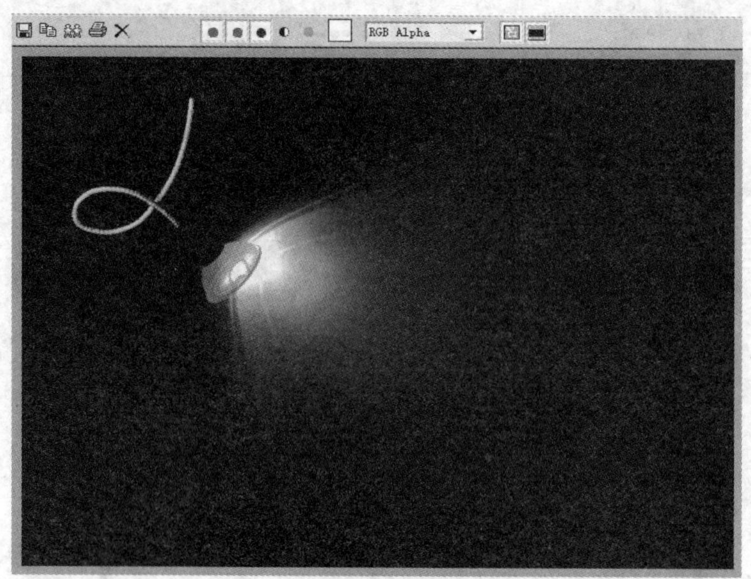


图 4-1-16

（5）添加光域网文件后，也可以在 强度 lm cd lx: 15000.0 1.0m 中对其进行强度、衰减等参数的修改。比如在上一步的基础上，将灯光强度增加，其渲染后的效果如图 4-1-17 所示。

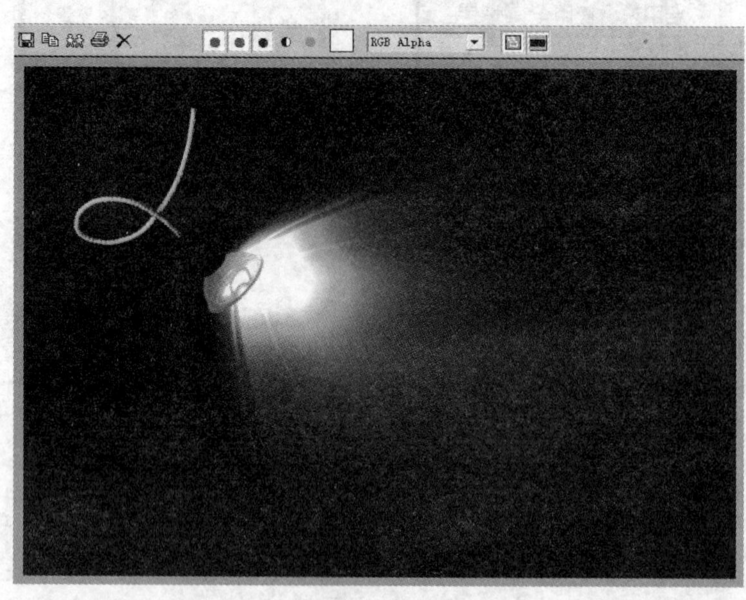


图 4-1-17

# 任务四　灯带创建

## 一、项目任务书

| 项目任务名称 | 灯带创建 | 项目任务编号 | |
| --- | --- | --- | --- |
| 任务完成时间 | | | |
| 任务学习目标 | 1. 认知目标：<br>了解 3Ds Max 软件中灯带的创建方法<br>2. 技能目标：<br>掌握 3Ds Max 软件中灯带的创建方法 | | |
| 任务内容 | 掌握 3Ds Max 软件中灯带的创建方法 | | |
| 项目完成验收点 | 能够创建灯带 | | |
| 完成项目任务情况分析与反思： | | | |

## 二、项目教学实施流程与步骤

### （一）项目教学实施流程

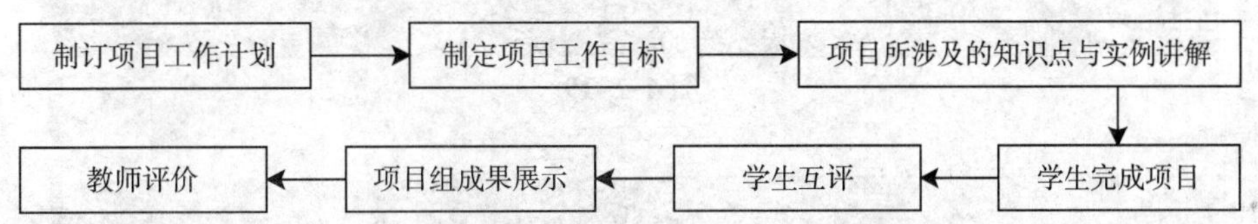


### （二）项目实施步骤及进度

（1）教师讲解项目所涉及的基本知识，并通过实例讲解该任务的实施方法。

（2）学生上机独立完成任务。

（3）学生进行成果展示与汇报。

（4）教师对学生轮流点评并与学生共同给出成绩。

## 三、灯带的创建

### （一）泛光灯灯带的创建

（1）打开在高级模型创建项目中创建的会议室场景，如图 4-1-18 所示。

（2）在场景中选中“天棚”和“吊顶框”，点击鼠标右键，选中“隐藏未选定对象”，隐藏其他模型，以方便我们创建灯光，如图 4-1-19 所示。

（3）在场景中创建一盏“泛光灯”，并调整其位置，如图 4-1-20 所示。

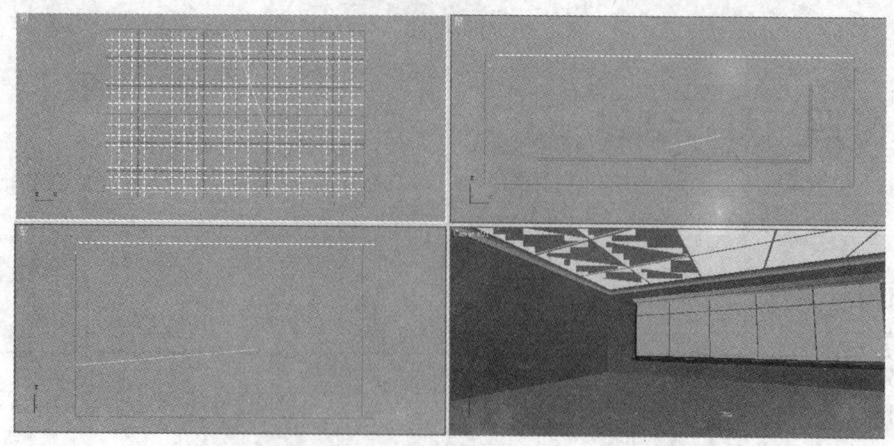

图 4-1-18

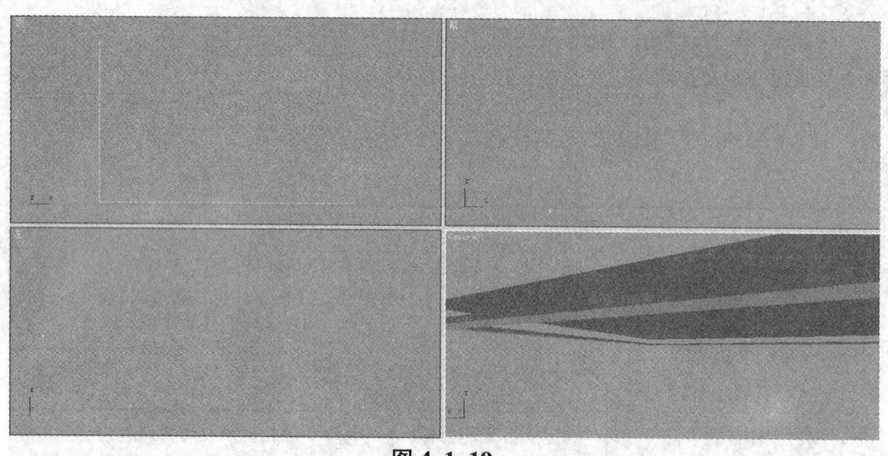

图 4-1-19

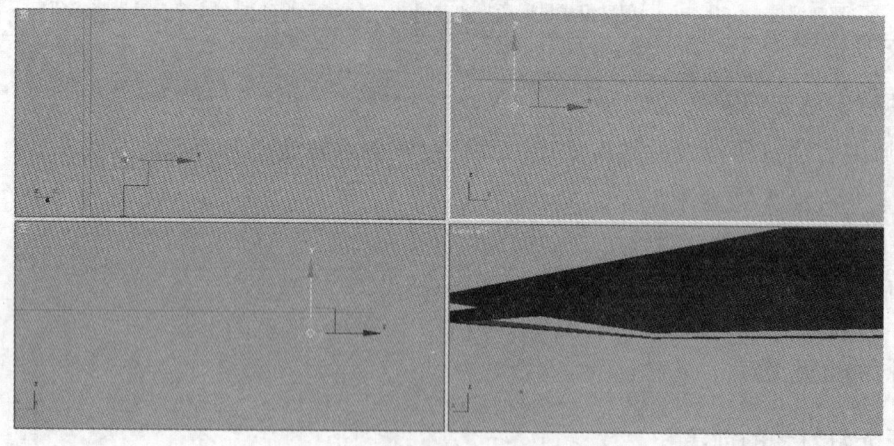

图 4-1-20

（4）进入“修改”面板，在“强度/颜色/衰减”卷展栏下，勾选 远距衰减 使用 开始：80.0mm 显示 结束：200.0mm 选项，在视图中利用“选择并均匀缩放”工具调整灯光的衰减范围，如图 4-1-21 所示。

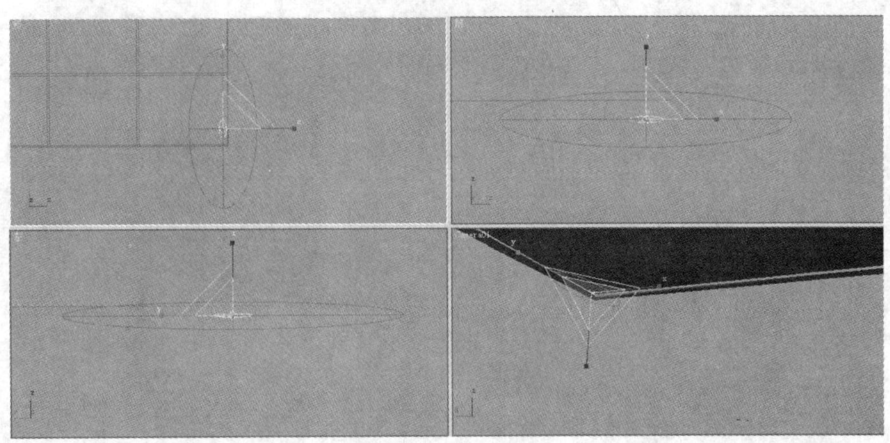

图 4–1–21

（5）设置灯光参数，如图 4–1–22 所示。在视图中利用“选择并移动”工具，按住“Shift”键移动复制，复制模式为“实例”，如图 4–1–23 所示。

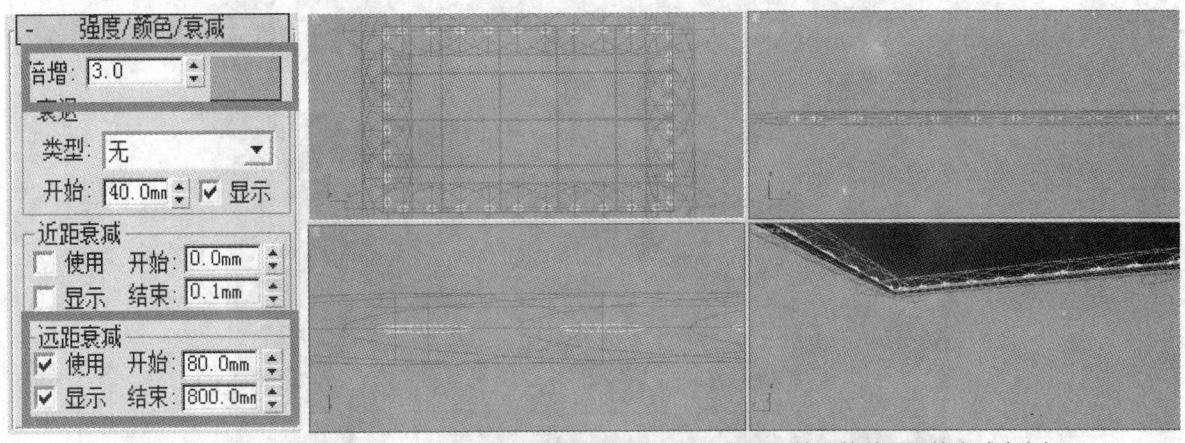


图 4–1–22　　图 4–1–23（注意：横向的灯需要旋转调整其照明的衰减方向）

（6）在视图中单击鼠标右键，选择“全部取消隐藏”显示场景内的其他模型。按“F9”键渲染，效果如图 4–1–24 所示。

（7）这时发现场景中太黑，所以在场景中再添加几盏泛光灯作场景照明，其参数与位置如图 4–1–25 所示。

（8）执行渲染，最终效果如图 4–1–26 所示。

图 4–1–24

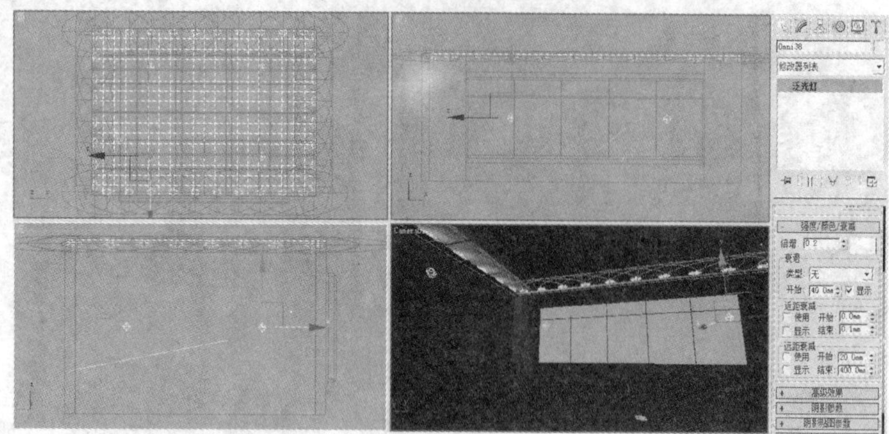

图 4-1-25

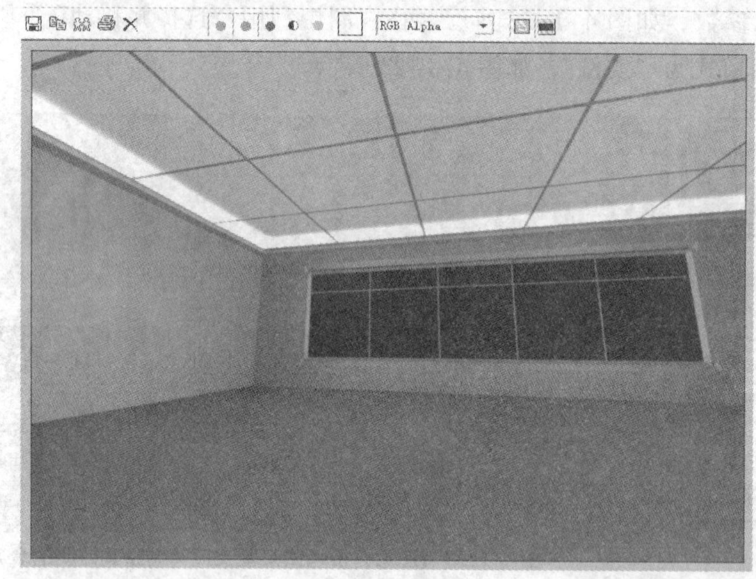


图 4-1-26

（二）光度学灯光创建灯带

（1）打开会议室素材，选中“天棚”与“吊顶框”，隐藏其他物体。

（2）在场景中创建一盏“光度学”灯光中的“自由灯光”，调整其位置，如图 4-1-27 所示。

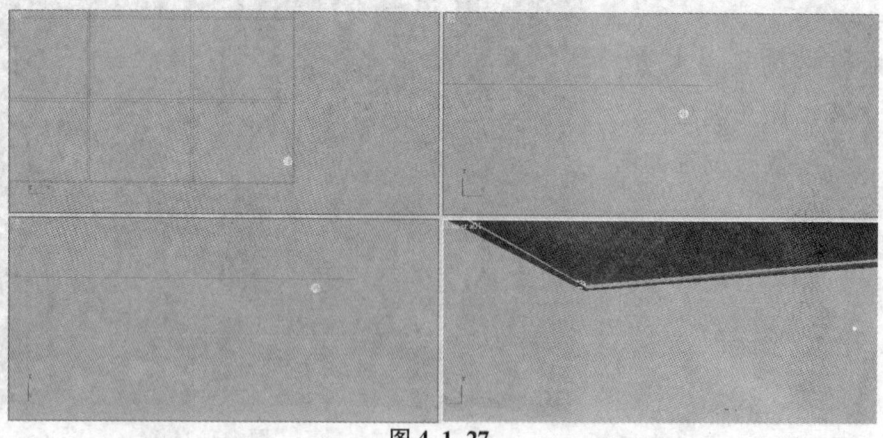

图 4-1-27

（3）选中所创建的灯光，进入“修改”面板，在“图形/区域阴影”卷展栏中调整其参数，如图 4–1–28 所示。

（4）在视图中利用“选择并移动”工具对灯光进行复制，复制模式为“实例”，并调整位置，如图 4–1–29 所示。

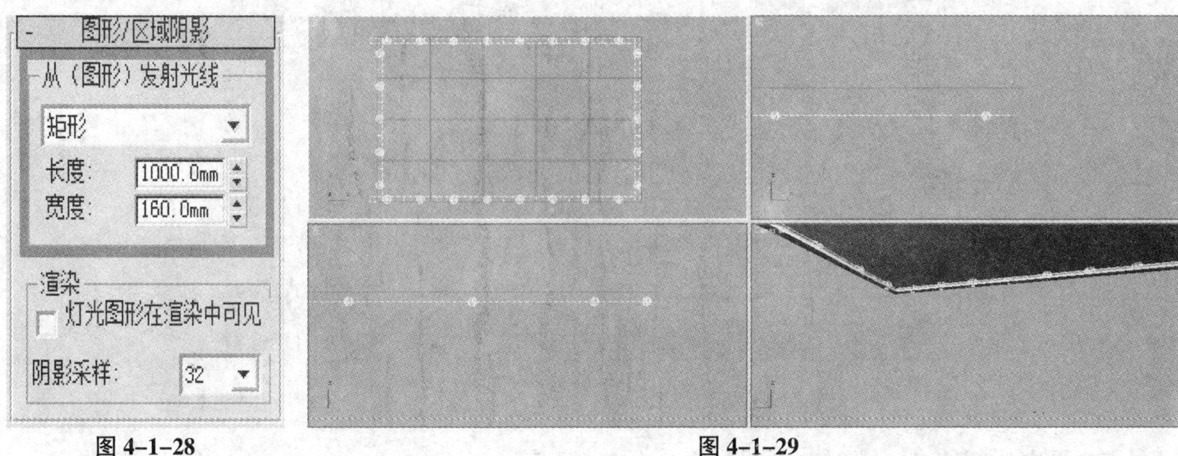


图 4–1–28　　　　图 4–1–29

（5）点击鼠标右键取消隐藏物体，并在场景中添加几盏泛光灯作场景照明（同泛光灯灯带操作），渲染后效果如图 4–1–30 所示。

图 4–1–30

（6）如果效果不理想，需要进一步调整。先降低灯光的亮度，在“强度/颜色/衰减”中调整其强度为 强度 lm cd lx: 300.0 1000.0mm ，再在“常规参数”卷展栏中点击 排除... 按钮，将不需要灯带照明的物体排除掉，如图 4–1–31 所示。

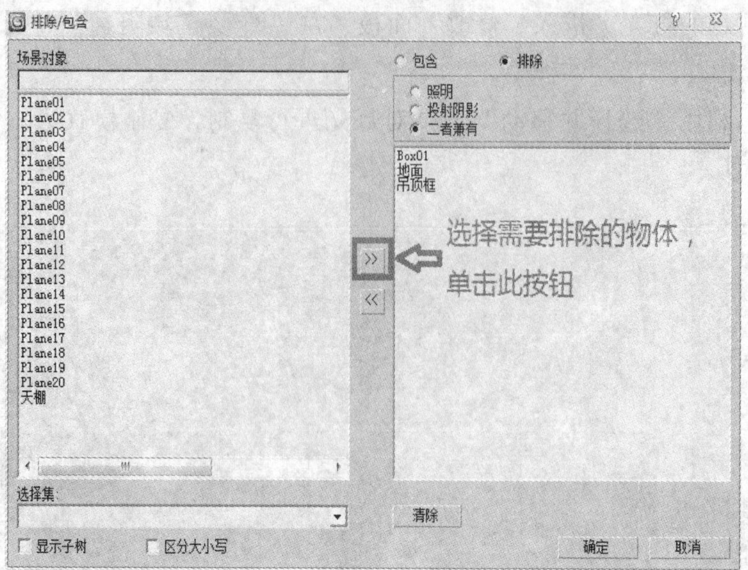


图 4-1-31

（7）再次执行渲染，此时的效果如图 4-1-32 所示。

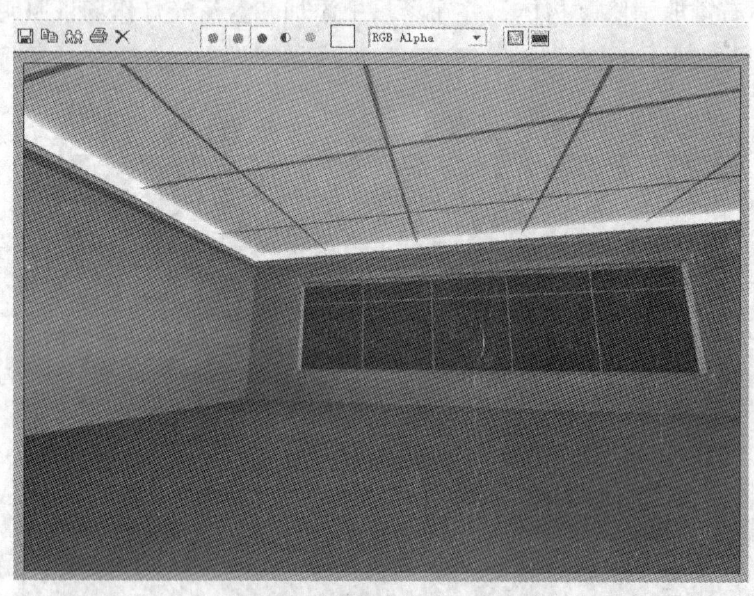


图 4-1-32

# 项目二

# VRay 高级灯光创建

## 一、项目任务书

| 项目任务名称 | VRay 高级灯光创建 | 项目任务编号 | |
|---|---|---|---|
| 任务完成时间 | | | |
| 任务学习目标 | 1. 认知目标：<br>①理解 VRay 高级灯光的基本内容<br>②了解学习 VRay 高级灯光的基本设置参数<br>2. 技能目标：<br>掌握 VRay 高级灯光的基本设置方法 | | |
| 任务内容 | 1. 熟悉 VRay 高级灯光的特性<br>2. 掌握 VRay 高级灯光的常用参数 | | |
| 项目完成验收点 | 能熟悉 VRay 高级灯光的基本特性，掌握了解效果图中常用的 VRay 高级灯光参数 | | |
| 完成项目任务情况分析与反思： | | | |

## 二、项目计划与决策

学生项目组根据项目任务书进行项目实施计划制订和进行决策。

**项目实施计划书**

| 项目任务与内容 | 学生工作任务 | 教师工作任务 | 实施场所 | 教学时间 | 备注 |
|---|---|---|---|---|---|
| 项目分析及目标、计划制订 | 1. 阅读任务书，理解并明确项目任务<br>2. 复习此次任务中所要用到的以前学过的知识点，为任务的完成打好基础<br>3. 确定项目学习目标，制订项目实施计划 | 1. 布置课题下发任务<br>2. 复习相关知识 | 机房 | 10 分钟 | |
| VRay 高级灯光基本特性的讲解 | 1. 基本知识<br>2. 相关参数 | 多媒体演示教学讲解摄像机的基本知识和相关参数的意义 | 机房 | 20 分钟 | |
| VRay 高级灯光的参数应用 | 1. 创建 VRay 平面光源<br>2. 创建 VRay 球面光源<br>3. 创建 VRay 太阳光<br>4. 创建 VRay 灯带 | 以室内效果图的灯光布置作为实例讲解 | 机房 | 20 分钟 | |

续表

| 项目任务与内容 | 学生工作任务 | 教师工作任务 | 实施场所 | 教学时间 | 备注 |
|---|---|---|---|---|---|
| 学生上机实训，完成任务 | 按要求完成任务目标 | 给学生解惑答疑 | 机房 | 25 分钟 | |
| 学生互评 | 成果展示，学生相互评价，总结项目实施成果，给出评定成绩 | 1. 给学生解惑答疑<br>2. 组织管理好纪律 | | 8 分钟 | |
| 教师讲评 | 根据教师的讲评进行项目实施反思 | 1. 选取部分学生作品进行评价<br>2. 找出问题，进行归纳，如何做得更好<br>3. 成果归档 | 机房 | 7 分钟 | |
| 合　计 | | | | 90 分钟 | |

## 三、项目教学实施流程与步骤

### （一）项目教学实施流程

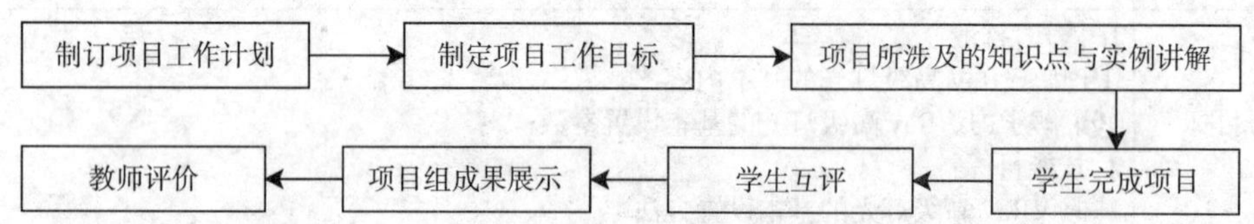


### （二）项目实施步骤及进度

（1）教师讲解项目所涉及的基本知识，并通过实例讲解该任务的实施方法。

（2）学生上机独立完成任务。

（3）学生进行成果展示与汇报。

（4）教师对学生轮流点评并与学生共同给出成绩。

## 四、VRay 高级灯光创建

### （一）创建 VRay 平面光源

（1）打开文件。

（2）单击 （灯光）| VR灯光 按钮，在左视图中窗户的位置创建一盏 VR 平面光，颜色为暖色，“倍增器”设置为 5，勾选“不可见”选项，位置与参数如图 4-2-1 所示。

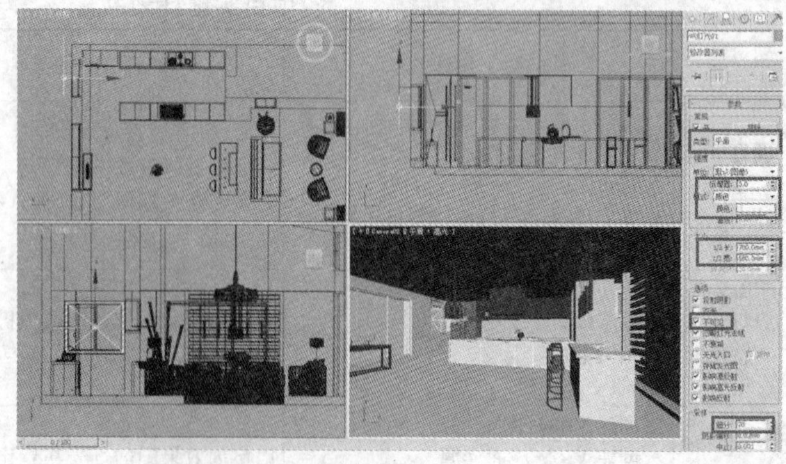

图 4-2-1

（3）复制 VR 平面光，将其置于另一窗户位置，调整大小，位置与参数如图 4-2-2 所示。

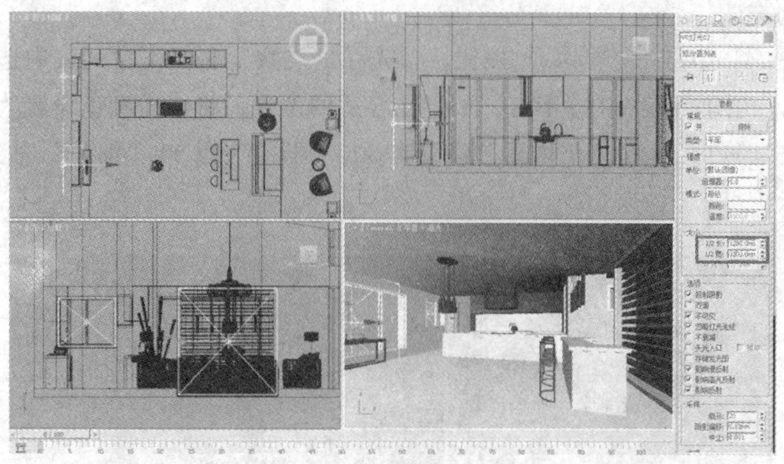

图 4-2-2

（4）再次创建一盏 VR 平面光，放在外面较远处，旋转其角度，修改亮度及尺寸，位置及参数如图 4-2-3 所示。

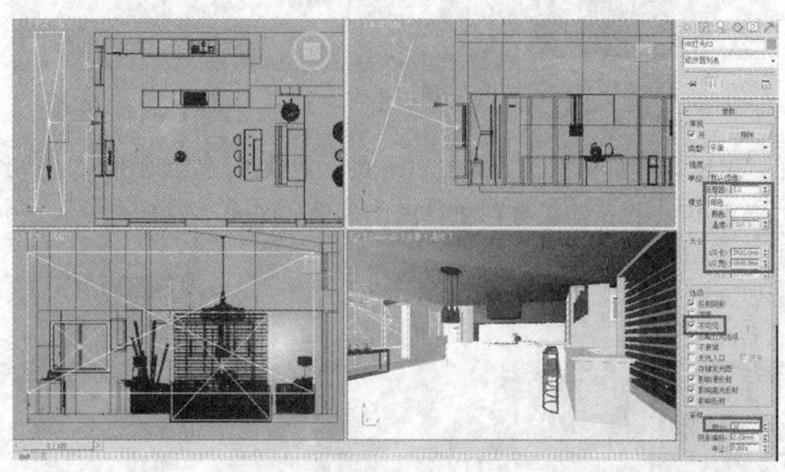

图 4-2-3

（5）单击 （快速渲染）按钮进行渲染，效果如图 4-2-4 所示。

图 4-2-4

（二）创建 **VRay** 球面光源

（1）打开文件。

（2）单击 (灯光) | VR灯光 按钮，首先在“类型”右侧下拉列表中选择“球体”，在顶视图单击鼠标，创建一盏 VR 球形灯，放置在合适的位置，将灯光颜色设置为暖色（红、绿、蓝的值分别为 253、178、47），“倍增器”设置为 50，“半径”为 50，“细分”为 20，参数及位置如图 4-2-5 所示。

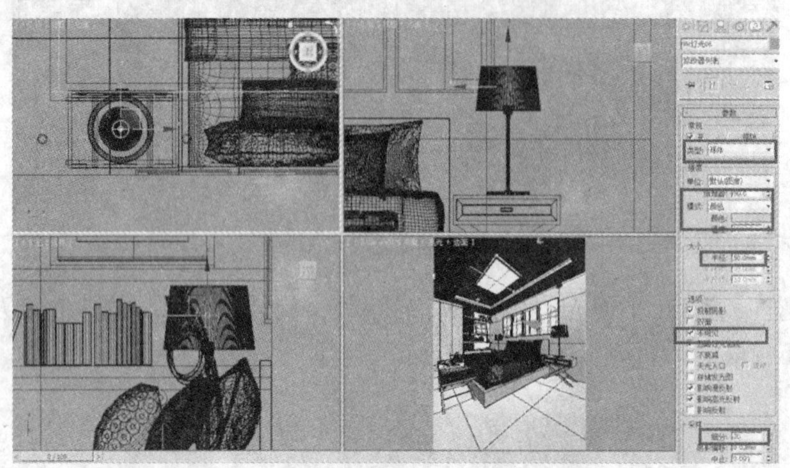

图 4-2-5

（3）将创建的 VRay 球形灯按实例方式复制一盏，参数及位置如图 4-2-6 所示。

（4）按“Shift+Q”键，快速渲染摄影机视图，效果如图 4-2-7 所示。

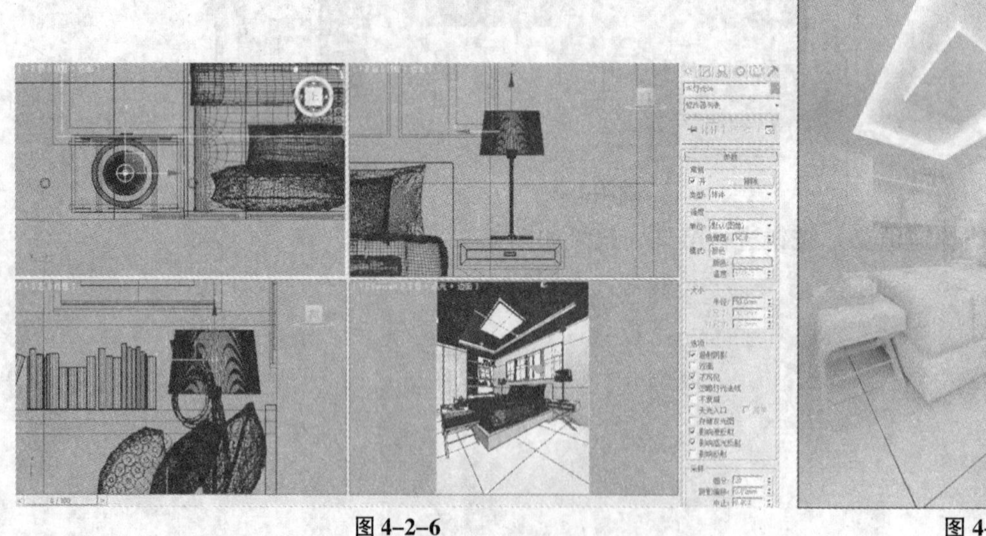

图 4-2-6

图 4-2-7

（三）创建 **VRay** 阳光

（1）打开文件。

（2）单击 (灯光) | VR太阳 按钮，在顶视图创建一盏 VR 阳光，在各个视图调整其位

置，如图 4-2-8 所示。

（3）将灯光的“浊度”设置为 2，“强度倍增器”设置为 0.05，“尺寸倍增器”设置为 3，“阴影细分”为 20，参数及位置如图 4-2-9 所示。

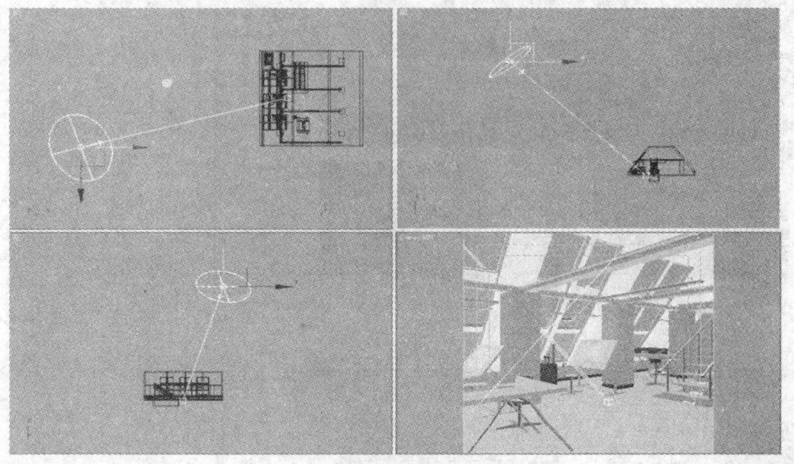

图 4-2-8

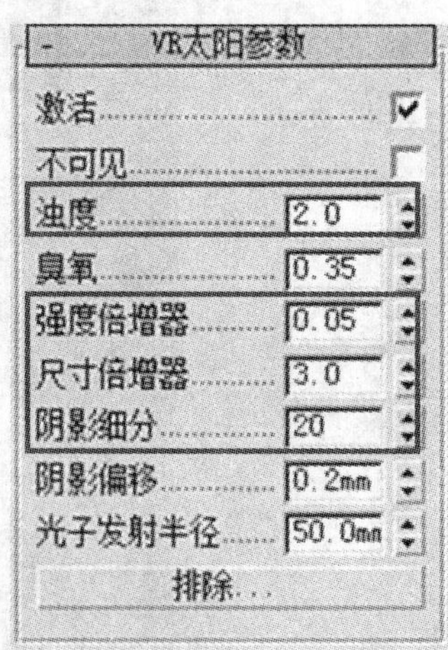


图 4-2-9

（4）按“Shift+Q”键，快速渲染摄影机视图，效果如图 4-2-10 所示。

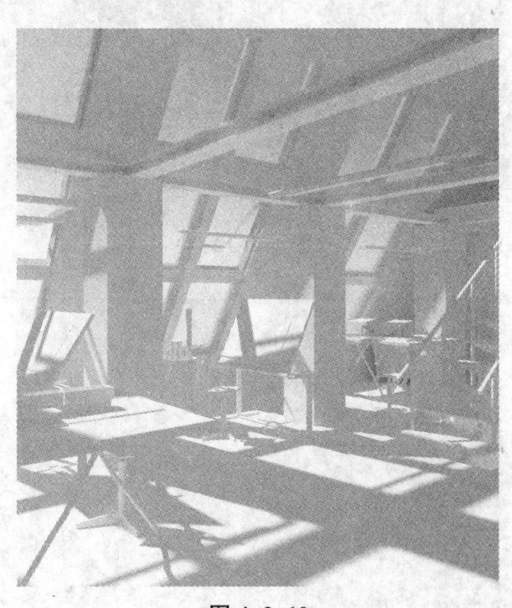

图 4-2-10

（四）创建 **VRay** 灯带

（1）打开文件。

（2）单击 （灯光）| VR灯光 按钮，在前视图拖动鼠标创建一盏 VRay 平面光，其位置和参数如图 4-2-11 所示。

（3）选中创建的 VRay 灯光，将其复制旋转，位置如图 4-2-12 所示。

（4）按“Shift+Q”键，快速渲染摄影机视图，效果如图 4-2-13 所示。

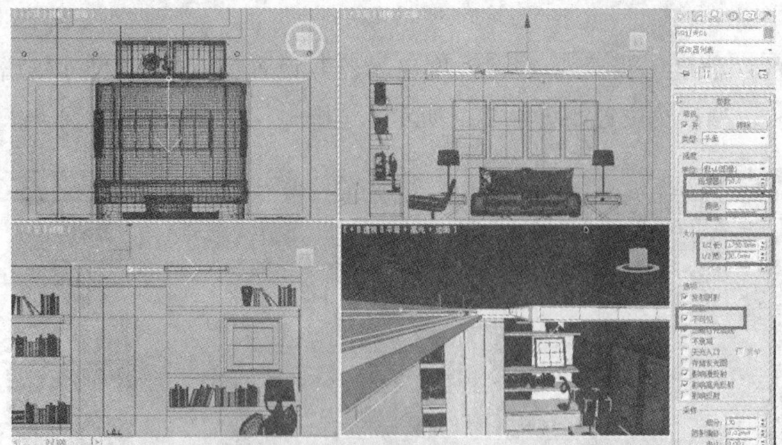

图 4–2–11

图 4–2–12

图 4–2–13

# 项目三

# VRay 灯光创建实战

## 一、项目任务书

| 项目任务名称 | VRay 灯光创建实战 | 项目任务编号 | |
|---|---|---|---|
| 任务完成时间 | | | |
| 任务学习目标 | 1. 认知目标：<br>①理解 VRay 高级灯光的基本内容<br>②了解学习 VRay 高级灯光的基本设置参数<br>2. 技能目标：<br>合理运用 VRay 高级灯光 | | |
| 任务内容 | 1. 创建室外 VRay 光源<br>2. 创建室内 VRay 主光源<br>3. 创建室内 VRay 辅光源<br>4. 创建室内 VRay 装饰光源 | | |
| 项目完成验收点 | 能熟悉 VRay 高级灯光的基本特性，掌握了解效果图中常用的 VRay 高级灯光参数，熟练运用各项 VRay 高级灯光 | | |
| 完成项目任务情况分析与反思： | | | |

## 二、项目计划与决策

学生项目组根据项目任务书进行项目实施计划制订和进行决策

**项目实施计划书**

| 项目任务与内容 | 学生工作任务 | 教师工作任务 | 实施场所 | 教学时间 | 备注 |
|---|---|---|---|---|---|
| 项目分析及目标、计划制订 | 1. 阅读任务书，理解并明确项目任务<br>2. 复习此次任务中所要用到的以前学过的知识点，为任务的完成打好基础<br>3. 确定项目学习目标，制订项目实施计划 | 1. 布置课题下发任务<br>2. 复习相关知识 | 机房 | 10 分钟 | |
| VRay 高级灯光的运用 | 1. 创建室外 VRay 光源<br>2. 创建室内 VRay 主光源<br>3. 创建室内 VRay 辅光源<br>4. 创建室内 VRay 装饰光源 | 以客厅效果图的灯光布置作为实例讲解 | 机房 | 40 钟 | |

续表

| 项目任务与内容 | 学生工作任务 | 教师工作任务 | 实施场所 | 教学时间 | 备注 |
| --- | --- | --- | --- | --- | --- |
| 学生上机实训，完成任务 | 按要求完成任务目标 | 给学生解惑答疑 | | 25 分钟 | |
| 学生互评 | 成果展示，学生相互评价，总结项目实施成果，给出评定成绩 | 1. 给学生解惑答疑<br>2. 组织管理好纪律 | 机房 | 8 分钟 | |
| 教师讲评 | 根据教师的讲评进行项目实施反思 | 1. 选取部分学生作品进行评价<br>2. 找出问题，进行归纳，如何做得更好<br>3. 成果归档 | | 7 分钟 | |
| 合　计 | | | | 90 分钟 | |

## 三、项目教学实施流程与步骤

### （一）项目教学实施流程

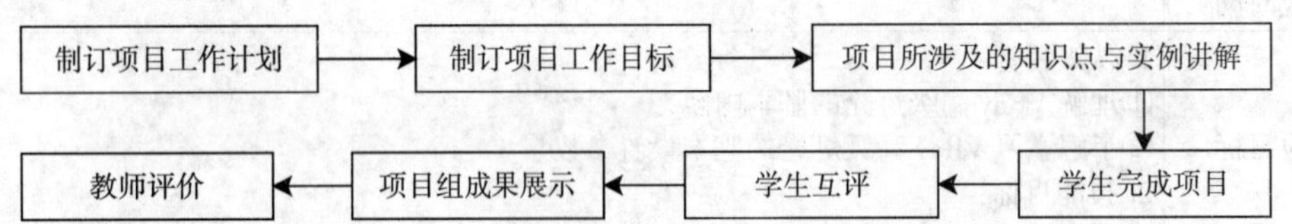


### （二）项目实施步骤及进度

（1）教师讲解项目所涉及的基本知识，并通过实例讲解该任务的实施方法。

（2）学生上机独立完成任务。

（3）学生进行成果展示与汇报。

（4）教师对学生轮流点评并与学生共同给出成绩。

## 四、“模型创建实战篇”——VRay 灯光创建实战

### （一）创建室外 VRay 光源

（1）打开文件。

（2）单击（灯光）VR灯光按钮，在左视图中窗户的位置创建一盏 VR 平面光，大小与位置如图 4-3-1 所示。

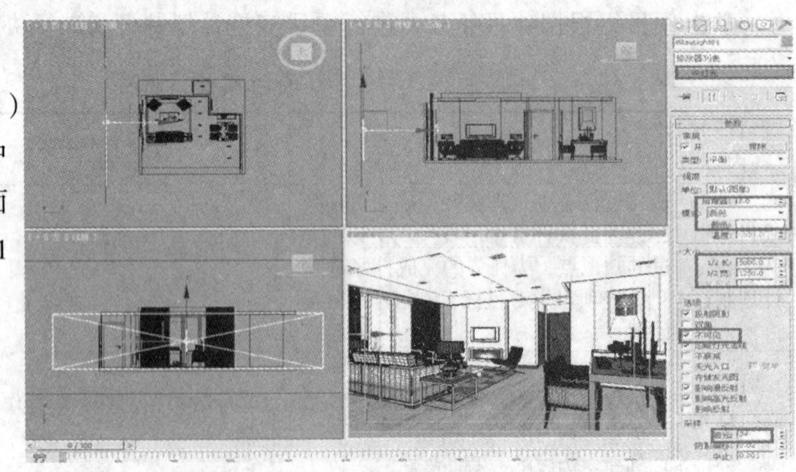

图 4-3-1

（二）创建室内 **VRay** 主光源

（1）单击（灯光）| 目标灯光 按钮，在前视图拖动鼠标，创建一盏目标灯光，将它移动到任意一盏筒灯的位置，单击（修改）按钮，进入“修改”命令面板，启用“阴影”选项，阴影方式选择“VRay 阴影”选项，在“常规参数”卷展栏中“灯光分布（类型）”下方选择“光度学 Web”，如图 4-3-2 所示。

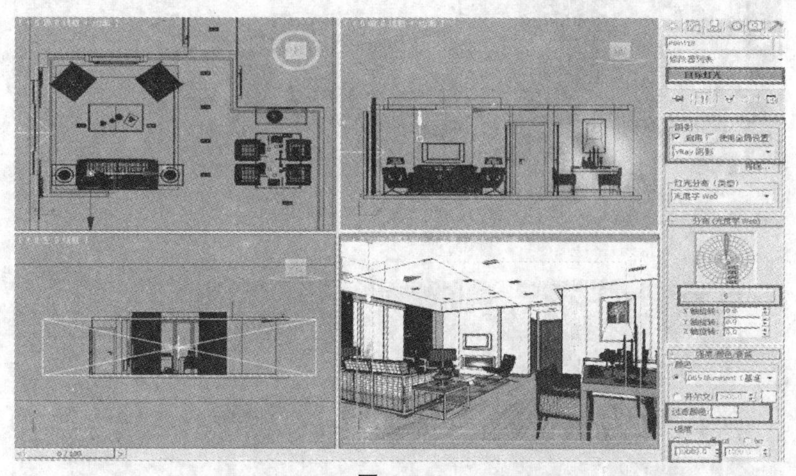

**图 4-3-2**

（2）在“分布（光度学 Web）”卷展栏中单击 < 选择光度学文件 > 按钮，在弹出的“打开光域网”对话框中选择“.IES”文件。

（3）在“强度/颜色/衰减”卷展栏中，修改灯光强度为 10000，将其实例复制到视图相应的位置，如图 4-3-3 所示。

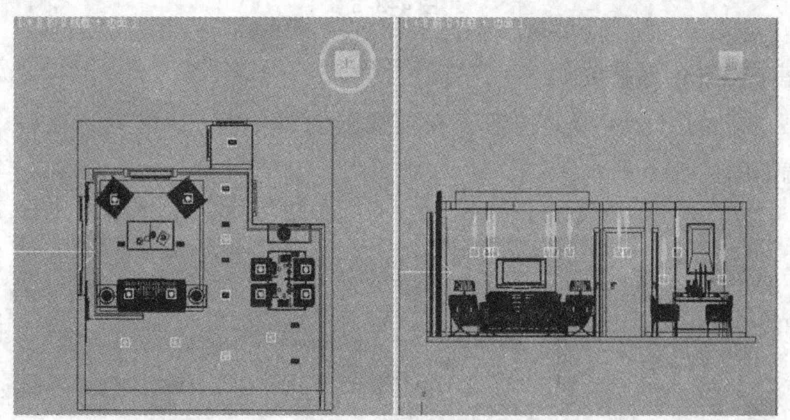

**图 4-3-3**

（三）创建室内 **VRay** 辅光源

（1）单击（灯光）| VR灯光 按钮，在顶视图创建一盏 VR 灯光，在各个视图调整其位置，参数及位置如图 4-3-4 所示。

（2）单击（灯光）| VR灯光 按钮，在顶视图创建一盏 VR 灯光，将“参数”卷展栏下的类型改为“球体”，调整其参数及位置，实例方式复制一盏到相应的位置，如图 4-3-5 所示。

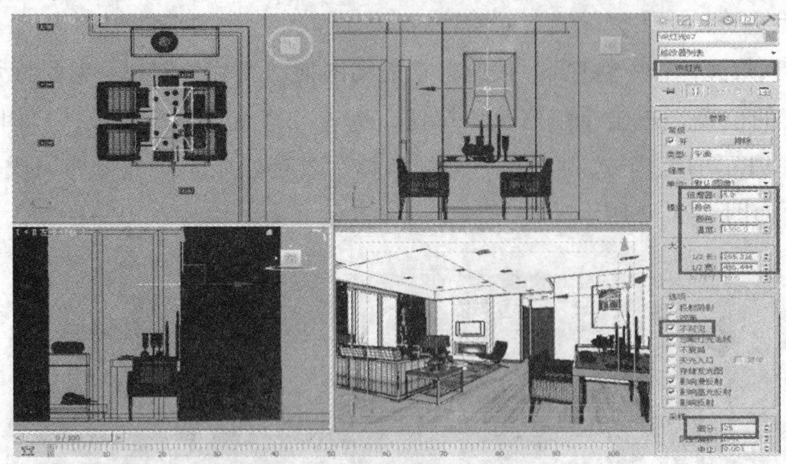

图 4-3-4

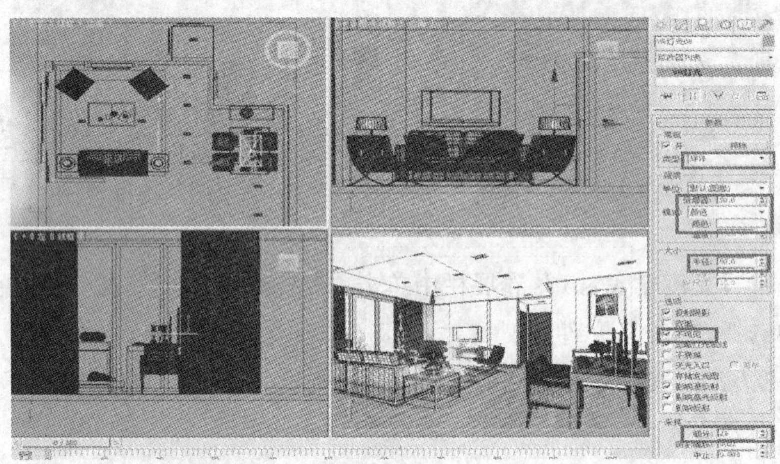

图 4-3-5

（四）创建室内 **VRay** 装饰光源

（1）单击（灯光）| VR灯光 按钮，在顶视图创建一盏 VR 灯光，在各个视图调整其位置，参数及位置如图 4-3-6 所示。

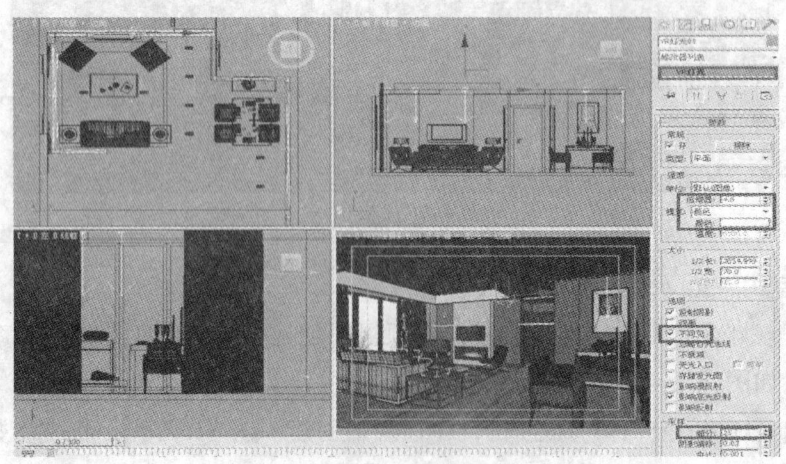

图 4-3-6

（2）选中创建的 VRay 灯光，将其复制并旋转移动到相应的位置，并修改其长度尺寸。

（3）按“Shift+Q”键，快速渲染摄影机视图，效果如图 4-3-7 所示。

图 4-3-7

# 第五篇　渲　染

## 项目一

# 初级渲染

## 一、项目任务书

| 项目任务名称 | 初级渲染 | 项目任务编号 | |
|---|---|---|---|
| 任务完成时间 | | | |
| 任务学习目标 | 1. 认知目标：<br>①了解 3Ds Max 软件中扫描线渲染的参数设置<br>②了解 3Ds Max 软件中利用扫描线渲染图形的方法<br>2. 技能目标：<br>掌握 3Ds Max 软件中扫描线渲染图形的方法 | | |
| 任务内容 | 1. 熟悉 3Ds Max 软件中扫描线渲染的参数设置<br>2. 掌握 3Ds Max 软件中扫描线渲染图形的方法 | | |
| 项目完成验收点 | 能利用扫描线渲染图形 | | |
| 完成项目任务情况分析与反思： | | | |

## 二、项目教学实施流程与步骤

### （一）项目教学实施流程

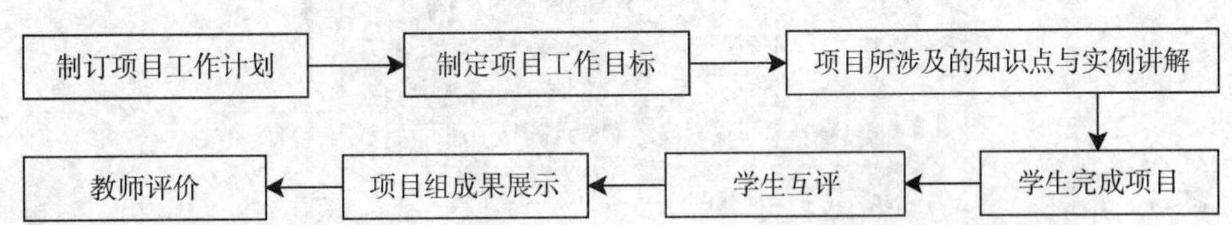


### （二）项目实施步骤及进度

（1）教师讲解项目所涉及的基本知识，并通过实例讲解该任务的实施方法。

（2）学生上机独立完成任务。

（3）学生进行成果展示与汇报。

（4）教师对学生轮流点评并与学生共同给出成绩。

## 三、渲染操作

1. 打开渲染对话框

（1）执行菜单“渲染”>“渲染”命令。

（2）单击工具栏上的按钮。

（3）按“F9”键。

2. 打开渲染设置对话框

（1）执行菜单“渲染”>“渲染设置”命令。

（2）单击工具栏上的按钮。

## 四、渲染设置

打开 渲染设置: 默认扫描线渲染器 对话框后，可以对渲染输出的参数进行设置，下面介绍一些常用的参数设置：

（一）公用

如图 5-1-1 所示。

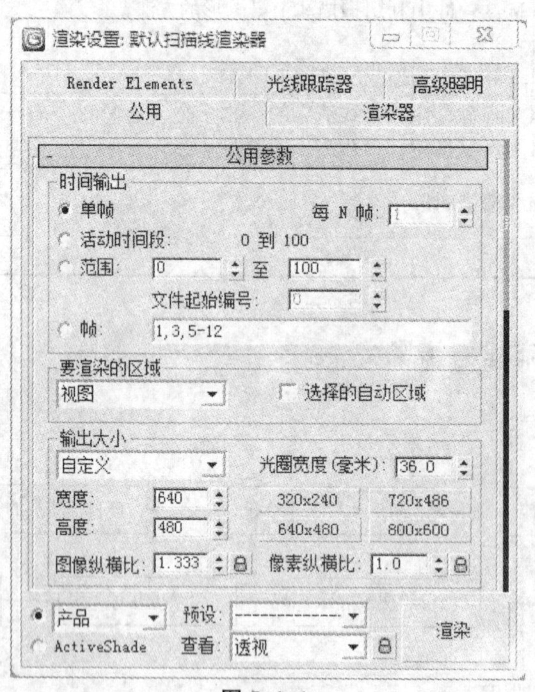


图 5-1-1

1. 时间输出选项组

（1）单帧：只对当前帧进行扫描，即得到的是静态图像。

（2）其他参数均用于动画渲染。

2. 要渲染的区域

点击此下拉列表，里面有 5 个选项，分别控制对当前图像的渲染范围的大小。

3. 输出大小选项组

（1）自定义下拉列表：可以根据不同标准的电影和视频制式设定分辨率和输出纵横比。

（2）宽度和高度：以像素为单位指定图像的宽度和高度，从而设置输出图像的分辨率。

4. 选项选项组

（1）大气：用于控制场景中设置的大气效果是否参与渲染。

（2）特效：用于控制场景中设置的特效是否参与渲染。

（3）置换：用于控制是否渲染指定的置换贴图。

（4）渲染隐藏几何体：用于控制是否渲染场景中被隐藏的几何体。

（5）强制双面：渲染所有曲面的两个面。

5. 高级照明选项组

（1）使用高级照明：当要使用光能传递或光跟踪功能时，必须勾选该项。

（2）需要时计算高级照明：启用该项后，当需要逐帧处理时，软件计算光能传递。

6. 渲染输出选项

用于保存渲染的文件。

7. 指定渲染器选项组

用于为当前场景的渲染指定一个渲染器，软件中自带的渲染器有默认扫描线渲染器、mental ray 渲染器和 vue 渲染器。

（二）高级照明

如图 5–1–2 所示。

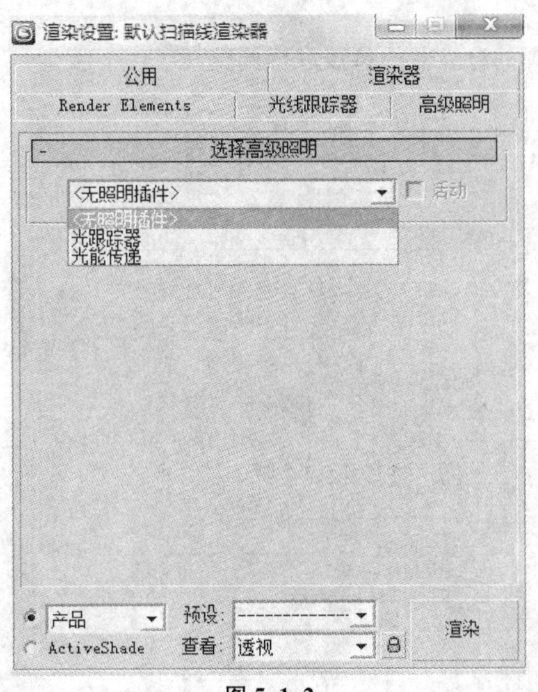


图 5–1–2

此选项卡用于指定场景中的高级照明模式，默认的有光跟踪器和光能传递两种。

（三）光线跟踪器

如图 5-1-3 所示。

用于设置软件中默认的光线跟踪器渲染工具。

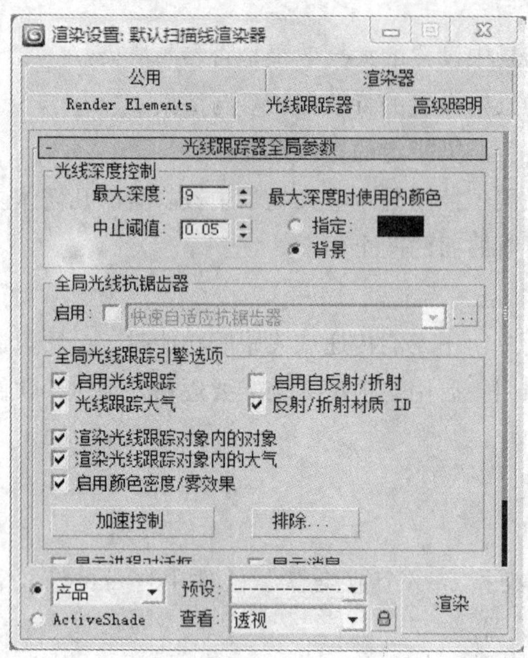


图 5-1-3

（四）渲染器

如图 5-1-4 所示。

该选项卡用于对所选择的渲染器的参数进行调整。

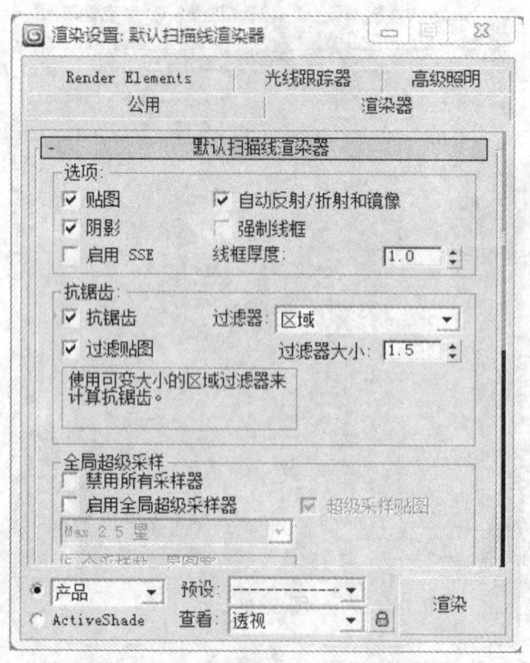


图 5-1-4

# 项目二

# VRay 高级渲染实战

## 一、项目任务书

<table>
<tr><td>项目任务名称</td><td>VRay 高级渲染实战</td><td>项目任务编号</td><td></td></tr>
<tr><td>任务完成时间</td><td colspan="3"></td></tr>
<tr><td>任务学习目标</td><td colspan="3">1. 认知目标：<br>①理解 VRay 高级渲染的基本内容<br>②了解学习 VRay 高级渲染的基本设置参数<br>2. 技能目标：<br>掌握 VRay 高级渲染的基本设置方法</td></tr>
<tr><td>任务内容</td><td colspan="3">1. 熟悉 VRay 高级渲染的特性<br>2. 掌握 VRay 高级渲染的常用参数</td></tr>
<tr><td>项目完成<br>验收点</td><td colspan="3">能熟悉 VRay 高级渲染的基本特性，掌握了解效果图中常用的 VRay 高级渲染参数</td></tr>
<tr><td colspan="4">完成项目任务情况分析与反思：</td></tr>
</table>

## 二、项目计划与决策

学生项目组根据项目任务书进行项目实施计划制订和进行决策。

**项目实施计划书**

| 项目任务与内容 | 学生工作任务 | 教师工作任务 | 实施场所 | 教学时间 | 备注 |
|---|---|---|---|---|---|
| 项目分析及目标、计划制订 | 1. 阅读任务书，理解并明确项目任务<br>2. 复习此次任务中所要用到的以前学过的知识点，为任务的完成打好基础<br>3. 确定项目学习目标，制订项目实施计划 | 1. 布置课题下发任务<br>2. 复习相关知识 | 机房 | 10 分钟 | |
| VRay 高级渲染基本特性的讲解 | 1. 基本知识<br>2. 相关参数 | 多媒体演示教学讲解摄像机的基本知识和相关参数的意义 | 机房 | 20 分钟 | |

续表

| 项目任务与内容 | 学生工作任务 | 教师工作任务 | 实施场所 | 教学时间 | 备注 |
|---|---|---|---|---|---|
| VRay 高级渲染的参数应用 | 1. 材质参数的细分<br>2. 灯光参数的细分<br>3. 公用属性的修改<br>4. V-Ray 属性的修改<br>5. 照明属性的修改<br>6. 渲染出图的设置 | 以室内效果图的渲染设置进行讲解 | 机房 | 20 分钟 | |
| 学生上机实训，完成任务 | 按要求完成任务目标 | 给学生解惑答疑 | 机房 | 25 分钟 | |
| 学生互评 | 成果展示，学生相互评价，总结项目实施成果，给出评定成绩 | 1. 给学生解惑答疑<br>2. 组织管理好纪律 | | 8 分钟 | |
| 教师讲评 | 根据教师的讲评进行项目实施反思 | 1. 选取部分学生作品进行评价<br>2. 找出问题，进行归纳，如何做得更好<br>3. 成果归档 | | 7 分钟 | |
| 合　计 | | | | 90 分钟 | |

## 三、项目教学实施流程与步骤

### （一）项目教学实施流程

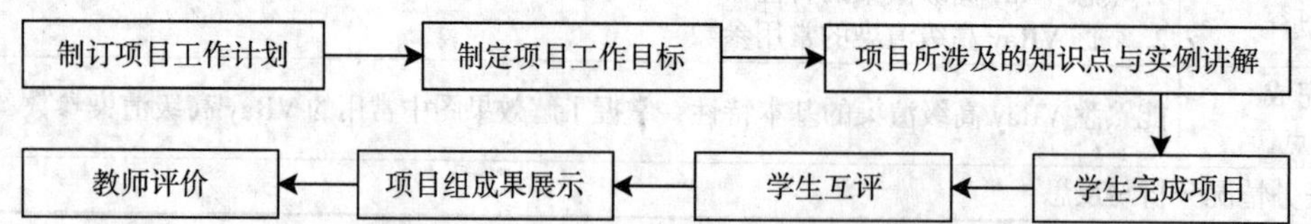


### （二）项目实施步骤及进度

（1）教师讲解项目所涉及的基本知识，并通过实例讲解该任务的实施方法。

（2）学生上机独立完成任务。

（3）学生进行成果展示与汇报。

（4）教师对学生轮流点评并与学生共同给出成绩。

## 四、VRay 高级渲染实战

首先将当前的渲染器指定为 VRay 渲染器，按下“F10”键，打开“渲染设置”窗口，选择“公用”选项卡，在“指定渲染器”卷展栏类下单击“产品级”右边的■按钮，在弹出的“选择渲染器”对话框中选择“VRay Adv1.50 SP2”选项，如图 5-2-1 所示。

### （一）VRay 渲染面板及其参数

1. VRay：帧缓冲区

这个卷展栏主要用来设置 VRay 自身的图形帧渲染窗口，这里可以设置渲染图的尺寸（大小），以及保存渲染图像，它可以代替 3Ds Max 自身的帧渲染窗口，如图 5-2-2 所示。

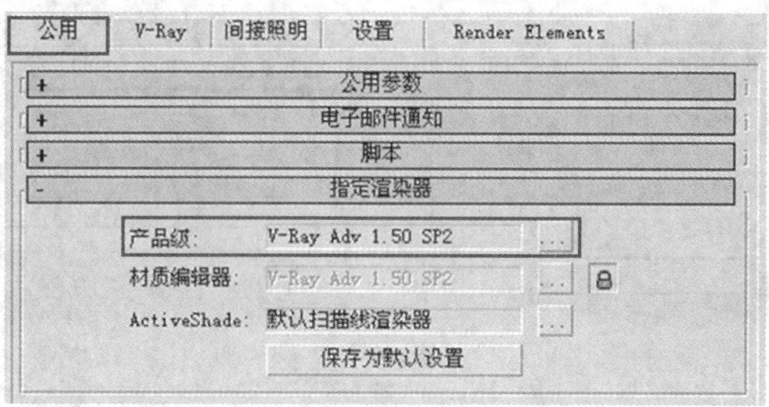


图 5-2-1



图 5-2-2

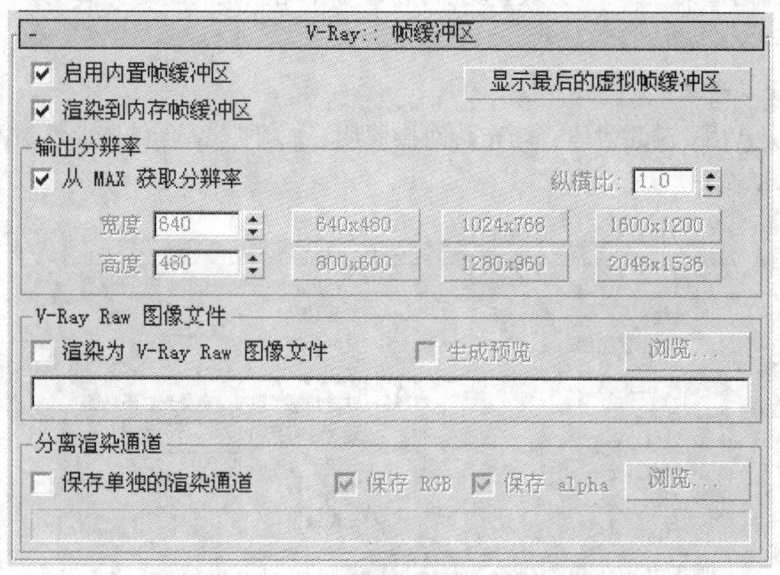

（1）启用内置帧缓冲区：勾选将使用 VR 渲染器内置的内置帧缓冲器，VR 渲染器不会渲染任何数据到 Max 自身的帧缓存窗口，而且减少占用系统内存。不勾选就使用 Max 自身的帧缓冲器。

（2）显示最后的虚拟帧缓冲区：显示上次渲染的 VFB 窗口，点击按钮就会显示上次渲染的 VFB 窗口。

（3）渲染到内存帧缓冲区：勾选的时候将创建 VR 的帧缓存，并使用它来存储颜色数据以便在渲染时或者渲染后观察。如果需要渲染高分辨率的图像时，建议使用渲染到 VRay 图像文件，以节省内存。

（4）从 Max 获得分辨率：勾选时 VR 将使用设置的 3Ds Max 的分辨率，如图 5-2-3 左图所示。不勾选时，将从 VRay 渲染器的“输出分辨率”参数栏中获取渲染尺寸，如图 5-2-3 右图所示。

（5）渲染到 V-Ray 图像文件：渲染到 VR 图像文件。类似于 3Ds Max 的渲染图像输出。

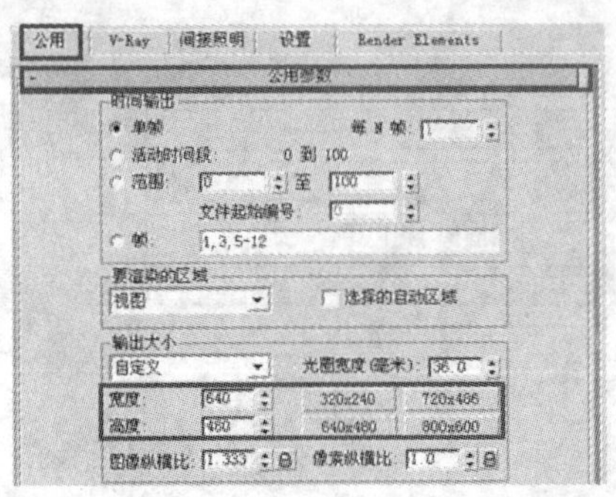

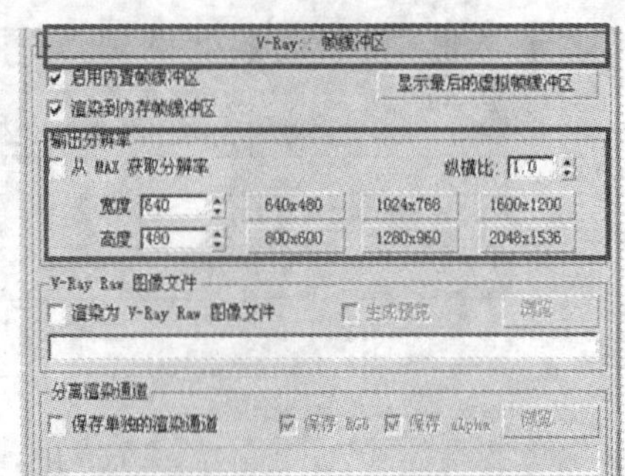


图 5-2-3

不会在内存中保留任何数据。为了观察系统是如何渲染的，可以勾选后面的生产预览选项。

（6）保存单独的渲染通道：勾选选项允许在缓存中指定的特殊通道作为一个单独的文件保存在指定的目录。

2. V-Ray：全局开关

这个卷展栏是 VRay 对几何体、灯光、间接照明、材质、置换和光影跟踪的全局设置。参数面板如图 5-2-4 所示。

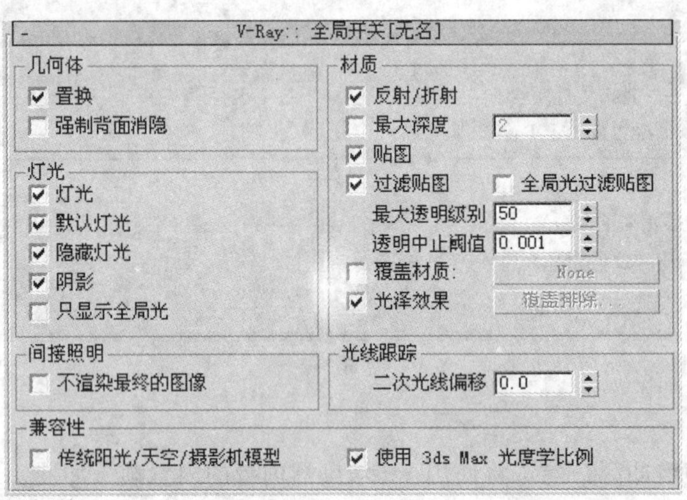


图 5-2-4

（1）几何体。

a. 置换：决定是否使用 VR 置换贴图。此选项不会影响 3Ds Max 自身的置换贴图。

b. 强制背面消隐：勾选该选项后反面发现的物体将不可见。

（2）灯光。开启 VR 场景中的直接灯光，不包含 Max 场景的默认灯光。如果不勾选的话，系统自动使用场景默认灯光渲染场景。

a. 默认灯光：指的是 Max 的默认灯光。一般情况下都不勾选这个选项。

b. 隐藏灯光：勾选时隐藏的灯光也会被渲染。

c. 阴影：灯光是否产生阴影。

d. 只显示全局光：勾选时直接光照不参与在最终的图像渲染。GI 在计算全局光的时候直接光照也会参与，但是最后只显示间接光照。

（3）间接照明。

不渲染最终的图像：勾选时，VR 只计算相应的全局光照贴图（光子贴图、灯光贴图和发光贴图）

（4）材质。

a. 反射/折射：是否考虑计算 VR 贴图或材质中的光线的反射/折射效果。

b. 最大深度：用于用户设置 VR 贴图或材质中反射/折射的最大反弹次数。不勾选时，反射/折射的最大反弹次数使用材质/贴图的局部参数来控制。当勾选的时候，所有的局部参数设置将会被它所取代。

c. 贴图：是否使用纹理贴图。

d. 过滤贴图：是否使用纹理贴图过滤。勾选时，VR 用自身抗锯齿对纹理进行过滤。

e. 最大透明级别：控制透明物体被光线追踪的最大深度。值越高被光线跟踪深度越深，效果越好，速度越慢。

f. 透明中止阈值：控制对透明物体的追踪何时中止。如果光线透明度的累计低于这个设定的极限值，将会停止追踪。

g. 覆盖材质：勾选时，通过后面指定的一种材质可覆盖场景中所有物体的材质来进行渲染。主要用于测试建模是否存在漏光等现象，及时纠正模型的错误。

h. 光泽效果：是否考虑计算 VR 贴图或材质中的光线的光泽效果。

（5）光线跟踪。

二次光线偏移：设置光线发生二次反弹的时候的偏移距离，主要用于检查建模时有无重面，并且纠正其反射出现的错误，在默认的情况下将产生黑斑，一般设置为 0.001。

3. V-Ray：图像采样器（反锯齿）

这个卷展栏主要负责图像的精细程度。参数面板如图 5-2-5 所示。

（1）图像采样器。

a. 固定：VR 中最简单的采样器，对于每一个像素它使用一个固定数量的样本。它只有一个“细分”参数，如图 5-2-6 所示。细分数值越高，采样品质越高，渲染时间越长。

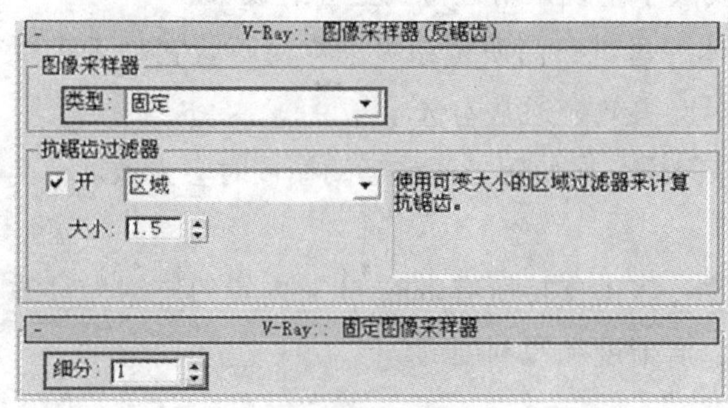


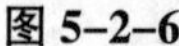

图 5-2-6

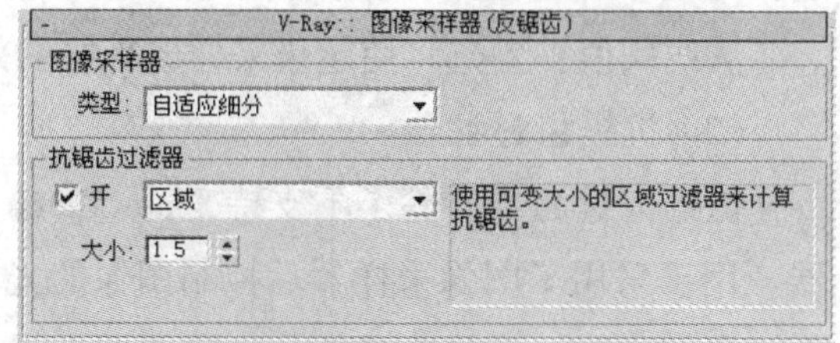


图 5-2-5

b. 自适应确定性蒙特卡洛：根据每个像素和它相邻像素的明暗差异 DMC 产生不同数量的样本，使用时细节显得平滑。适用于场景中有大量模糊和细节情况。它与 VR 的 DMC 采样器是关联的，它没有自身的极限控制值，不过可以使用 VR 的 DMC 采样器中的噪波阈值参数来控制品质，参数面板如图 5-2-7 所示。

最小细分：决定每个像素使用的样本的最小数量，一般使用默认数值。

最大细分：决定每个像素使用的样本的最大数量，一般使用默认数值。

颜色阈值：色彩的最小判断值，当色彩的判断达到这个值以后，就停止对色彩的判断。

使用确定性蒙特卡洛采样器阈值：如果勾选了该选项，“颜色阈值”将不起作用。

显示采样：勾选该选项后，可以看到“自适应准蒙特卡洛”的样本分布情况。

c. 自适应细分采样器：它是用得最多的采样器，对于模糊和细节要求不太高的场景，它可以得到速度和质量的平衡。在室内效果图的制作中，这个采样器几乎可以适用于所有场景，参数面板如图 5-2-8 所示。

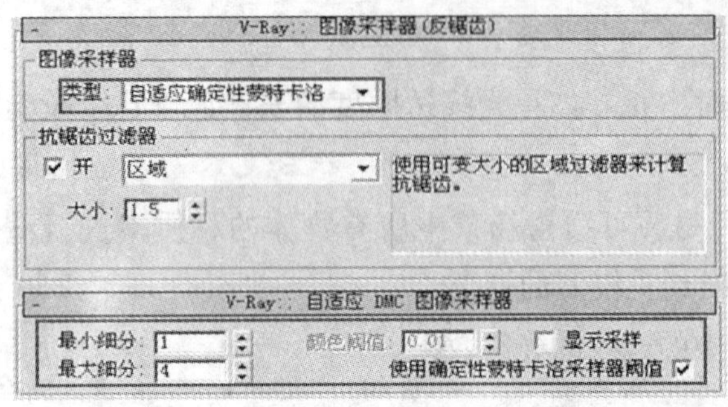


图 5-2-7

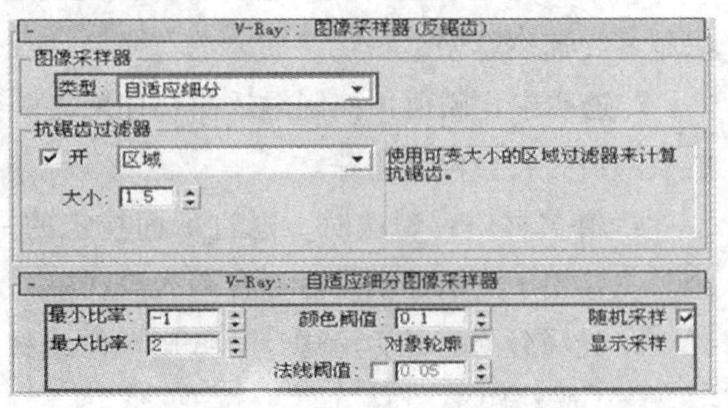


图 5-2-8

最小比率：决定每个像素使用的样本的最小数量。值为 0 意味着一个像素使用一个样本，-1 意味着每两个像素使用一个样本，-2 则意味着每四个像素使用一个样本，采样值越大效果越好。

最大比率：决定每个像素使用的样本的最大数量。值为 0 意味着一个像素使用一个样本，1 意味着每个像素使用 4 个样本，2 则意味着每个像素使用 8 个样本，采样值越大效果越好。

颜色阈值：表示像素亮度对采样的敏感度的差异。值越小效果越好，所花时间也会越长。

随机采样：略微转移样本的位置以便在垂直线或水平线条附近得到更好的效果。

对象轮廓：勾选的时候表示采样器强制在物体的边进行高质量超级采样而不管它是否需要进行超级采样。这个选项在使用景深或运动模糊时会失效，通常勾选 。

法线阈值：勾选将使超级采样取得好的效果。同样，在使用景深或运动模糊时会失效。

（2）抗锯齿过滤器。

抗锯齿过滤器：除了不支持 Plate Match 类型外，VR 支持所有 max filter 内置的抗锯齿过滤器。用于采用了图像采样器后控制图像的光滑度、清晰度和锐利度的。

4. V-Ray：间接照明

这个卷展栏主要控制是否使用全局光照，全局光照渲染引擎使用什么样的搭配方式，以及对间接照明强度的全局控制，参数面板如图 5-2-9 所示。

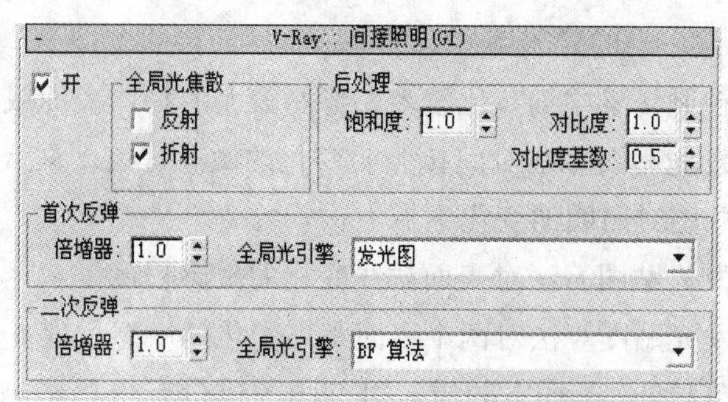


图 5-2-9

（1）全局光焦散：控制 GI 产生的反射折射的现象。

a. 反射：用来控制是否让间接照明产生反射散焦效果。

b. 折射：用来控制是否让间接照明产生折射散焦效果。

（2）后处理：对间接光照明进行加工和补充，一般情况下使用默认参数值。

a. 饱和度：控制图的饱和度。数值越高，饱和度越强。

b. 对比度：控制图的对比度。数值越高，对比度越强。

c. 对比度基数：主要控制明暗对比的强弱，其值越接近对比度的值，对比越弱。

（3）首次反弹：光线的一次反弹控制。

a. 倍增器：用来控制一次反弹光的倍增器，数值越高，一次反弹的光的能量越强，渲染场景越亮。

b. 全局光引擎：这里选择一次反弹的全局光引擎。包括“发光贴图”、“光子贴图”、“准蒙特卡洛算法”和“灯光缓存”。

（4）二次反弹。

a. 倍增器：用来控制二次反弹光的倍增器，数值越高，二次反弹的光能量越强，渲染场景越亮。

b. 全局光引擎：这里选择二次反弹的全局光引擎。包括“无”、“光子贴图”、“准蒙特卡洛算法”和“灯光缓存”。

5. V-Ray：发光贴图

发光贴图卷展栏默认为禁用，只有在启用了间接照明（GI）以后才可以调整发光贴图的参数。参数面板如图 5-2-10 所示。

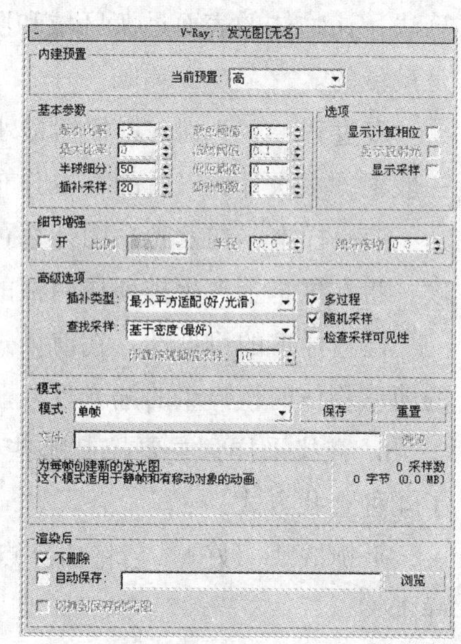


图 5-2-10

（1）内建预置。

系统提供了 8 种系统预设的模式。分别是非常低、低、中等、高、非常高、自定义。

（2）基本参数：主要用来控制样本的数量，采样的分布以及物体边缘的查找精度。

a. 最小比率：主要控制场景中比较平坦、面积比较大的面的质量受光。0 表示使用与最终渲染图像相同的分辨率，

-1 表示使用最终渲染图像一半的分辨率。

b. 最大比率：主要控制场景中细节比较多、弯曲较大的物体表面或物体交会处的质量。

c. 颜色阈值：确定发光贴图算法对间接照明变化的敏感程度。较大的值意味着较小的敏感性，较小的值将使发光贴图对照明的变化更加敏感。

d. 法线阈值：确定发光贴图算法对表面法线变化的敏感程度。

e. 间距阈值：确定发光贴图算法对两个表面距离变化的敏感程度。

f. 半球细分：决定单独的 GI 样本的质，对整图的质量有重要影响。较小的取值可以获得较快的速度，但是也可能会产生黑斑，较高的取值可以得到平滑的图像。它类似于直接计算的细分参数。

g. 插值帧数：控制场景中黑斑，越大黑斑越平滑，数值设得太大阴影不真实，用于插值计算的样本的数量。

h. 显示计算相位：勾选时，VR 在计算发光贴图的时候将显示发光贴图，一般勾选。

i. 显示直接光照：勾选时，可以看到整个渲染过程。

j. 显示采样：勾选时，VR 渲染的图出现雪花一样的小白点。

（3）细节增强：主要是在物体的边沿部分。通常情况下不需要打开这个细节增强。

（4）高级选项。

a. 插补类型：VRay 内部提供 4 种样本插补方式，为高级光照贴图的样本的相似点进行插补。

权重平均值（好/强）：根据发光贴图中 GI 样本点到插补点的距离和法线差异进行简单的混合得到。

最小平方适配（好/光滑）：默认的设置类型，它将设法计算一个在发光贴图样本之间最合适的 GI 的值。可以产生比加权平均值更平滑的效果，同时会变慢。

三角剖分（好/精确）：不会产生模糊，它可以保护场景细节，避免产生密度偏置。

最小平方权重（测试）：它采用类似于最小平方适配的计算方式又结合三角测量法的一些算法，让物体的表面过渡区域和阴影双方都得到比较好的控制，是 4 种中最好的，同时速度也是最慢的。

多过程：勾选时 VR 根据最小最大比率进行多次计算，如果不勾选则强制一次性计算完，一般根据多次计算以后的样本分布会均匀合理一些。

随机样本：在发光贴图计算过程中使用，勾选的时候，图像样本将随机放置，不勾选的时候，将在屏幕上产生排列成网格的样本。

检查样本的可见性：在渲染过程中使用，可以有效地防止灯光穿透两面接受完全不同照明的薄壁物体时候产生的漏光现象。

b. 查找采样：主要控制哪些位置的采样点是适合用来作为基础插补的采样点。VRay 提供了 4 种查找方式：

平衡嵌块（好）：它将插补点的空间划分为四个区域，然后尽量在它们中寻找相等数量的样本。

接近（草稿）：这种方式是一种草图方式。

重叠（很好/快速）：这种查找方式需要对光照贴图进行预处理，然后对每个样本半径进行计算。

基于密度（最好）：它基于总体密度来进行样本查找，不但物体边缘处理非常好，而且在物体表面也处理得十分均匀。

c. 多过程：勾选时 VR 根据最小最大比率进行多次计算，如果不勾选则强制一次性计算完，一般根据多次计算以后的样本分布会均匀合理一些。

d. 随机样本：在发光贴图计算过程中使用，勾选的时候，图像样本将随机放置，不勾选的时候，将在屏幕上产生排列成网格的样本。

e. 检查样本的可见性：在渲染过程中使用，可以有效地防止灯光穿透两面接受完全不同照明的薄壁物体时产生的漏光现象。

（5）模式。

a. 单帧：一般用来渲染静帧。

b. 多帧增加：主要用于计算只有摄像机移动的动画——穿行动画。

c. 从文件：读取保存好的发光贴图文件来实施渲染。

d. 添加到当前贴图：将计算添加到当前内存中的发光贴图。主要用于计算把静止场景渲染到不同的视图。

e. 增加当前贴图：用于计算穿行动画。

f. 块模式：计算每个区域的发光贴图。主要用于网络渲染中。

（6）渲染后。

a. 不删除：保持渲染结束后内存中计算的发光贴图结果。

b. 自动保存：自动在渲染结束后将发光贴图结果保存到文件。

c. 转到保存的贴图：保存结束后切换到上面的 From file（来自文件）读取发光贴图文件。

6. V-Ray：灯光缓存

这是近似计算场景中间接光照明的一种技术，它追踪的是场景中指定数量的来自摄影机的灯光追踪路径，发生在每一条路径上的反弹会将照明信息储存在一种三维的结构中，参数面板如图 5-2-11 所示。

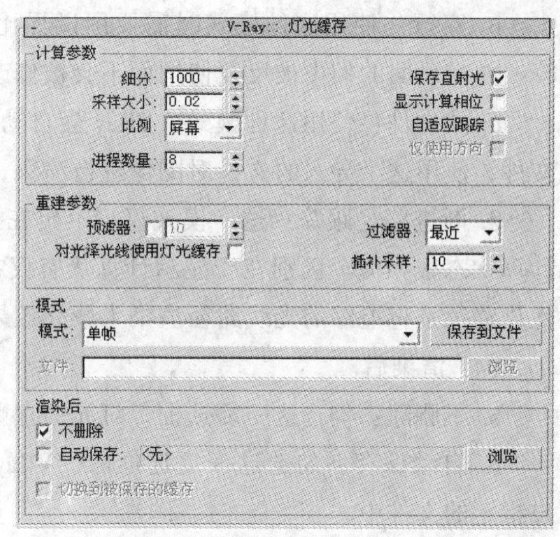

图 5-2-11

（1）计算参数：用来设置"灯光缓存"的基本参数，比如细分、样本大小、单位依据等。

a. 细分：确定有多少条来自摄影机的灯光路径被追踪，数值越高效果越好。

b. 采样大小，决定灯光贴图中样本的大小。较小的值可以保护渲染中灯光锐利的细节，不过会导致产生噪波，并且占用较多的内存，反之亦然。根据灯光贴图 Scale［比例］模式的不同，这个参数可以使用世界单位，也可以使用相对图像的尺寸。数值越小产生的噪波点越小。

c. 比例：主要确定样本的大小依靠什么单位。有两种选择，主要用于确定样本尺寸。

场景比例：这个比例是按照最终渲染图像的尺寸来确定的，取值为 1.0 意味着样本比例和整个图像一样大，靠近摄像机的样本比较小，而远离摄像机的样本比较大。

世界比例：这个选项表示在场景中的任何一个地方都使用固定的世界单位。当渲染摄像机动画时，使用这个参数可能会得到更好的效果。

d. 进程数量：这个参数由 CPU 的个数来决定。

e. 保存直射光：勾选这个复选框后，灯光贴图中也将储存和插补直接光照的信息。这个选项对于光源较多，使用发光贴图渲染引擎作为初次漫反射反弹的场景特别有用。

显示计算相位：打开这个选项可以显示被追踪的路径，可以给用户一个比较直观的视觉反馈。

f. 自适应跟踪：作用在于记录场景中的光的位置，并在光的位置上采用更多的样本，同时模糊特效也会处理得更快。

（2）重建参数：这里主要是对“灯光缓存”的样本以不同的方式进行模糊处理。

a. 预滤器：勾选的时候，在渲染前灯光贴图中的样本会被提前过滤。

b. 过滤器：这个选项确定灯光贴图在渲染过程中使用的过滤器类型。过滤器是确定在灯光贴图中以内插值替换的样本是如何发光的。有三个选项：

无：选择这一项，将不使用过滤器。

相近：过滤器会搜寻最靠近着色点的样本，并取它们的平均值。这时会出现一个插值采样参数，用来控制样本的过滤程度，默认值为 10。

固定的：过滤器会搜寻距离着色点某一确定距离内的灯光贴图的所有样本，并取平均值，较大的取值可以获得较模糊的效果。

（3）模式。

a. 单帧：选择这一选项的话，将对动画中的每一帧都计算新的灯光缓存贴图。

b. 穿行：使用这种模式时需要用世界比例，因为这种模式只对第一帧的灯光缓存进行计算，并在后面的帧中被反复使用而不会被修改。

c. 从文件：使用这种模式，VRay 会自动在渲染序列的开始帧导入一个指定的灯光缓存贴图文件，使用这个导入的文件对图像进行渲染，整个渲染过程中不会计算新的发光贴图。

d. 渐进路径跟踪：这一模式仅渲染出在摄像机可见范围内被追追踪光线的路径。它与显示计算状态很相似。区别在于显示计算状态仅在计算过程中显示一次被追踪的光线路径。而追踪优化路径是将追踪的光线路径渲染为最终效果。

（4）渲染后。

a. 不删除：勾选这一复选框，灯光缓存贴图将保存在内存中，直到下一次渲染前。

b. 自动保存：勾选这一复选框后，VRay 会在渲染完成后，自动将灯光缓存贴图保存到用户指定的文件中。

7. V-Ray：焦散

V-Ray：焦散指的是光线穿过物体时，因为光的折射产生的明亮的光斑效果，如图 5-2-12

所示。

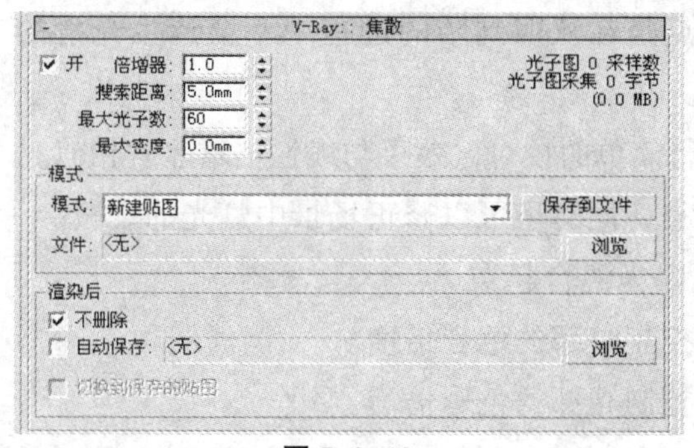


图 5-2-12

（1）开：打开或关闭焦散效果。

（2）倍增器：用来控制焦散的强度。数值越高，焦散效果越好。

（3）搜索距离：当 VRay 追踪撞击在物体表面的某个光子的时候，会自动搜寻位于周围区域同一平面的其他光子，实际上这个搜寻区域是一个中心位于初始光子位置的圆形区域，其半径就是由这个搜寻距离确定的。

（4）最大光子：当 VRay 追踪撞击在物体表面的某个光子的时候，也会将周围的光子计算在内，然后根据这个区域内的光子数量来均分照明。如果光子的实际数量超过了最大光子数的设置，VRay 也只会按照最大光子数来计算，默认值为 60。

（5）最大密度：用来控制光子的最大密度程度，默认数值为 0，表示使用 VRay 内部确定的密度，较小的数值会让散焦效果看起来比较锐利。

8. V-Ray：环境

VRay 的 GI 环境包括 VRay 天光、反射环境和折射环境，参数面板如图 5-2-13 所示。

（1）开：勾选该选项，可以打开 VRay 的天光。

（2）颜色：用来设置天光的颜色。

（3）倍增器：天光亮度的倍增，数值越高，天光的亮度越高。

（4）None（贴图通道）：单击该按钮，可以选择不同的贴图来作为天光的光照。

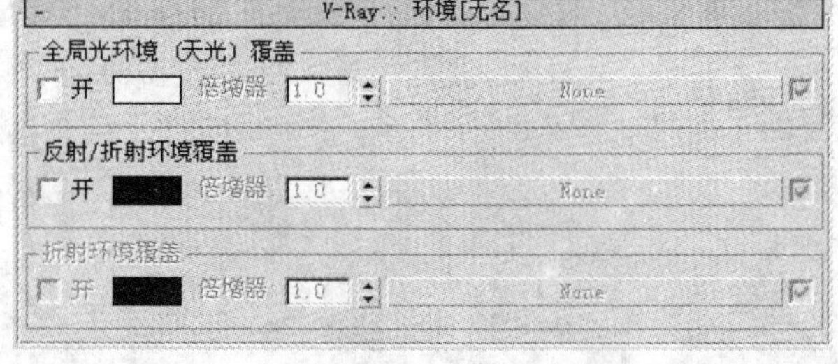


图 5-2-13

9. V-Ray：颜色映射

VRay 颜色映射主要控制灯光方面的衰减以及色彩的不同模式，参数面板如图 5-2-14 所示。

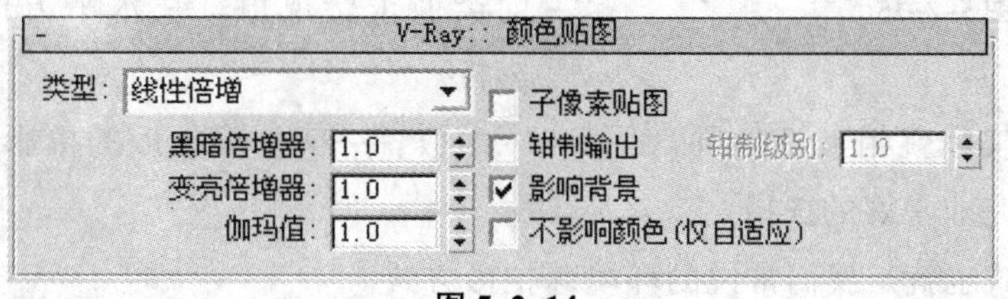


图 5-2-14

（1）类型：用于定义色彩转换使用的类型，VRay 提供了 7 类型供用户选择。

a. 线性倍增：这个模式将基于最终图像色彩的亮度来进行简单的倍增，那些太亮的颜色成分（在 1.0 或 255 之上）将会被钳制。但是这种模式可能会导致靠近光源的点过分明亮。

b. 指数倍增：这个模式将基于亮度来使之更饱和。这对预防非常明亮区域（例如光源周围的区域等）的曝光是很有用的。这个模式不钳制颜色范围，而是让它们更饱和。

c. HSV 指数：与上面提到的指数模式非常相似，但是它会保护色彩的色调和饱和度。

d. 强度指数：对指数倍增方式进行了优化，缺点是在从明到暗的过程中不会产生光滑的过渡。

e. 伽玛校正：使用这一类型可以对最终的图像进行简单的校对，效果与线性倍增非常相似。

f. 亮度伽玛：此曝光不仅拥有“伽玛校正”的优点，同时还可以修正场景中灯光的衰减。

g. 莱因哈德：它可以把“线性倍增”和“指数”曝光混合起来。

（2）黑暗倍增器：在线性倍增模式下，这个参数控制暗部的色彩倍增。

（3）变亮倍增器：在线性倍增模式下，这个参数控制亮部的色彩倍增。

（4）伽玛值：伽玛值的控制。

（5）子像素贴图：该选项默认没有勾选，这样能产生精确的渲染品质。

（6）钳制输出：这一选项对渲染后的图像色彩进行优化。

（7）影响背景：在勾选的时候，当前的色彩贴图控制会影响背景颜色。

10. V-Ray：摄像机

V-Ray：摄像机参数面板是 VRay 系统里的一个摄影机特效功能，主要包括摄影机类型、景深、运动模糊效果，参数面板如图 5-2-15 所示。

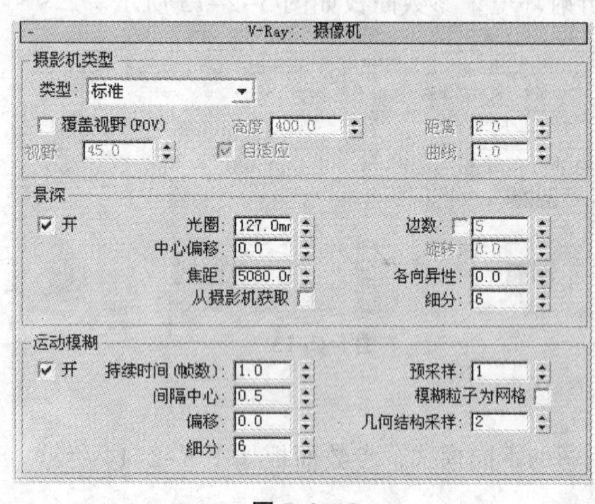


图 5-2-15

（1）摄影机类型：摄影机类型主要定义三维场景投射到平面的不同方式。

a. 类型：VRay 支持 7 种摄影机类型，分别是标准、球形、圆柱（点）、圆柱（正交）、盒、鱼眼、变形球（旧式）。

标准：这个类型是一种标准的摄影机类型。

球形：一种球形的摄影机，它的镜头是球形的。

圆柱（点）：选择这种类型时，所有的光线都有一个共同的来源——圆柱的中心点。

圆柱（正交）：这种类型的摄影机在垂直方向类似正交视角，在水平方向则类似于球状摄影机。

盒：这种类型实际就相当于在 box 的每一个面放置一架标准类型的摄影机。对于产生立方体类型的环境贴图是非常好的选择。

鱼眼：这种方式也就是我们常说的环境球拍摄方式。

变形球（旧式）：这种类型是为了兼容以前版本的场景而存在的。

b. 覆盖视野（FOV）：勾选后，且当前选择的摄影机类型支持视角设置的时候才被激活，用于设置摄影机的视角。这里的视角最大可以设定为 360°。

c. 高度：此选项只有在选择了正交圆柱的摄影机类型后才会被激活。是用于设定摄影机的高度。

d. 自适应：这个选项在使用鱼眼类型摄影机的时候被激活，勾选的时候，VRay 将自动计算距离值，以便适配图像的水平尺寸。

e. 距离：是针对鱼眼摄影机类型的。

f. 曲线：是针对鱼眼摄影机类型的，这个参数控制渲染图扭曲的轨迹。

（2）景深：主要用来模拟摄影里的景深效果。

a. 开：控制是否打开景深。

b. 光圈：使用世界单位定义虚拟摄影机的光圈尺寸。较小的光圈值将减小景深效果，大的参数值将产生更多的模糊效果。

c. 中心偏移：这个参数决定景深效果的一致性，值为 0 意味着光线均匀地通过光圈，正值意味着光线趋向于向光圈边缘集中，负值意味着向光圈中心集中。

d. 焦距：确定从摄影机到物体被完全聚焦的距离。靠近或远离这个距离的物体都将被模糊。

e. 从摄影机获取：当这个选项被激活的时候，如果渲染的是摄影机视图，焦距由摄影机的目标点确定。

f. 边数：这个选项允许用户模拟真实世界摄影机的多边形形状的光圈。如果这个选项不激活，那么系统则使用圆形来作为光圈形状。

g. 旋转：指定光圈形状的方位。

h. 各向异性：控制多边形形状的各向异性，值越大，形状越扁。

i. 细分：用于控制景深效果的品质。

（3）运动模糊：这里的参数用来模拟真实摄影机拍摄运动物体所产生的模糊效果，仅对运动的物体有效。

a. 开：控制是否打开运动模糊特效。

b. 持续时间（帧数）：在摄影机快门打开的时候在每一帧中持续的时间。

c. 间隔中心：指定关于 3Ds Max 的动画帧的运动模糊的时间间隔中心。值为 0.5 表示运动模糊的时间间隔中心位于动画帧之间的中部，值为 0 则表示位于精确的动画帧位置。

d. 偏移：控制运动模糊效果的偏移，值为 0 表示灯光均匀通过全部运动模糊间隔。正值表示光线趋向于间隔末端，负值则表示趋向于间隔起始端。

e. 细分：确定运动模糊的品质。

f. 预采样：设定计算发光贴图的过程中，在时间段上使用的样本数量。

g. 模糊粒子为网格：用于控制粒子系统的模糊效果，当勾选的时候，粒子系统会被作为正常的网格物体来产生模糊效果。

h. 几何结构采样：设置产生近似运动模糊的几何学片断的数量，物体被假设在两个几何学样本之间进行线性移动，对于快速旋转的物体，需要增加这个参数值才能得到正确的运动模糊效果。

11. V-Ray：DMC 采样器

DMC 采样器是 VRay 渲染器的核心部分，一般用于确定获取什么样的样本，最终哪些样本被光线追踪。它控制场景中的反射模糊、折射模糊、面光源、抗锯齿、次表面散射、景深、动态模糊等效果的计算程度。参数面板如图 5-2-16 所示。

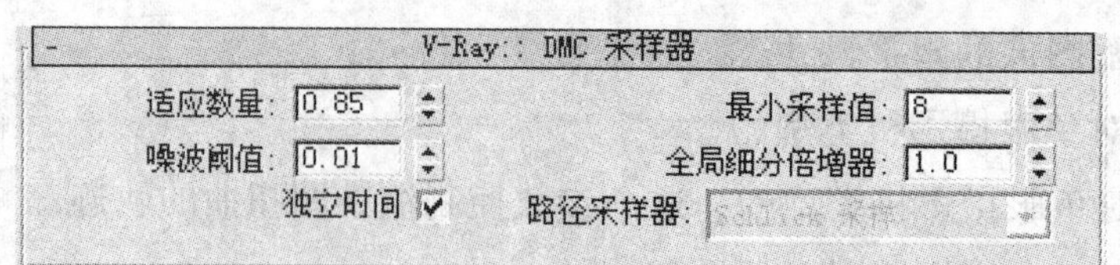


图 5-2-16

（1）适应数量：适应数量控制早期终止。较小的值会减慢渲染时间改善图像的渲染效果，较大的值会加速渲染，但图像质量会有损失。

（2）最小采样值：确定在早期终止算法被使用之前必须获得的最少的样本数量。较高的取值将会减慢渲染速度，但同时会使早期终止算法更可靠，默认值为 8。

（3）噪波阈值：用来控制最终图像的品质。较小的取值意味着较少的噪波、使用更多的样本以及更好的图像品质。

（4）全局细分倍增器：在渲染过程中这个选项会倍增任何地方任何参数的细分值。可以使用这个参数来快速增加或减少任何地方的采样品质。

（5）独立时间：如果勾选该选项，在渲染动画的时候就会强制每帧都使用一样的 DMC 采样器。

（6）路径采样器：VRay 提供了两种路径采样器的选择方式，分别是“默认”和“拉丁超级立方”。

12. V-Ray:: 默认置换

这个参数主要控制 3Ds Max 系统里的置换修改器效果和 VRay 材质里的置换贴图，其参数面板如图 5-2-17 所示。

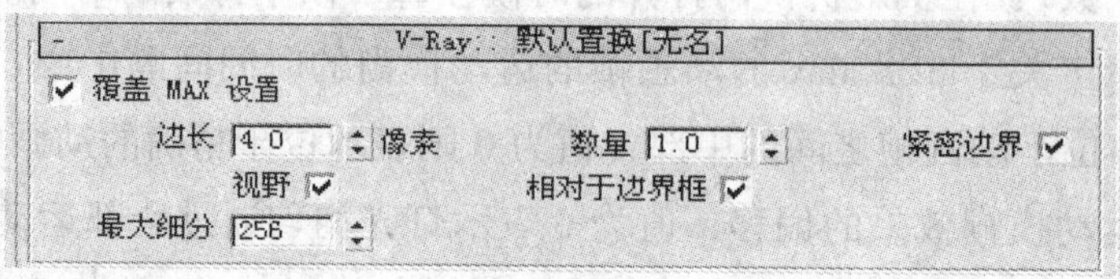


图 5-2-17

（1）覆盖 Max 设置：勾选该复选框时，VRay 将使用自己内置的微三角置换来渲染具有置换材质的物体。

（2）边长：用于确定置换的品质，原始网格的每一个三角形被细分为许多更小的三角形。值越小，产生的三角面越多，置换品质越高。

（3）视野：当勾选这个复选框时，边长度决定细小三角形的最大边长，单位是像素。当撤销勾选这个复选框时，细小三角形的最长边长将使用世界单位来确定。

（4）最大细分：控制从原始的网格物体的三角形细分出来的细小三角形的最大数量。

（5）数量：这个参数用来控制置换的高度。取值越高，置换的效果也就越强。

（6）相对于边界框：置换的数量将以 Box 的边界为基础，这样置换出来的效果非常强烈。

（7）紧密边界：当勾选这个复选框的时候，VRay 将视图计算来自原始网格物体的置换三角形的精确的限制体积。如果使用的纹理贴图有大量的黑色或白色区域，需要对置贴图进行预采样，但是渲染速度将较快。

13. V-Ray：系统

系统卷展栏中的参数对 VRay 渲染器进行全局控制，包括光线投射、渲染区块设置、分布渲染、物体属性、灯光属性、场景检测以及水印的使用等内容，这些是 VRay 渲染器的基本控制部分，其参数面板如图 5-2-18 所示。

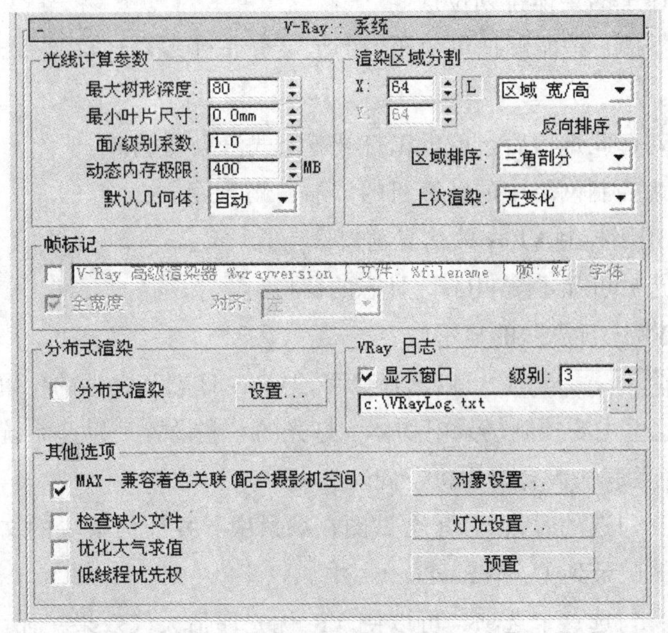


图 5-2-18

（1）光线计算参数：这里允许用户控制 VR 的二元空间划分树（BSP 树）的各种参数。

a. 最大树形深度：控制根节点的最大分支数量，较大的值将占用更多的内存，但是渲染会很快。

b. 最小叶片尺寸：定义树叶节点的最小尺寸，通常这个值设置为 0。

c. 面/级别系数：控制一个树叶节点中的最大三角形数量。如果这个参数取值较小，渲染将会很快，但是 BSP 树会占用更多的内存。

d. 动态内存极限：控制动态内存的总量。

e. 默认几何体：控制内存的使用方式。

（2）渲染区域分割：这个选项组允许用户控制渲染区域（块）的各种参数。

a. X：当选择“区域宽/高”模式的时候，以像素为单位确定渲染块的最大宽度；在选择“区域计算”模式的时候，以像素为单位确定渲染块的水平尺寸。

b. Y：当选择“区域宽/高”模式的时候，以像素为单位确定渲染块的最大高度；在选择“区域计算”模式的时候，以像素为单位确定渲染块的垂直尺寸。

c. L：当按下该按钮后，将强制 X 和 Y 的值一样。

d. 反向排序：当勾选此选项后，渲染顺序将和设定的顺序相反。

e. 区域排序：控制渲染块的渲染顺序，共提供了 6 种方式。

f. 上次渲染：这个参数确定在渲染开始的时候，在 VFB 中以什么样的方式处理先前渲染图像。

（3）帧标记：就是我们经常说的“水印”，可以按照一定规则以简短文字的形式显示关于渲染的相关信息。

a. 字体：可以修改水印里的字体属性。

b. 全宽度：水印的最大宽度。

c. 对齐：控制水印里的字体排列位置。

（4）分布式渲染：是一种能够把单帧图像的渲染分布到多台计算机（或多个 CPU）上渲染的一种网络渲染技术。

a. 分布式渲染：勾选此选项后，就可以打开分布式渲染功能。

b. 设置：这里用来控制网络中的计算机的添加、删除等。

（5）VRay 日志：用于控制 VRay 的信息窗口。

a. 显示窗口：勾选后可显示“VRay”日志的窗口。

b. 级别：控制“VRay 日志”的显示内容。

c. c:\VRayLog.txt ...：可以选择保存“VRay 日志”文件的位置。

（6）其他选项：这里主要控制场景中物体、灯光的一些设置，以及系统线程的控制等。

a. MAX-兼容着色关联（配合摄影机空间）。

b. 检查缺少文件：勾选的时候，VR 会试图在场景中寻找任何缺少的文件，并把它们列表。这些缺少的文件也会被记录到 C：\VRayLog.txt 中。

c. 优化大气求值：勾选这个选项，可以使 VR 优先评估大气效果，而大气后面的表面只有在大气非常透明的情况下才会被考虑着色。

d. 低线程优先权：勾选的时候，将促使 VR 在渲染过程中使用较低的优先权的线程。

e. 对象设置：单击该按钮会弹出“VRay 对象属性”面板，在物体属性面板中可以设置场景物体的局部参数。

f. 灯光设置：单击该按钮会弹出“VRay 对灯光属性”面板，在灯光属性面板中可以设置场景灯光的局部参数。

g. 预置：单击该按钮会打开“VRay 对预置”面板，它的作用可以保持当前 VRay 渲染参数的各种属性，方便以后调用。

**（二）“模型创建实战篇”——VRay 渲染实战**

（1）材质细分：按“M”键打开材质编辑器，将场景内的主要材质细分值提高。

（2）灯光细分。

a. 在顶视图中选中创建的任意一盏 VRay 灯光，将它的灯光细分值提高为 25。因为是使用实例的方式进行复制，所以只需修改其中一站即可。

b. 选中创建的任意一盏目标灯光，在“VRay 阴影参数”卷展栏中将其细分值提高为 15。

c. 选中创建的 VRay 球形灯，将其细分值提高为 25。

（3）设置最终渲染参数。

a. 按“F10”键打开渲染设置面板。保持默认尺寸大小，将其锁定，如图 5-2-19 所示。

b. 在“VRay：：全局开关”卷展栏中，将“默认灯光”勾选去除。

c. 设置“VRay：：图像采样器（反锯齿）”、“VRay：：颜色贴图”卷展栏中的参数，如图 5-2-20 所示。

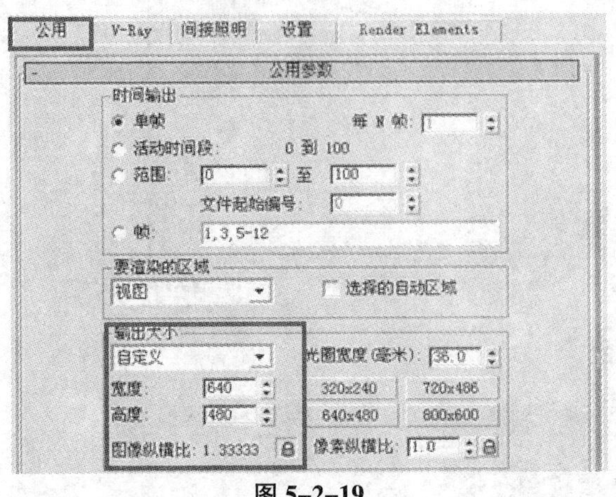


图 5-2-19

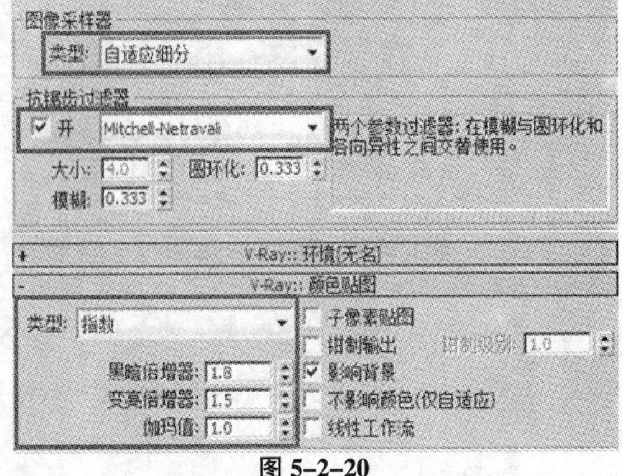


图 5-2-20

d. 在“VRay：：间接照明（GI）”卷展栏中设置相关参数，如图 5-2-21 所示。

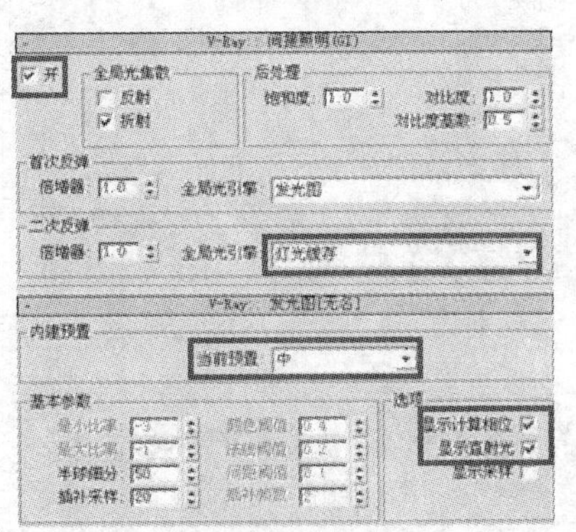


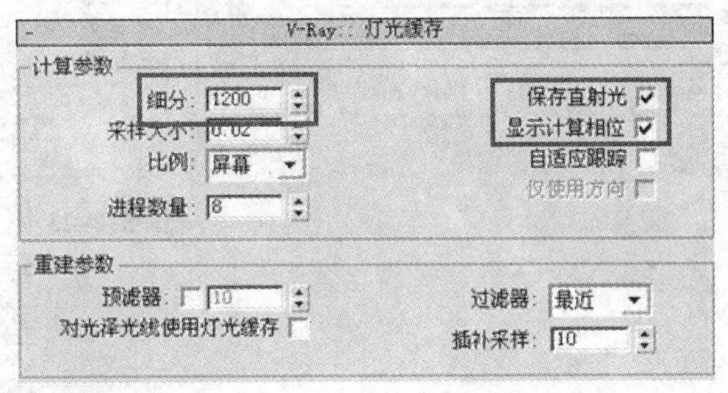


图 5-2-21

（4）当各项参数调整完成后，开始渲染光子图。

（5）保存与加载光子图。

a. 在“VRay：：发光图（无名）”卷展栏中单击 保存 按钮，在弹出的“保存发光图”对话框中选择一个路径，命名为“客厅光子图”，单击 保存 按钮，如图 5-2-22 所示。

b. 在模式右侧的下拉列表框中选择“从文件”选项，单击 浏览 按钮，在弹出的对话框中选择刚才保存的“客厅光子图.vrmp”文件，如图 5-2-23 所示。

c. 用相同的方式将“VRay：：灯光缓存”卷展栏中的光子图保存起来，然后再进行加载，如图 5-2-24 所示。

（6）在“渲染场景”对话框中单击“公用”选项卡，设置输出尺寸为 2000×1500，单击 渲染 按钮，如图 5-2-25 所示。

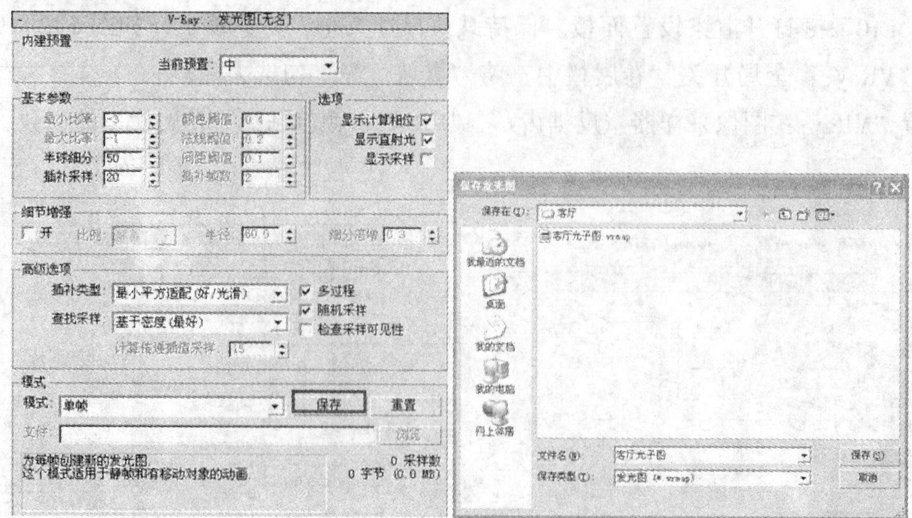


图 5-2-22

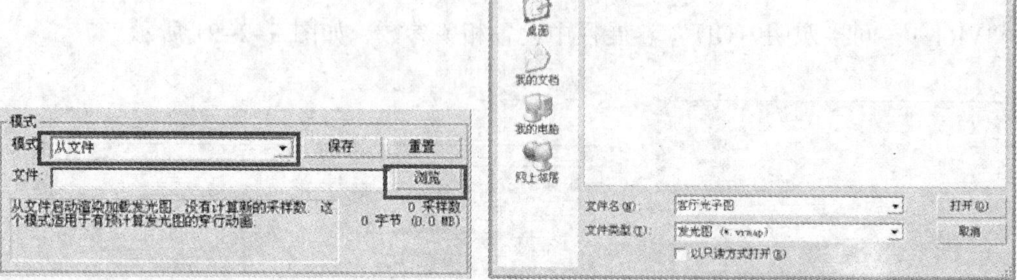


图 5-2-23

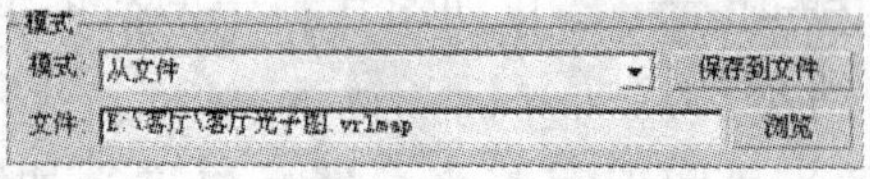

图 5-2-24

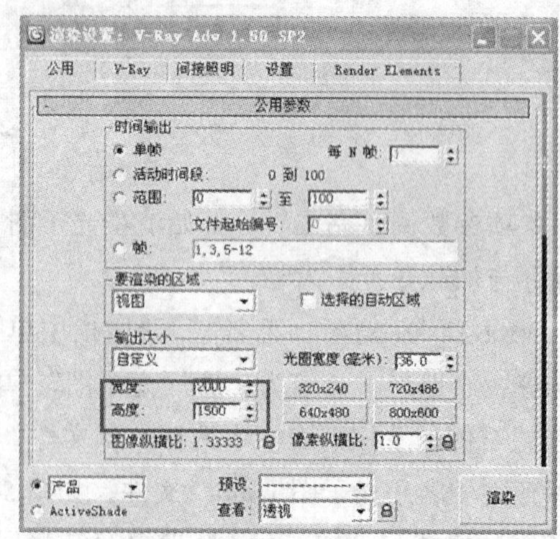


图 5-2-25

## （三）VRay 渲染图输出

（1）渲染完成后，单击（保存位图）按钮，将渲染后的图进行保存，文件名为“客厅.tif”，如图 5-2-26 所示。

（2）在弹出的“TIF 图像控制”对话框中勾选“存储 Alpha 通道”选项，单击按钮保存图像，如图 5-2-27 所示。

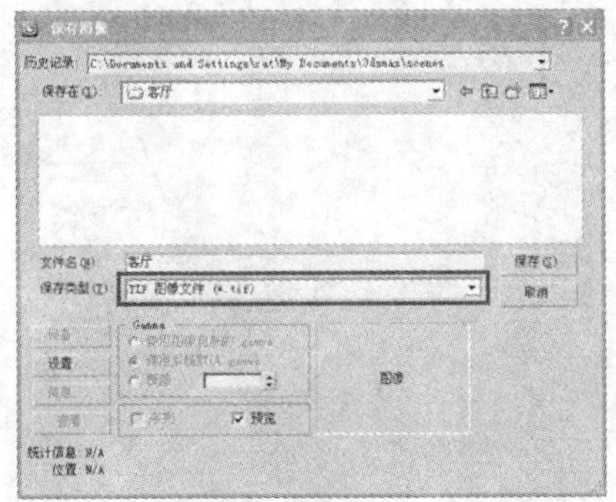


图 5-2-26

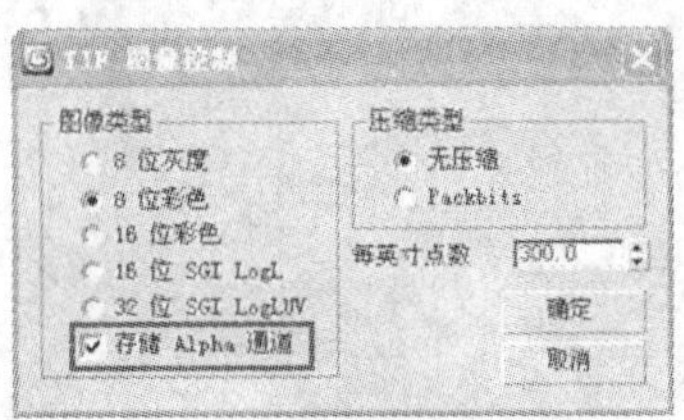


图 5-2-27

（四）渲染效果

渲染效果如图 5-2-28 所示。

图 5-2-28